高等教育应用型本科人才培养系列教材

办　公　软　件

魏传宝　宁　慧　主编

哈尔滨工程大学出版社
Harbin Engineering University Press

内容简介

本书内容包括常用的 Microsoft Office 办公软件、图片处理软件等的详细使用方法。本书定位准确、结构清晰、层次分明、图文并茂、实例丰富，突出了教材内容的针对性、系统性和实用性；同时注重学生基本技能、创新能力和综合应用能力的培养，体现出大学计算机基础教育的特点。

本书适合作为基础教育、应用型人才培养教材，同时也适合从事办公室文案、图书及期刊出版人员参考学习。

图书在版编目(CIP)数据

办公软件/魏传宝，宁慧主编. —哈尔滨：哈尔滨工程大学出版社，2018. 12

高等学校应用型本科“十三五”规划教材. 计算机类

ISBN 978 - 7 - 5661 - 2004 - 5

Ⅰ. ①办…　Ⅱ. ①魏…　②宁…　Ⅲ. ①办公自动化 - 应用软件 - 高等学校 - 教材　Ⅳ. ①TP317. 1

中国版本图书馆 CIP 数据核字(2018)第 276075 号

选题策划　夏飞洋
责任编辑　夏飞洋
封面设计　刘长友

出版发行　哈尔滨工程大学出版社
社　　址　哈尔滨市南岗区南通大街 145 号
邮政编码　150001
发行电话　0451 - 82519328
传　　真　0451 - 82519699
经　　销　新华书店
印　　刷　哈尔滨市石桥印务有限公司
开　　本　787 mm × 1 092 mm　1/16
印　　张　12. 25
字　　数　306 千字
版　　次　2018 年 12 月第 1 版
印　　次　2018 年 12 月第 1 次印刷
定　　价　38. 00 元
http://www. hrbeupress. com
E-mail:heupress@ hrbeu. edu. cn

前　言

本教材是根据教育部高等学校非计算机专业计算机课程教学指导委员会“关于进一步加强高校计算机基础教学的意见”的指导思想，按照教育部高等学校计算机基础教学指导委员会《高等学校大学计算机教学要求》编写的。本书结合了编者多年从事计算机基础教学的经验，经过精心策划，组织研讨，力求将最经典的教学内容呈现给学生。本书定位准确、结构清晰、层次分明、图文并茂、实例丰富，突出了教材内容的针对性、系统性和实用性；同时注重学生基本技能、创新能力和综合应用能力的培养，体现出大学计算机基础教育的特点。本书采用案例驱动形式，循序渐进地引导学生掌握办公软件基本使用操作及复杂应用。全书共分7章。第1章至第3章介绍了成熟可靠的Microsoft Office 2010办公软件的文档排版软件Word，主要讲述文档的编辑排版、表格处理、图文混排、邮件合并等基本内容。第4,5章介绍了电子表格处理软件Excel 2010，主要内容包括电子表格的基本操作，公式、函数的使用，数据排序、数据筛选、数据透视表和图表等。第6,7章介绍了演示文稿软件PowertPoint 2010。主要阐述了演示文稿的创建基本操作，各种对象，比如图片、艺术字、音频、视频等的插入和使用，动画的设置、幻灯片的切换等放映方式的设置，以及演示文稿的打包。为帮助学生牢固掌握所学知识，在附录A中提供了18个由浅入深、由简单到复杂的Word、Excel和PowerPoint应用案例。

本书由多年从事计算机基础教学的教师编写。其中宁慧老师编写第1至3章和附录A中Word部分的应用案例，魏传宝老师编写第4至7章和附录A中Excel和PowerPoint部分的应用案例。全书由魏传宝老师统稿。

由于编者水平有限，时间仓促，书中难免存在疏漏和错误之处，敬请专家及读者不吝指教。

编　者

2018年8月

目　　录

第 1 章　Word 2010 基础

Microsoft Office Word 2010 是微软公司推出的 Office 2010 办公软件的重要组件之一，也是用户使用最广泛的文字编辑工具。用 Word 软件可以编辑文字、图形、图像、声音、动画，可以插入其他软件制作的资料，也可以用 Word 软件提供的绘图工具进行图形制作，编辑艺术字、数学公式等，能够满足用户的各种文档处理要求。与旧版本的 Word 软件相比，Word 2010 在功能、易用性和兼容性等方面都有了明显的提升，用户在学习和应用时更加得心应手。

本章主要对 Word 2010 的界面、基本操作和新特性进行详细介绍，让用户尽快了解和熟悉 Word 2010 使用环境及操作术语，是轻松使用 Word 2010 的基础。

1.1　Word 2010 新特性

1. 导航窗格

利用 Word 2010 可以更加便捷地查找信息。单击主窗口上方的“视图”按钮，在打开的视图列表中勾选“导航窗格”选项，即可在主窗口的左侧打开导航窗格。

在导航窗格搜索框中输入要查找的关键字后单击后面的“放大镜”按钮，这时会发现，老版本只能定位搜索结果，而 Word 2010 在导航窗格中则可以列出整篇文档所有包含该关键词的位置，搜索结果快速定位并高亮显示与搜索相匹配的关键词；单击搜索框后面的“×”按钮即可关闭搜索结果，并关闭所有高亮显示的文字。

将导航窗格中的功能标签切换到中间“浏览您的文档中的页面”选项（图 1.1）时，可以在导航窗格中查看该文档的所有页面的缩略图，单击缩略图便能够快速定位到该页文档了。

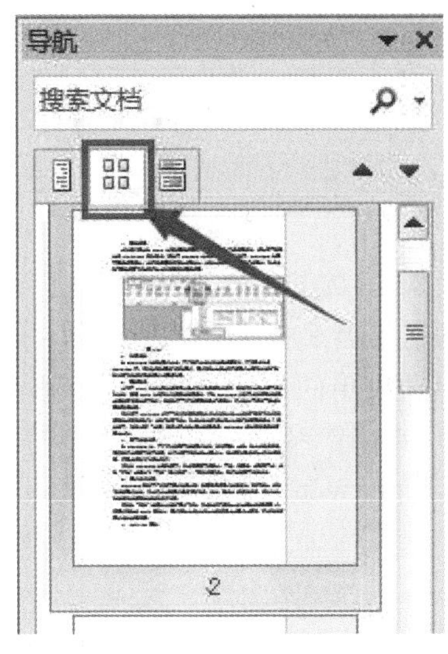

图 1.1　导航窗格

2. 屏幕截图

以往我们需要在 Word 中插入屏幕截图时，都需要安装专门的截图软件，或者使用键盘上的 Print Screen 键来完成，安装了 Word 2010 以后就不用这么麻烦了：Word 2010 内置屏幕截图功能，并可以将截图即时插入到文档中。单击主窗口上方的“插入”选项卡，然后单击“屏幕截图”按钮即可在当前位置插入屏幕截图，如图 1.2 所示。

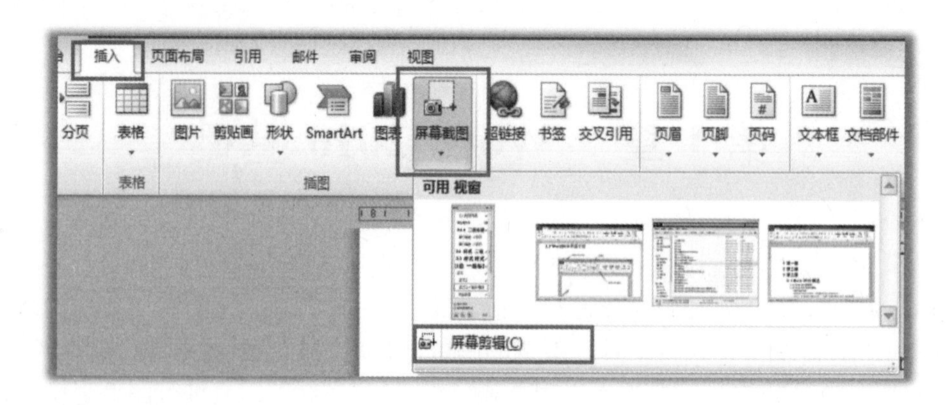

图 1.2　屏幕截图

3. 背景移除

在 Word 2010 中加入图片以后,用户还可以进行简单的抠图操作,而不需再启动 Photoshop 了,首先在插入选项卡下插入图片,图片插入以后在打开的图片工具栏中单击“删除背景”按钮即可删除图片后面的背景。

4. 屏幕取词

当用 Word 在处理文档的过程中遇到不认识的英文单词时,大概首先会想到使用词典来查询,其实 Word 中就有自带的文档翻译功能,而在 Word 2010 中除了以往的文档翻译、选词翻译和英语助手之外,还加入了一个“翻译屏幕提示”的功能,可以像电子词典一样进行屏幕取词翻译。

首先使用 Word 2010 打开一篇带有英文的文档,然后单击主窗口上方的“审阅”选项卡,将模式切换到审阅状态下,单击“翻译”按钮,在弹出的下拉列表中选择“翻译屏幕提示”选项,这时候只要选中需要翻译的词,Word 2010 就会将该词的翻译显示出来。

5. 文字视觉效果

在 Word 2010 中,用户可以为文字添加图片特效,例如阴影、凹凸、发光和反射等,同时还可以对文字应用格式,从而让文字完全融入图片中,这些操作实现起来也非常容易,只需要单击几下鼠标即可。

首先在 Word 2010 中输入文字,然后设置文字的大小、字体、位置等,选取文字后,单击“开始”选项卡下“字体”功能区的“ A ”文本效果按钮,即可添加文字视觉特效。

6. 图片艺术效果

Word 2010 还为用户新增了图片编辑工具,无需其他的照片编辑软件,即可插入、剪裁和添加图片特效,也可以更改图片颜色、饱和度、色调、亮度和对比度等,使用者能轻松、快速地将简单的文档转换为艺术作品。

首先在“插入”选项卡中单击“图片”按钮,然后在打开的窗口中选择要编辑的图片,将图片插入 Word 文档中;图片插入以后在主窗口上方将显示出图片工具栏,可以快速对图片进行编辑设置。

7. SmartArt 图形

SmartArt 是 Office 2007 引入的一个很好的功能,可以轻松制作出精美的业务流程,而 Office 2010 在现有的类别下增加了大量的新模板,还新添了多个新类别,提供更丰富多彩的各种图形的绘制功能;利用 Word 2010 提供的更多选项,你可以将视觉效果添加到文档中,可以从新增的"SmartArt"图形中选择,在数分钟内构建令人印象深刻的图形,SmartArt 中的图形功能同样也可以将列出的文本转换为引人注目的视觉图形,以便更好地展示使用者的创意。

8. 轻松写博客

以往大家都是利用博客提供的在线编辑工具来写文章,因为在线工具的功能限制总是给博主们带来很多不便,如果能够利用强大的文件编辑工具来写博客确实不错。其实 Word 2010 可以把 Word 文档直接发布到博客上,不需要登录博客 Web 页也可以更新博客,而且 Word 2010 有强大的图文处理功能,可以让广大博主写起博客来更加舒心惬意。

1.2　Word 2010 启动与退出

1. 启动 Word 2010

Word 2010 启动方式有多种,下面是最常用的三种启动方式。

➢方法一:在 Windows 桌面上双击"　"图标,或者在图标上右击,然后在快捷菜单中选择"打开"命令。

➢方法二:依次单击"开始→所有程序→Micosoft Office→Micosoft Word 2010"。

➢方法三:双击任意 Word 文档,即可打开 Word 文档。

2. 退出 Word 2010

Word 2010 退出方法也有多种,下面是最常用的三种退出方式。

➢方法一:单击"文件"选项卡,在文件下拉菜单中选择"退出"选项,如图 1.3 所示。

➢方法二:直接单击窗口右上角"关闭"按钮,如图 1.4 所示。

➢方法三:双击窗口左上角"　"图标,即可关闭 Word。

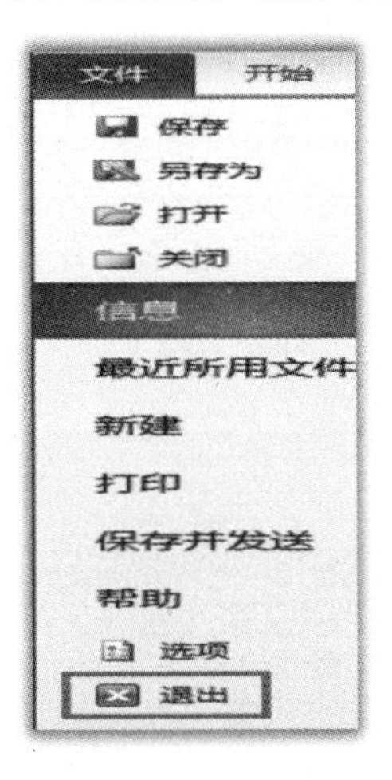

图 1.3　文件菜单

图 1.4　关闭按钮

1.3 Word 2010 界面

Word 2010 窗口如图 1.5 所示。

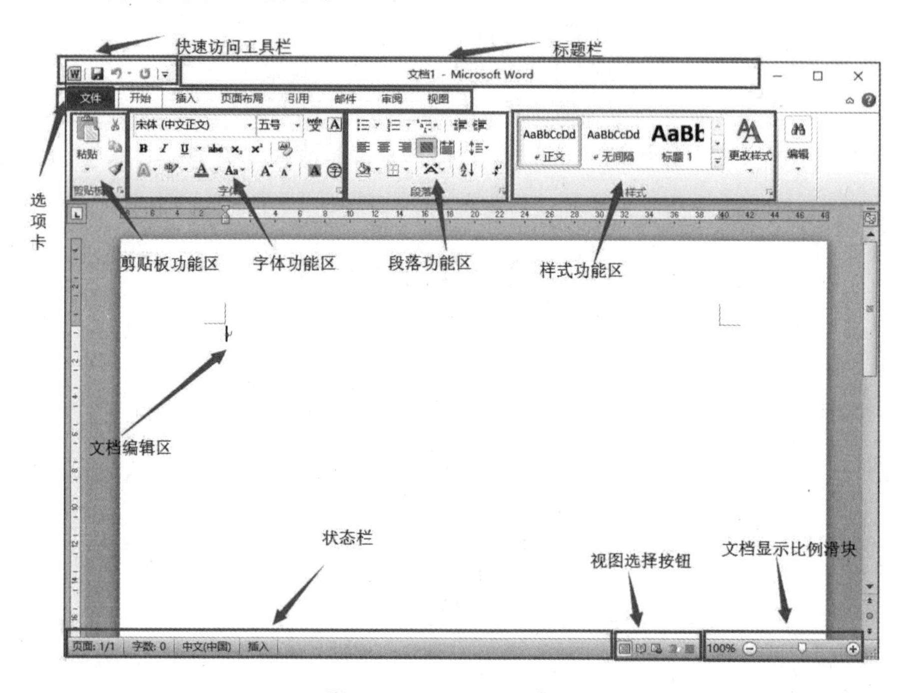

图 1.5　Word 2010 窗口

1. 快速访问工具栏

常用命令位于此处,例如“保存”“撤销”等命令。用户也可以自己定义,操作方法是单击“文件”选项卡→“选项”→“快速访问工具栏”,选择常用命令→“添加”→“确定”,也可以直接用鼠标单击“快速访问工具栏”中右边的“自定义快速访问工具栏”按钮,进行快速选择和添加,如图 1.6 所示。

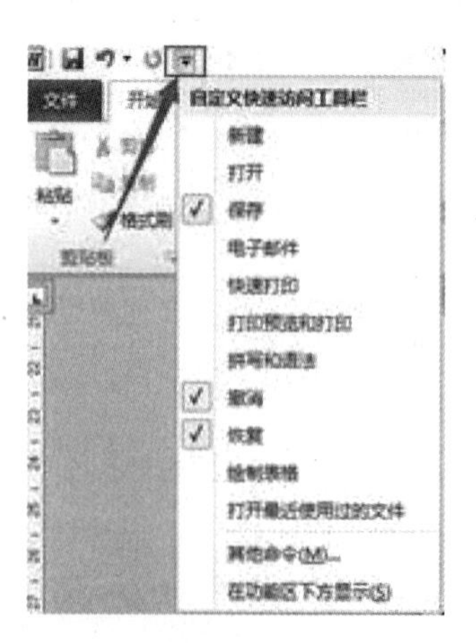

图 1.6　自定义快速访问工具栏

2. 标题栏

显示正在编辑的文档的文件名和所使用的软件名。

3. 选项卡与功能区

这里有编辑文档时所需要用到的命令，其作用与其他软件的“菜单”或“工具栏”相似。单击不同选项卡会显现不同的功能区。每个功能区里的工具按钮又分为不同的类别，以便用户查找和使用，下面给出常用的选项卡和功能区，如图 1.7 至图 1.12 所示。

单击“开始”选项卡，显示图 1.7 所示的功能区，该功能区主要用于帮助用户对 Word 2010 文档进行格式编辑和设置，例如设置文字的字体、字号、颜色、底纹、居中显示等，是用户常用的功能区。

图 1.7　“开始”选项卡

单击“插入”选项卡，显示图 1.8 所示的功能区，该功能区主要用于在 Word 2010 文档中插入各种元素，例如插入图片、剪贴画、艺术字、文本框、页眉、页脚、页码等。

图 1.8　“插入”选项卡

单击“页面布局”选项卡，显示图 1.9 所示的功能区，该功能区主要用于帮助用户设置 Word 2010 文档页面样式，例如可以设置页面边框、页面颜色、页边距等。

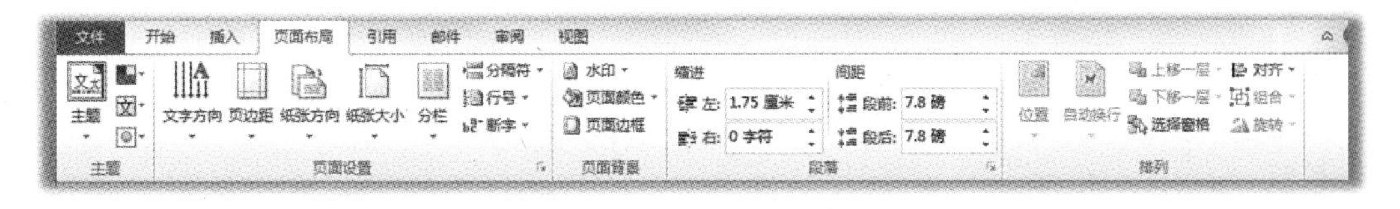

图 1.9　“页面布局”选项卡

单击“引用”选项卡，显示图 1.10 所示的功能区，该功能区主要用于实现 Word 2010 文档比较高级的功能，例如插入目录、脚注、尾注等。

图 1.10　“引用”选项卡

单击“视图”选项卡，显示图1.11所示的功能区，该功能区主要用于设置Word 2010操作窗口的各种视图方式，以方便用户的操作。

图1.11　“视图”选项卡

单击“审阅”选项卡，显示图1.12所示的功能区，该功能区主要用于对Word 2010文件的审阅，可以修订文件、添加批注等，以方便用户批改作业、论文等。

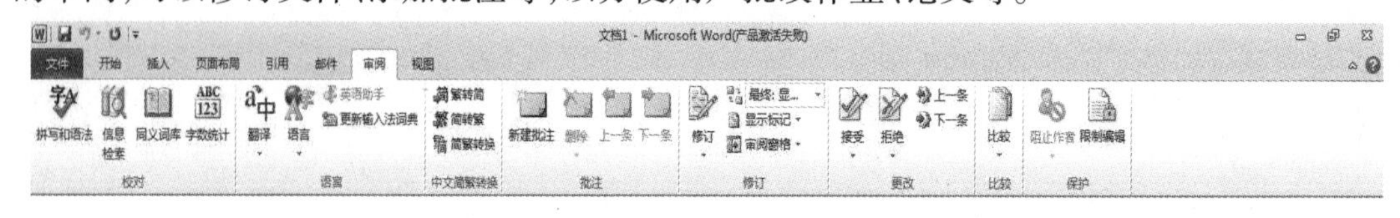

图1.12　“审阅”选项卡

以上给出常用的选项卡及功能区。用户可以根据需要显示和隐藏选项卡，方法是点击“文件→选项→自定义功能区”，然后可以根据需要选择显示和隐藏的选项卡，如图1.13、图1.14所示；也可以用鼠标右击任意一个选项卡，在快捷菜单中选择“自定义功能区”，如图1.15所示。

图1.13　选择“文件”下的“选项”

4. 文档编辑区

文档编辑区是对文档进行显示、输入和编辑的区域。

5. 状态栏

显示正在编辑的文档的状态信息，例如当前页数/总页数、文档字数等。

图 1.14　在“自定义功能区”中选择需要显示和隐藏的选项卡

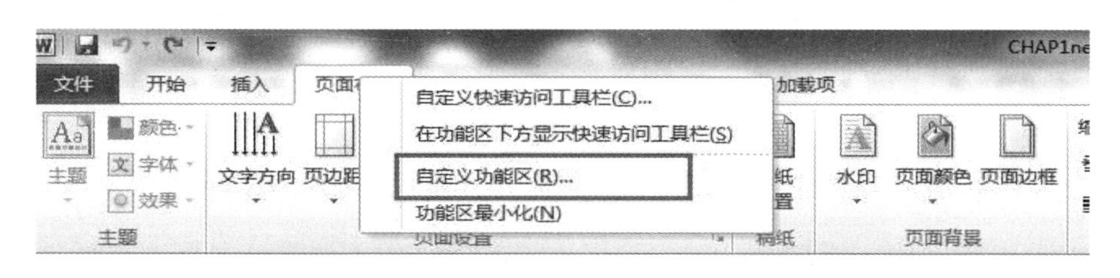

图 1.15　鼠标右击选项卡选择“自定义功能区”

6. 视图

在 Word 2010 中提供了多种视图模式供用户选择，这些视图模式包括页面视图、阅读版式视图、Web 版式视图、大纲视图和草稿视图等五种视图模式。用户可以在“视图”功能区中选择需要的文档视图模式，如图 1.16 所示；也可以通过 Word 2010 文档窗口的右下方的视图按钮选择视图模式，如图 1.17 所示。

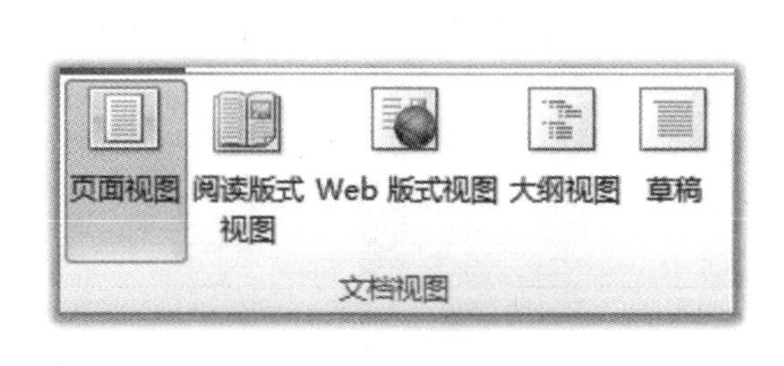

图 1.16　文档视图

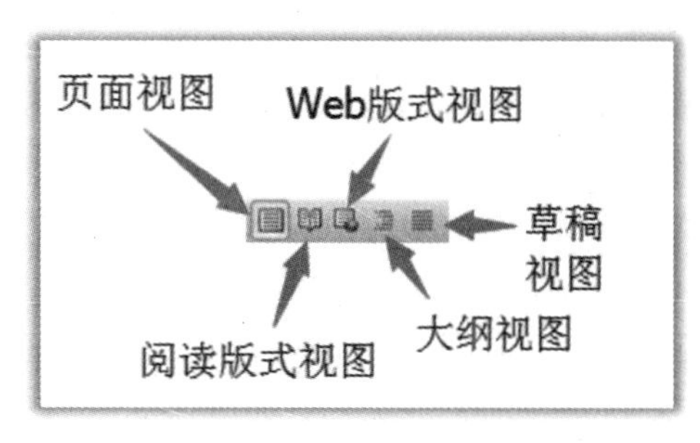

图 1.17　视图按钮

(1)页面视图

“页面视图”可以显示 Word 2010 文档的打印效果,在页面视图中可以显示页眉、页脚、图形、分栏设置、页面边距等元素,具有“所见即所得”的效果。

(2)阅读版式视图

“阅读版式视图”可以像图书一样,一屏显示两页 Word 2010 文档,“文件”按钮、功能区等元素被隐藏起来。在阅读版式视图中,用户还可以单击“工具”按钮进行阅读时的资料查找,对重点文字进行标注、建立批注等。用模拟书本阅读的方式让人感觉现阅读书籍一样方便。

注:切换为阅读版式视图后,右上角会出现视图选项,用户可以选择显示一页或显示两页,但是对于加入批注的文档无法一屏显示两页。

(3)Web 版式视图

“Web 版式视图”以网页的形式显示 Word 2010 文档,Web 版式视图适用于发送电子邮件和创建网页等。

(4)大纲视图

“大纲视图”用于显示、修改和创建文档的大纲,它将所有的标题分级显示,层次分明,特别适合多层次文档,并可以方便折叠和展开文档,使得查看文档的结构变得很容易。

(5)草稿视图

“草稿视图”类似于 Word 2003 中的普通视图,它取消了页面边距、分栏、页眉、页脚和图片等元素,只可以设置字体、字号、字形、段落等基本格式,使页面的布局简化,适合快速键入并简单编辑排版文字格式。

1.4　Word 2010 文档的创建、打开与保存

1. 创建文档

➢方法一　打开 Word 2010,单击“文件”选项卡,选择“新建”→“空白文档”→“创建”按钮即可创建新的文档。

➢方法二　在 Windows 桌面或是文件夹中,右击,在弹出的快捷菜单中选择“新建”→“Microsoft Word 文档”,则创建了新的 Word 文档。如图 1.18 所示。

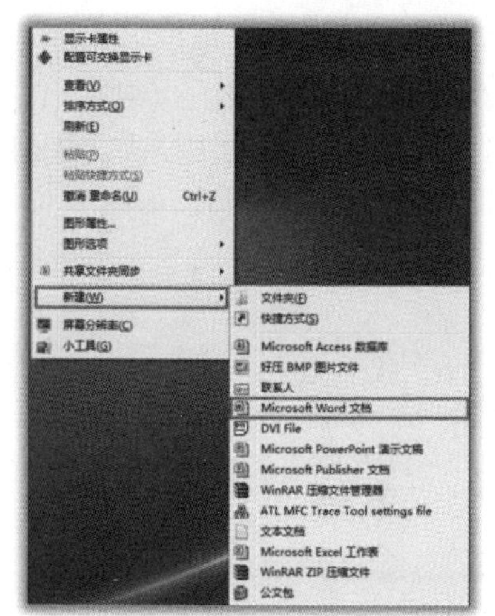

图 1.18　文档创建

2. 打开文档

➢方法一　在要打开的文档上双击鼠标,即可打开该文档。

➢方法二　在要打开的文档上单击鼠标右键,在弹出的快捷菜单中选择“打开”,即可打开该文档。

➢方法三　首先打开 Word 2010,在“文件”选项卡中选择“打开”选项,然后选择要打开的文件,单击“打开”按钮,即可打开该文档。

3. 保存文档

➢方法一　单击“文件”选项卡,选择“保存”

选项。

➢方法二　单击快速启动工具栏中“保存”按钮,如图 1.19,即可保存文档。

图 1.19　保存按钮

➢方法三　使用快捷键保存文档,方法是:按键盘上的“Ctrl”+“S”组合键,即可以完成文档的保存。

4.文档另存为

单击“文件”选项卡,选择“另存为”选项,在弹出的“另存为”对话框中,选择要保存文件的新位置,并且可以输入新的文件名,然后单击“保存”按钮。

注:当文档从未被保存,即第一次保存文档时,所完成的操作与“另存为”命令相同,还需要给出文档的存储位置和文件名。

第 2 章　Word 2010 文档编辑排版

2.1　文本的编辑

1. 输入文本

(1)输入文字

在 Word 窗口的文档编辑区单击鼠标定位光标插入点，就可以输入汉字、数字和英文字符等。输入时，插入点会自动向右移动，用户可以连续输入，当到达页面右边界时，插入点自动换行，移动到下一行的行首位置。假若一段文字结束，可按“ENTER”键另起一行。如果文字输满一页，系统将自动分页；如果未满一页，想另起一页，可插入分页符，也可按“Ctrl” + “Enter”键实现分页。

(2)输入符号

在文本输入的过程中常会遇到一些键盘上没有的特殊符号的输入，首先将光标定位到需要插入符号的位置，然后单击“插入”选项卡→“符号”功能区的“符号”按钮，在弹出的下拉菜单中选择“其他符号”命令，然后在弹出的符号对话框中可以进行符号和编号的选择。例如选中符号“★”，单击“插入” 按钮，即可完成插入符号的操作，如图 2.1 所示。

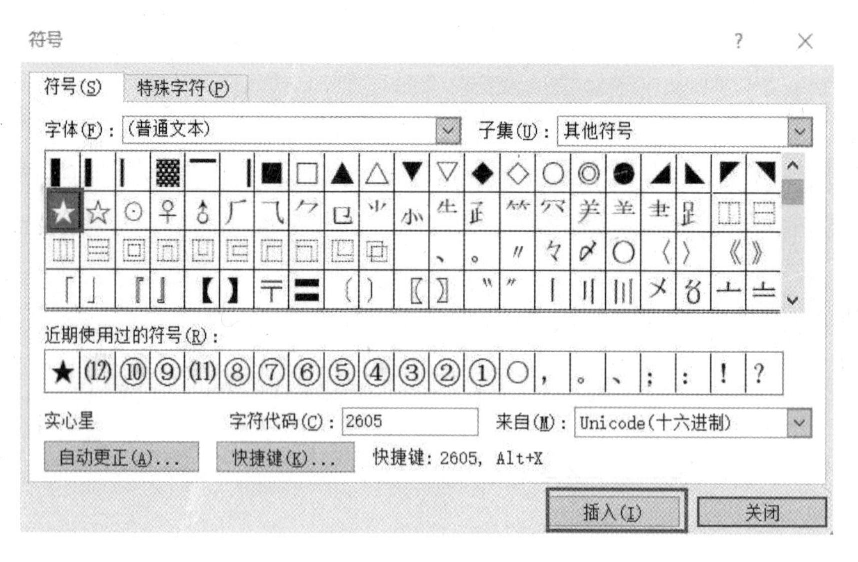

图 2.1　插入“符号”

(3)输入日期和时间

利用 Word 的日期和时间功能可将当前计算机的日期和时间插入文档之中。首先将光标定位到要插入日期和时间的位置，然后单击“插入”选项卡→“日期和时间”按钮，如图 2.2 所示。在“可用格式”中选择一种日期时间显示方式，在“语言(国家/地区)”中，选择需要的语言。若要使日期和时间中的阿拉伯数字按全角处理，可以选定“使用全角字符”复选框。自动更新复选框的作用是每次打开文档，日期和时间都会更新为当前计算机的日期和时间，可按照需要进行选择设置。最后单击“确定”按钮，即可在光标位置插入日期和时间。

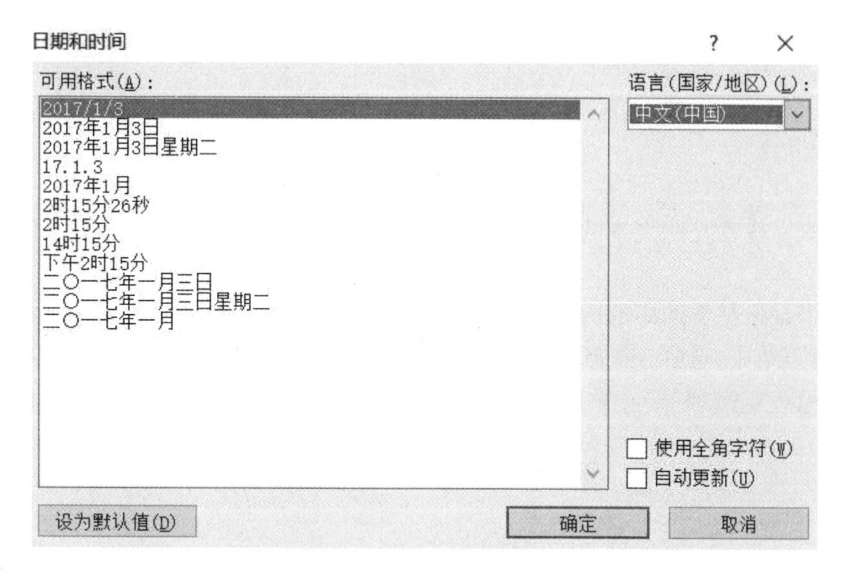

图 2.2　插入“日期和时间”

2. 选定文本

在对文本进行编辑操作时，首先要选定文本，然后才能进行复制、移动、删除等操作。选定文本的方法可以通过鼠标或键盘来进行。表 2.1 列出了用鼠标选定文本的方法。

表 2.1　用鼠标选定文本的方法

选定内容	操　作　方　法
任意数量的文本	在要开始选择的位置单击鼠标，然后按住鼠标左键不放，拖动选择需要选择的文字
一个词	在单词中任何位置双击鼠标
一个句子	按住“Ctrl”键，在句中任意位置单击鼠标，可以选中一个完整的句子
一行文本	单击该行的选定区(选定区域在文本的左边)
一段文本	在段内任意位置三击鼠标，或在本段的选定区双击鼠标
不连续的文本	先选择一个文本区域，按住“Ctrl”键，选择其他文本区域
整篇文档	在选定区三击鼠标，或者按住“Ctrl” + “A”组合键
矩形文本框	按住“Alt”键，拖动鼠标

3. 复制文本

复制文本是指通过复制操作，获得文档中相同内容。首先选中想要复制的内容，右击鼠标，在快捷菜单中，选择“复制”选项，然后在指定位置右击鼠标，在快捷菜单中，选择“粘贴”选项后，就可以在该位置获得完全相同的内容。为了提高工作效率，可通过快捷键方式实现复制。

➢方法一：选定要复制的文本，按住“Ctrl”+“C”键复制文本到剪贴板，然后在插入点位置，按“Ctrl”+“V”键粘贴文本。

➢方法二：选定要复制的文本，按住“Ctrl”键，并用鼠标拖动选中的文本到指定目标位置，完成复制操作。

注：①复制后原位置内容依然存在。

②使用鼠标拖动复制文本的方法只适合原位置和目标位置在屏幕上同时可见。

4. 移动文本

移动文本是指把文档中的内容从一处移到另一处。首先选中想要移动的内容后，右击鼠标，在快捷菜单中，选择“剪切”选项，然后在指定位置右击鼠标，在快捷菜单中，选择“粘贴”选项后，就可以把原文本移动过来。一般为了提高工作效率，可通过快捷键方式实现移动。

➢方法一：选定要移动的文本，按住“Ctrl”+“X”键将文本剪切到剪贴板，然后在插入点按“Ctrl”+“V”键粘贴，完成移动操作。

➢方法二：选定要移动的文本，按住鼠标左键拖动选中文本到指定目标位置，即可实现移动文本操作。

注：①剪切、粘贴后原位置内容不存在了。

②使用鼠标拖动移动文本的方法只适合原位置和目标位置在屏幕上同时可见。

5. 删除文本

在编辑文本时，若要删除少量文字，可按“Backspace”键删除插入点左侧的文本；也可以按“Delete”键删除插入点右侧的文本。对于大段文字和段落的删除，可以在选定需要删除的对象后，按“Backspace”键或“Delete”键删除文本。

6. 撤销和重复

输入文本时，若用户做了某个误操作，可利用主窗口上方“快速访问工具栏”中的撤销按钮“ ”恢复原样，或在键盘上按“Ctrl”+“Z”组合键完成撤销操作。如果要取消已撤销的操作，返回撤销前的状态，只需鼠标单击主窗口上方“快速访问工具栏”中的“恢复”按钮“ ”即可，也可以在键盘上按“Ctrl”+“Y”组合键完成相同操作。

2.2 设置文档格式

文本输入后要进行排版等格式化，本节通过完成案例排版，讲解文档的基本排版格式，包括字符格式化、段落格式化等。

案例 2.1 对如下源文档进行格式排版(图 2－3)

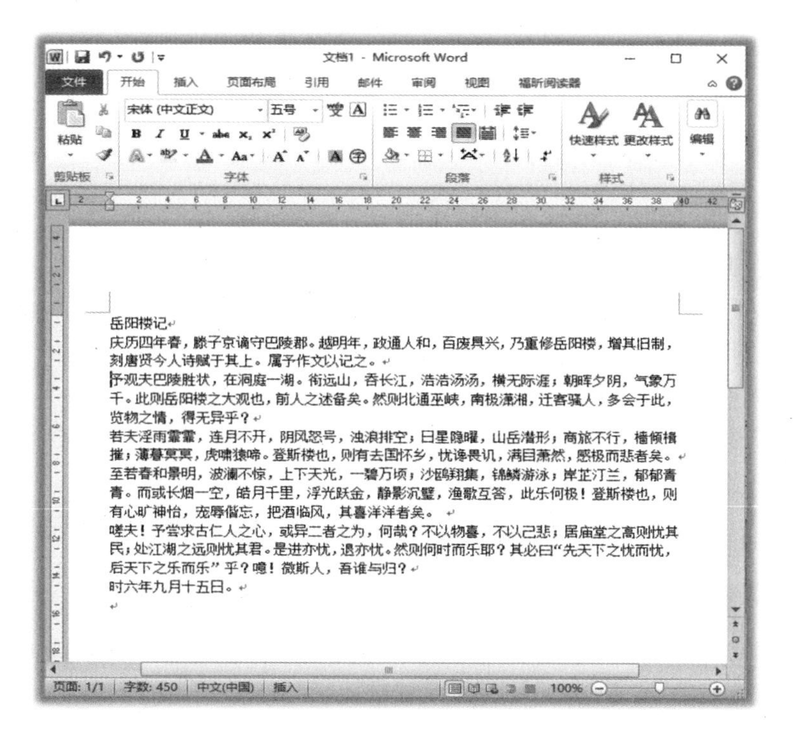

图 2.3　源文档

文本排版后样张如图 2.4 所示。

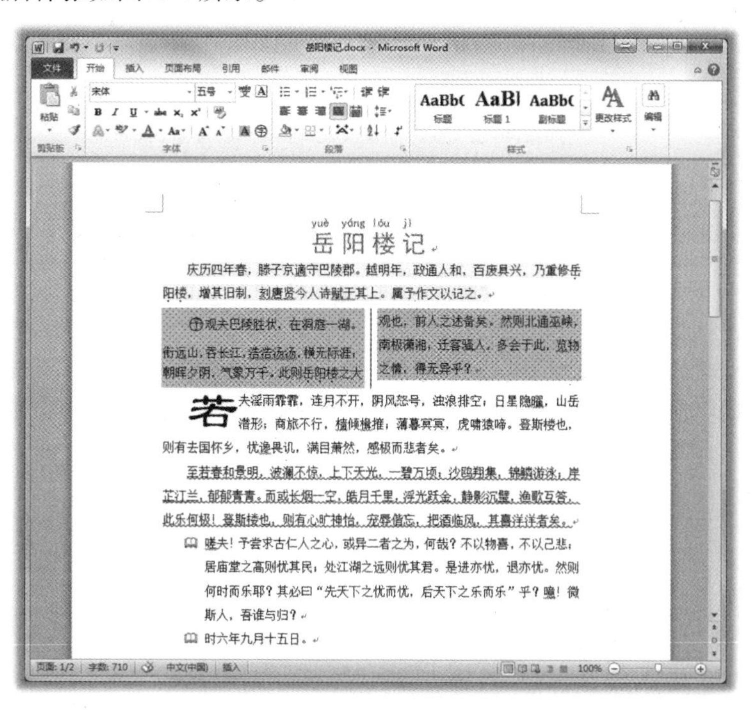

图 2.4　案例 2.1 岳阳楼记样张

要求：

1. 将第一段岳阳楼记标题设置为黑体，红色，小一号字，居中对齐，文字间距加宽 3 磅；标题加拼音，拼音左对齐，偏移量为 2 磅。

2. 正文设置中文为“宋体”，英文为“Times New Roman”，小四号字。正文每个段落首行缩进 2 字符，行间距设为 1.5 倍行距。

3. 正文第一段文字添加黄色底纹，正文第二段添加橙色底纹，图案为 5%。

4. 正文第二段第一个字“予”加圈，增大圈号样式，同时第二段分为两栏，加分隔线，间距 1.5 字符。

5. 正文第三段首字下沉两行，字体设置为隶书。

6. 正文第四段设置分散对齐，并加波浪下画线。

7. 利用替换功能将文中“岳阳楼”三个字加着重号。

8. 第四段之后段落加项目符号“ ”，并设置为红色。

下面通过完成上述题目要求，进行文本格式、段落格式等设置，并进行详细说明。

2.2.1 文本格式

文本格式一般指文本中文字的字体、大小、颜色等，可以通过“开始”选项卡中“字体”功能区中的按钮进行设置，或者在“字体”对话框中进行设置。

步骤：

1. 设置标题字体字号

(1) 选中“岳阳楼记”，单击“开始”选项卡的“字体”功能区右下角的小箭头，如图 2.5 所示，打开字体对话框窗口，如图 2.6 所示；也可以在“开始”选项卡的“字体”功能区中直接对文本的字体，字号，颜色等进行设置。

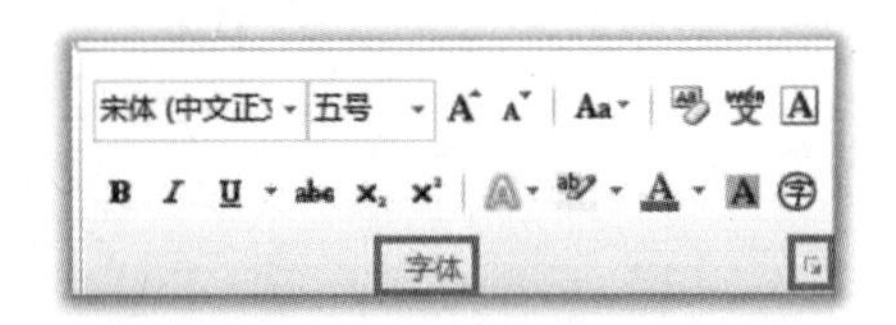

图 2.5 “字体”功能区

(2) 设置中文字体为“黑体”，字号为“小一”，字体颜色为红色，如图 2.6 所示。

(3) 选择高级选项卡，间距选择“加宽”，磅值为“3 磅”，单击“确定”按钮，如图 2.7 所示。

2. 添加标题汉语拼音

(1) 选中“岳阳楼记”，在“字体”功能区单击“ ”按钮，如图 2.8 所示，打开“拼音指南”对话框，如图 2.9 所示。

(2) 在对齐方式选择“左对齐”，偏移量为“2 磅”，单击确定按钮，完成拼音的标注。

3. 设置正文字体字号

选中正文，打开“字体”选项卡，设置中文字体为“宋体”，设置英文字体为“Times New Roman”，字号为“小四”，单击“确定”按钮，如图 2.10 所示。

图 2.6　“字体”选项卡

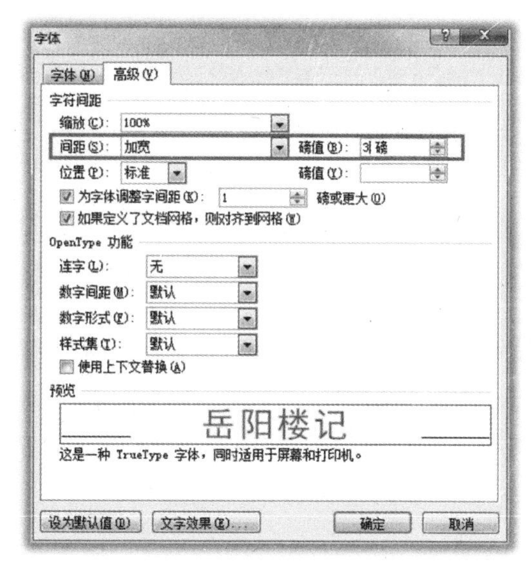

图 2.7　“高级”选项卡

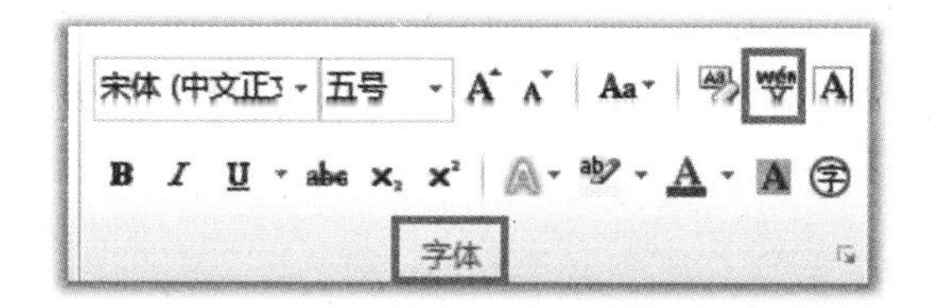

图 2.8　字体功能区中“拼音指南”按钮

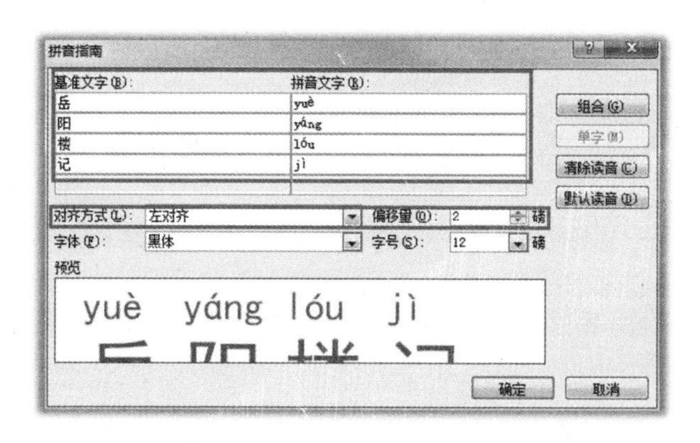

图 2.9　“拼音指南”对话框

4. 设置带圈字符

选中“予”字，在“字体”功能区单击“㊫”按钮，打开“带圈字符”对话框，选择“增大圈号”样式，圈号为圆形，单击“确定”按钮，如图 2.11 所示。

5. 分栏

选中正文第二段文字，打开“页面布局”选项卡，在“页面设置”功能区，单击“分栏”按钮，在下拉菜单中选择“更多分栏”，打开“分栏”对话框，如图 2.12 所示。栏数选择“2”，选中“分割线”单选框，间距设置为“1.5 字符”，单击“确定”按钮，完成分栏。

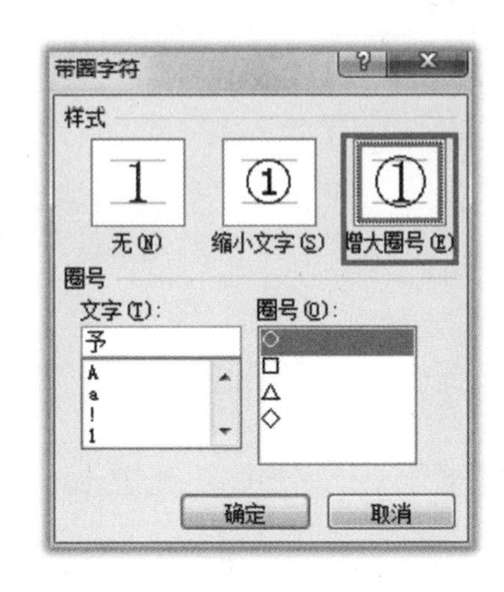

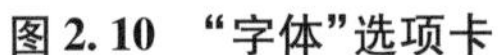
图 2.10 “字体”选项卡

图 2.11 “带圈字符”对话框

6. 首字下沉

将光标置于正文第三段，打开“插入”选项卡，在“文本”功能区单击“首字下沉”按钮，在下拉菜单中选择“首字下沉选项”，打开“首字下沉”对话框，如图 2.13 所示。

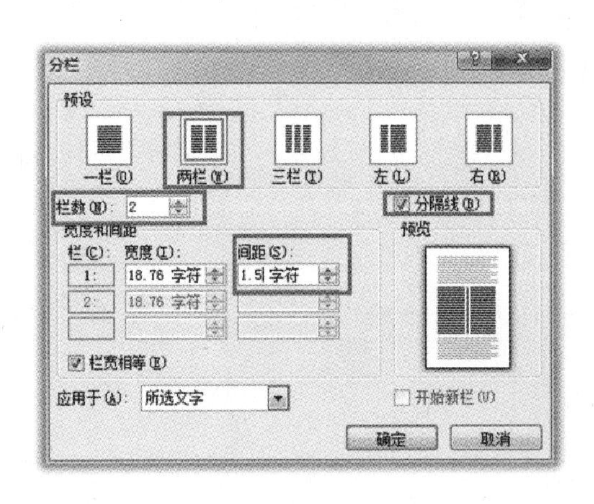

图 2.12 “分栏”对话框

图 2.13 “首字下沉”对话框

在“首字下沉”对话框中，“位置”属性值选择“下沉”，“字体”属性值选择“隶书”，下沉行数设置为“2”，单击“确定”按钮，完成首字下沉的设置。

7. 查找和替换

选中正文，在“开始”选项卡的“编辑”功能区，单击“替换”按钮，打开“查找和替换”对话框。

在“查找内容”和“替换为”文本框中都输入“岳阳楼记”，单击“更多”按钮，打开如图 2.14 所示的对话框。

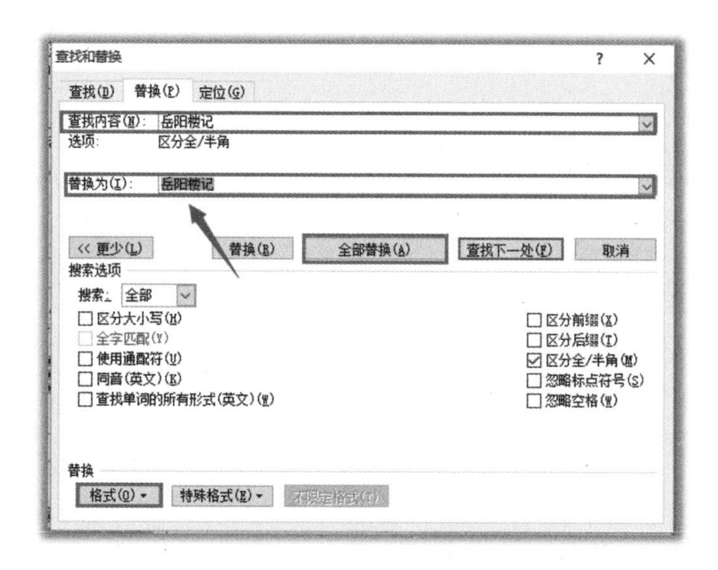

图 2.14　“查找和替换”对话框

选中“替换为”文本框中的“岳阳楼记”，单击“格式”按钮，打开如图 2.15 所示的对话框，设置着重号，单击“确定”按钮，返回到“查找和替换”对话框，单击“全部替换”按钮，完成查找和替换功能。

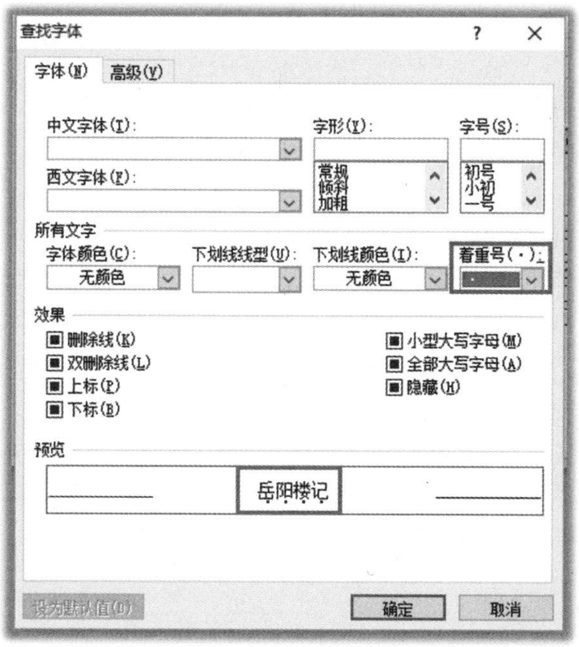

图 2.15　对要替换的文字进行格式设置

注：如果需要对替换后的文字进行格式设置，则在进行格式设置之前要先选中“替换为”框后面的文字，如图 2.14 所示，再进行格式设置。

2.2.2 段落格式

段落格式化是对文章段落进行排版,例如段落的首行缩进、底纹设置和对齐方式等格式设置,通过单击回车“↵”键产生一个新的段落。设置段落格式可以在“开始”选项卡的“段落”功能区或者在“段落”对话框中进行设置。下面对案例2.1的段落进行格式设置。

步骤:

1. 设置标题的段落格式

选中标题“岳阳楼记”,在“段落”功能区单击“居中”按钮“ ”设置标题居中。

2. 设置正文的段落格式

(1) 选中正文部分文字,单击“段落”功能区右下角的小箭头,打开“段落”对话框,如图2.16所示。

(2) 设置“特殊格式”属性值为“首行缩进”,“磅值”设为“2字符”,“行距”设为 “1.5倍行距”, 设置完毕单击“确定”按钮。

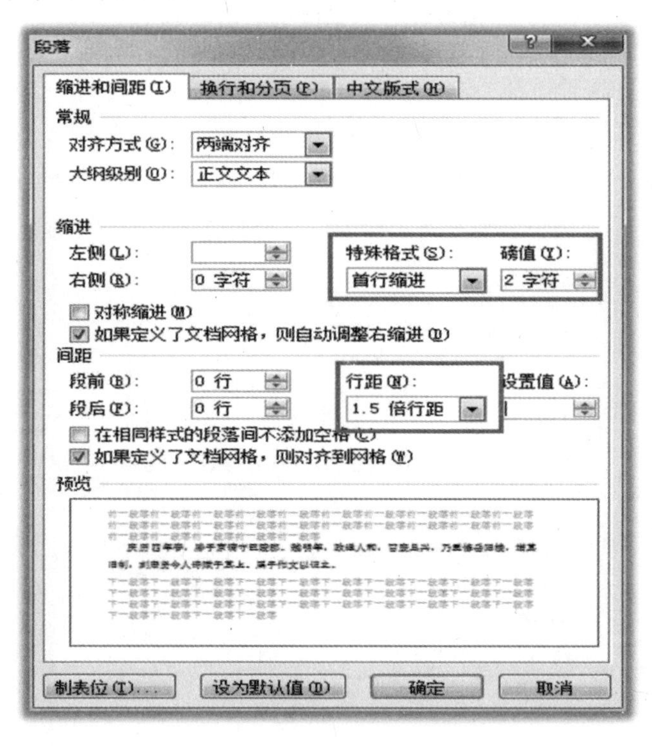

图 2.16 “段落”对话框

3. 设置正文第一段文字的底纹

选中正文第一段文字,单击“段落”功能区的“ ”按钮右侧的小三角,在“标准色”中选择“黄色”设置文字底纹,如图2.17所示。

4. 设置正文第二段段落的底纹

(1) 选中正文第二段文字,单击“段落”功能区的“ ”图标右侧的小三角,在下拉菜单中选择“边框和底纹”选项,打开“边框和底纹”对话框,如图2.18所示。

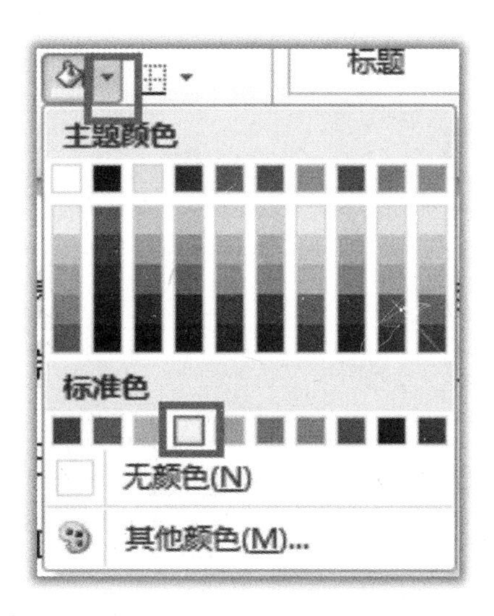

图 2.17　设置底纹颜色

(2)选择“底纹”选项卡,“填充”属性值选择“橙色”,“图案”的“样式”属性值选择“5%”,在“应用于”框中选择“段落”,单击“确定”按钮完成段落底纹的设置。注意:此时“ ”按钮变成了“ ”。

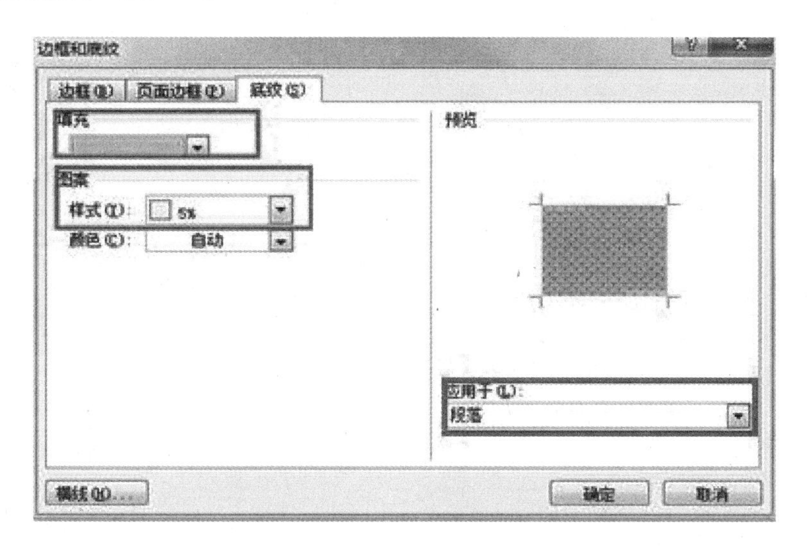

图 2.18　“边框和底纹”对话框,选择“段落”底纹

注:对于“3. 设置正文第一段文字的底纹”也可以在“边框和底纹”对话框中进行设置,只是在“应用于”框中选择“文字”,如图 2.19 所示。

5. 设置正文第四段的文字分散对齐和下画线等段落格式

(1)选中正文第四段,在“段落”功能区单击“ ”按钮,设置段落为分散对齐。

(2)在“字体”功能区,单击“ U ”右边小三角,选择“波浪下画线”,如图 2.20 所示。

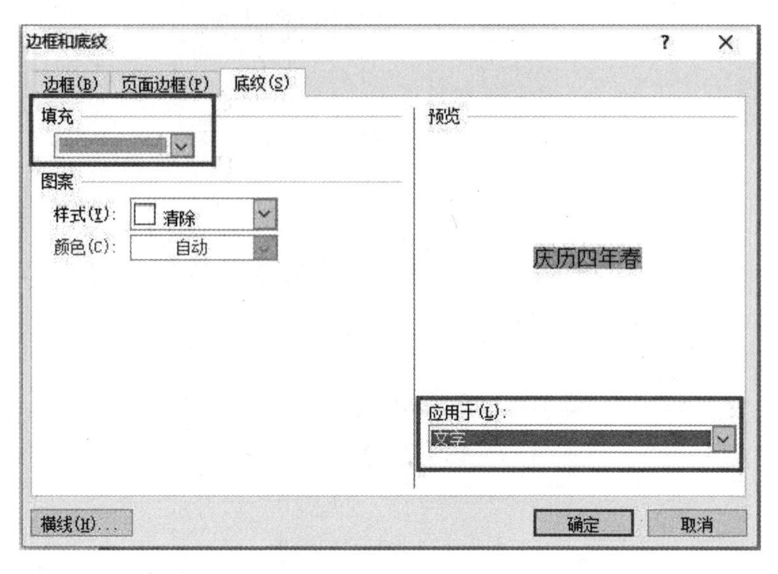

图 2.19 “边框和底纹”对话框,选择“文字”底纹

6. 设置第五段和第六段的项目符号段落格式

选中第五段和第六段文字,在“段落”功能区,单击“项目符号”按钮“ ”右边的小三角,在下拉菜单中选择“定义新项目符号”,打开“定义新项目符号”对话框,如图 2.21 所示。

图 2.20 选择波浪下画线

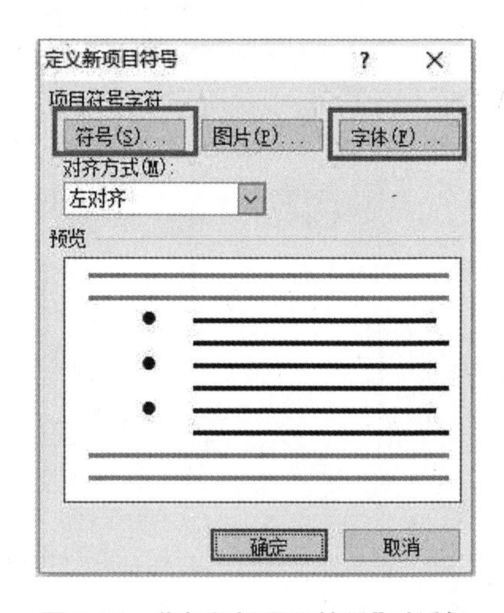

图 2.21 “定义新项目符号”对话框

单击“符号”按钮,打开“符号”对话框,如图 2.22 所示,选择“🕮”图标,单击“确定”按钮,返回“定义新项目符号”对话框,单击“字体”按钮,在字体对话框中设置“字体颜色”为红色,并单击“确定”按钮,完成项目符号的设置。

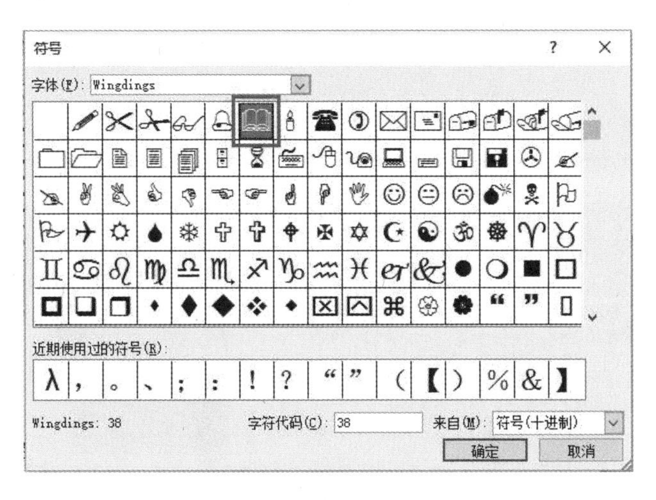

图 2.22　“符号”对话框

2.3　图 文 混 排

Word 2010 支持在文档中插入图片、剪贴画、文本框和艺术字等元素,使文档更加生动、丰富。

案例 2.2　图文混排

1. 新建文档“岳阳楼记 2. docx”,输入岳阳楼记内容。

2. 设置正文格式为“楷体”“小四”号字。

3. 插入事先保存的“岳阳楼. jpg”图片,并调整大小,设置环绕方式为 “四周型”,并放置到文档适当位置。

4. 插入剪贴画,并调整合适大小,放到文档中适当位置。

5. 插入艺术字,内容为“岳阳楼记”,调整合适大小,替代原题目。

6. 插入竖排文本框,输入内容“洞庭天下水,岳阳天下楼”,字体设置为“华文行楷”“三号”字;设置文本框文字环绕方式为“四周型”;文本框填充效果为“渐变填充”,预设颜色为“雨后初晴”;线型设置为宽度 1. 5 磅,短画线类型设置为“长画线”。

7. 插入“笑脸”和“心”形状,并组合起来,移动到文档合适位置。

8. 插入 SmartArt 图形,选择“层次结构”类别中的“水平层次结构”。输入文字“岳阳景点、岳阳楼、洞庭湖、君山”。效果如图 2. 23 所示。

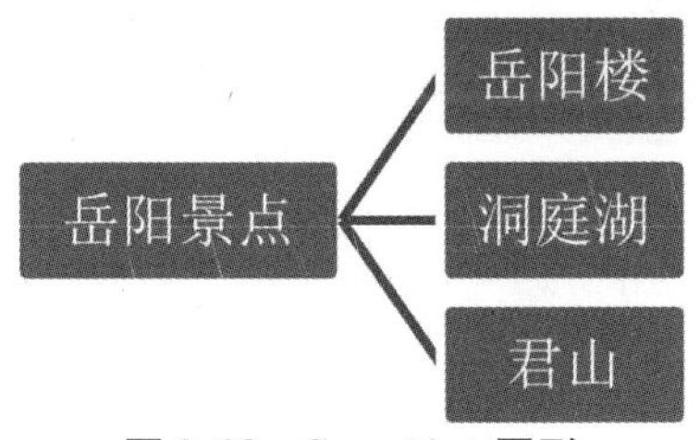

图 2.23　SmartArt 图形

首先新建文档，输入岳阳楼记内容并保存，如图 2. 24 所示，文件命名为“岳阳楼记 2. docx”，用快捷键“Ctrl” +“A”全选文本，设置文本正文格式为“楷体”“小四”号字。

图 2. 24 “图文混排”样张

2. 3. 1 图片与剪贴画

1. 插入图片

(1)在要插入图片的地方单击鼠标，将光标定位到插入的位置。

(2)选择“插入”选项卡，在“插图”功能区中单击“图片”按钮。

通过以上设置完成文档的排版，如图 2. 25 所示。

图 2. 25 “插图”功能区

(3)在弹出的“插入图片”框中选择要插入的图片，单击“插入”按钮，如图 2.26 所示。

图 2.26　“插入图片”对话框

说明：

当插入对象后，选定栏会增加对插入对象的专门格式设置的选项卡，例如，当插入“图片”后，选定栏如图 2.27 所示，增加了“图片工具|格式”选项卡，该选项卡中各按钮命令用于对图片进行设置。“图片工具|格式”选项卡包括“调整”“图片样式”“排列”和“大小”等四个功能区。

图 2.27　“图片工具|格式”选项卡

➢“调整”功能区包括如下按钮。

删除背景：可以帮助用户快速从图片中获得有用的内容，由于任何图片处理软件都无法完全将要保留的部分“猜”出来。此时，可单击“标记要保护的区域”，在要保留之处画线或打点，凡是鼠标经过之处都将保留。同样，也可用“标记要删除的区域”来定义不保留的区域。然后单击“保留更改”即可看到删除背景后的图片效果，如图 2.28 所示。

图 2.28　删除背景

此按钮具有两大功能:其一,用来调整图片的亮度和对比度;其二,可以调整图片的锐化和柔化。单击“更正”按钮,如图 2. 29 所示,在下拉菜单中,选择对图片设置不同的亮度和对比度,以及锐化和柔化。

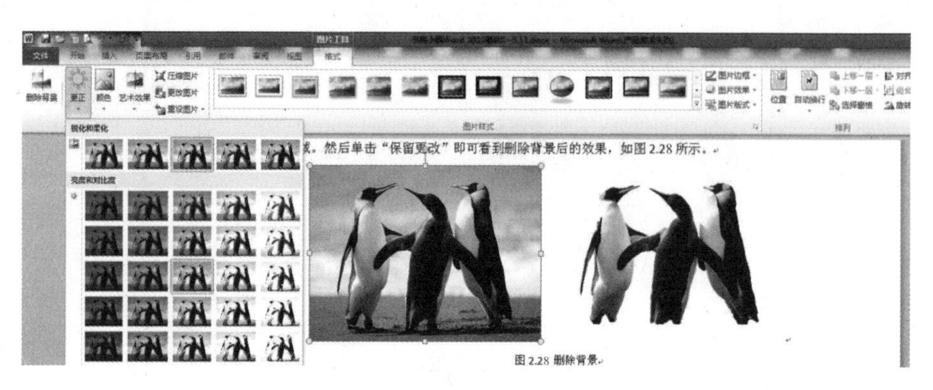

图 2. 29 “更正”下拉菜单

颜色: 此按钮用来调整图片的饱和度和色调。

艺术效果: 该效果体现了 Office 2010 强大的图片处理功能,可为图片提供多种艺术效果。

压缩图片:如果在 Word 2010 文档中插入了很多大尺寸图片,那么文档的空间自然会增大很多,Word 2010 提供了图片压缩选项,这样在保存文档时 Word 2010 可以按照用户的设置自动压缩图片。

更改图片:更新插入的图片。

重设图片:可以将图片恢复到原始状态。

➢“图片样式”功能区包括如下按钮。

图片样式:图片样式包括多种图片的样式,可通过单击来设定。

图片形状:可以将图片设定为规定的形状。

图片边框:给图片添加边框,包括边框的颜色和线型。

图片效果:给图片添加各种效果,包括七大类若干种效果。

➢“排列”功能区可以实现图片的位置、旋转、环绕方式和对齐等的设置。

➢“大小”功能区包括如下按钮。

裁剪:单击该按钮可以手动对图片进行裁剪,调整显示的区域,设定图片的高度和宽度。

另外,可以单击“大小”组右下角的扩展按钮,在弹出的“布局”对话框中设定图片的大小、环绕方式、位置等。

以上是插入图片后自动增加的选项卡的功能介绍,插入其他对象以后,也会出现相应的选项卡,使用方法相同,就不一一介绍了。

2. 插入剪贴画

(1)在需要插入剪贴画的地方单击鼠标,定位插入位置。

(2)选择“插入”选项卡,在“插图”功能区中单击“剪贴画”按钮。

(3)在屏幕右侧弹出“剪贴画”窗格,如图 2. 30 所示,单击“搜索”按钮,在搜索出的剪贴画中,选择相应的剪贴画,单击鼠标即可插入。

图 2.30　“剪贴画”窗格

3. 文字环绕方式

在文本中插入图片、剪贴画等其他元素后，需要设置图片与文字的位置关系，这叫作文字环绕。文字的环绕方式有嵌入型、四周型和紧密型等多种环绕方式，如图 2.31 所示。以下步骤设置了岳阳楼图片的文字环绕方式为四周型。

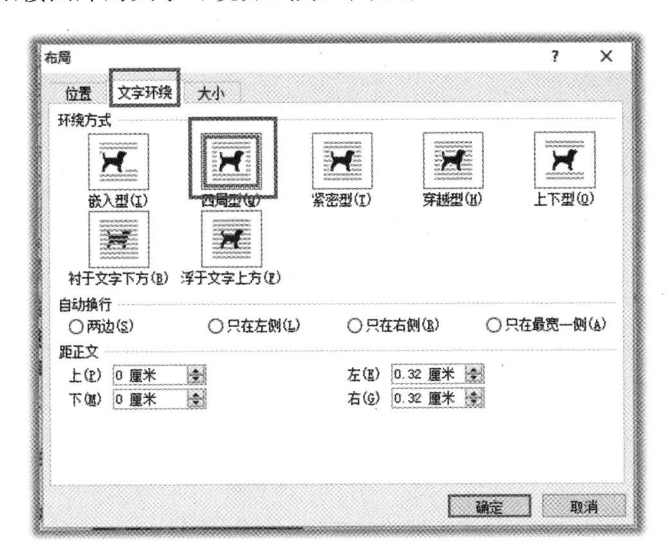

图 2.31　“文字环绕”选项卡

在图片上右击鼠标，弹出快捷菜单，选择“大小和位置”选项，然后选择“文字环绕”选项卡，选择“四周型”环绕方式，设置结果如图 2.32 所示。

4. 图片大小和位置

对图片的大小和位置调整方法如下：

在图片上单击鼠标，选中图片，在图片的四周出现八个控制点（四个方框和四个圆圈），如图 2.33 所示，这时鼠标变成黑色十字状指针形状，按住鼠标，便可以移动图片。

用鼠标按住控制点进行拖动便可调节图片大小；或者右击图片，弹出快捷菜单，选择“大小和位置”，打开“布局”对话框，可以设置图片的大小和位置，如图 2.34 所示。

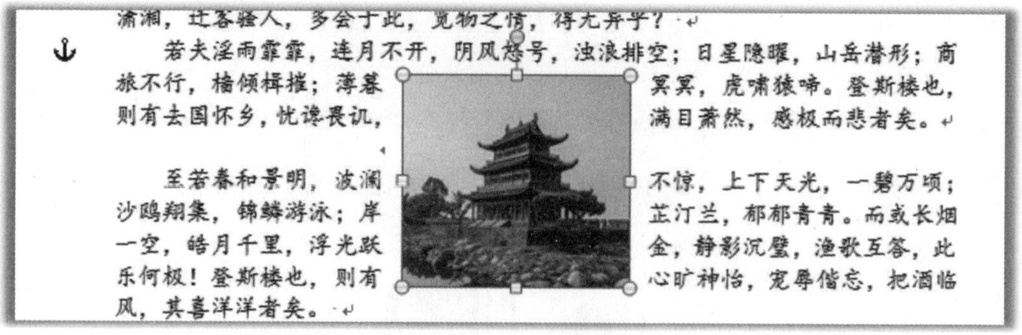

潇湘，迁客骚人，多会于此，览物之情，得无异乎？
若夫淫雨霏霏，连月不开，阴风怒号，浊浪排空；日星隐曜，山岳潜形；商旅不行，樯倾楫摧；薄暮冥冥，虎啸猿啼。登斯楼也，则有去国怀乡，忧谗畏讥，满目萧然，感极而悲者矣。
至若春和景明，波澜不惊，上下天光，一碧万顷；沙鸥翔集，锦鳞游泳；岸芷汀兰，郁郁青青。而或长烟一空，皓月千里，浮光跃金，静影沉璧，渔歌互答，此乐何极！登斯楼也，则有心旷神怡，宠辱偕忘，把酒临风，其喜洋洋者矣。

图 2.32　插入图片后效果图

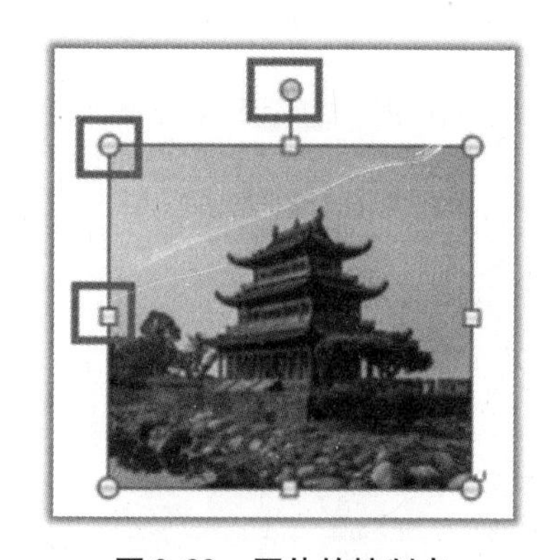

图 2.33　图片的控制点

布局
位置
文字环绕
大小
高度
绝对值(E)
3.89 厘米
相对值(L)
相对于(T)
页面
宽度
绝对值(B)
4.24 厘米
相对值(I)
相对于(E)
页面
旋转
旋转(T):
0°
缩放
高度(H):
108 %
宽度(W):
108 %
锁定纵横比(A)
相对原始图片大小(R)
原始尺寸
高度:
3.6 厘米
宽度:
3.91 厘米
重置(S)
确定
取消

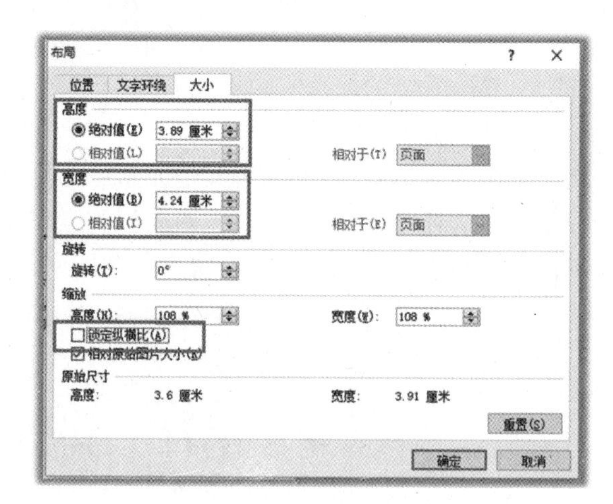

图 2.34　“大小”选项卡

注：先需要取消“锁定纵横比”，再设置图片的高度和宽度值，否则图片高度和宽度会按锁定纵横比同步改变。

5. 旋转图片

选中图片，将鼠标置于旋转控制点“ ”上，拖动鼠标便可旋转图片 。或者右击图片，在弹出的浮动工具栏中，单击“ ”按钮，如图 2.35 所示，然后选择图片旋转方式。

5.74 厘米
7.16 厘米
向右旋转 90°(R)
向左旋转 90°(L)
垂直翻转(V)
水平翻转(H)
其他旋转选项(M)...

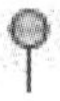

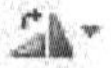

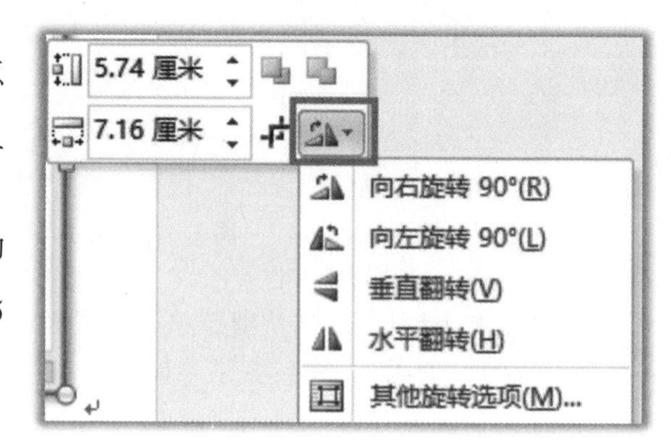

图 2.35　“浮动工具栏”旋转图片

2.3.2　文本框

文本框是储存文本的图形框，文本框中的文本可以像页面文本一样进行各种编辑和格式设置，而同时对文本框又可以像对剪贴画、图片一样，实现移动、复制、缩放等操作。

(1)将光标定位到要插入文本框的位置。

单击“插入”选项卡,在“文本”功能区,单击“文本框”按钮,选择“绘制竖排文本框”选项,绘制一个大小适中的竖排文本框。

(2)在文本框中输入文字“洞庭天下水,岳阳天下楼”,设置字体字号为“华文行楷”“三号”字。

(3)右击选中文本框,选择“自动换行|浮于文字上方”环绕方式,设置文本框的环绕方式,或者右击选中文本框,选择“其他布局选项|文字环绕”进行文本框环绕方式的设置。

(4)右击选中文本框,选择“设置形状格式”,如图 2.36 所示,在填充单选框中选择“渐变填充”,预设颜色选择“雨后初晴”。

(5)在左侧菜单中选择“线型”,设置线型宽度为 1.5 磅,短画线类型选择“长划线”,如图 2.37 所示。设置完成单击“关闭”按钮。

图 2.36 设置形状格式

图 2.37 设置“文本框”线型

2.3.3 艺术字

艺术字是指将一般文字经过各种特殊变形、着色等处理得到的艺术化效果的文字,在 Word 2010 中可以创建出漂亮的艺术字,并作为一个对象插入到文档中。

(1)在要插入艺术字的地方单击鼠标,将光标定位。

(2)选择“插入”选项卡,在“文本”功能区中单击“艺术字”按钮,如图 2.38 所示。

图 2.38 “文本”功能区“艺术字”按钮

(3)在弹出的下拉菜单中选择艺术字样式。

(4)用“岳阳楼记”将默认文字“请在此放置您的文字”替换掉,并可以根据需要对修改后的艺术字进行格式设置等操作。

(5)选中生成的艺术字,将光标置于周围边框,当光标呈黑色十字状,便可以拖动艺术字至文章顶端作为文章标题。最终效果如图2.23所示。

2.3.4 形状

Word自身提供了众多自选图形供用户使用,用户可以在文档中绘制各种线条、箭头、图形、流程图、标注等,并可以对绘制的图形进行填充效果、阴影效果、三维效果等的设置,设置方法如下。

(1)插入自选图形。单击"插入"选项卡,单击"插图"功能区中的"形状"按钮。

(2)在"形状"下拉菜单中,单击"笑脸"图形,鼠标便会变成黑色十字,在页面上按住鼠标左键拖动,便会画出一个笑脸图形。

(3)同理,再画出一个"心形"图形。

(4)按住"Ctrl"键,用鼠标分别单击"笑脸"图形和"心形"图形,便可以同时选中这两个图形。右击鼠标,选择"组合|组合"选项,便可以将这两个图形组合在一起,如图2.39所示。

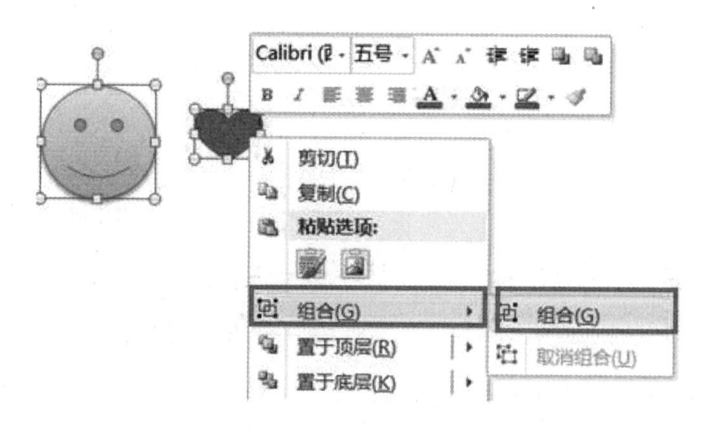

图2.39 组合图形

(5)右击组合起来的图形,选择"自动换行|衬于文字下方"选项,便可以使图形衬于文字的下方。

(6)可以用鼠标对这个组合的图形进行大小和位置的调整。

注:右击图形,选择"设置形状格式"选项,可以对图形边框、填充等进行设置。

2.3.5 SmartArt图形

SmartArt图形是Word 2010中预设的形状、文字及样式的集合,用来表明对象之间的从属关系、层次关系等,包括列表、流程、循环、层次结构、关系、矩阵和图片等几种类型。每种类型下又有多个图形样式,用户可以根据文档的内容选择需要的样式,然后对图形的内容和效果进行编辑。

1. 创建SmartArt图形

单击"插入"选项卡,在"插图"功能区单击"SmartArt",出现如图2.40所示的"选择

SmartAr 图形”对话框，在对话框中选择“层次结构”中的“水平层次结构”样式，单击“确定”按钮。

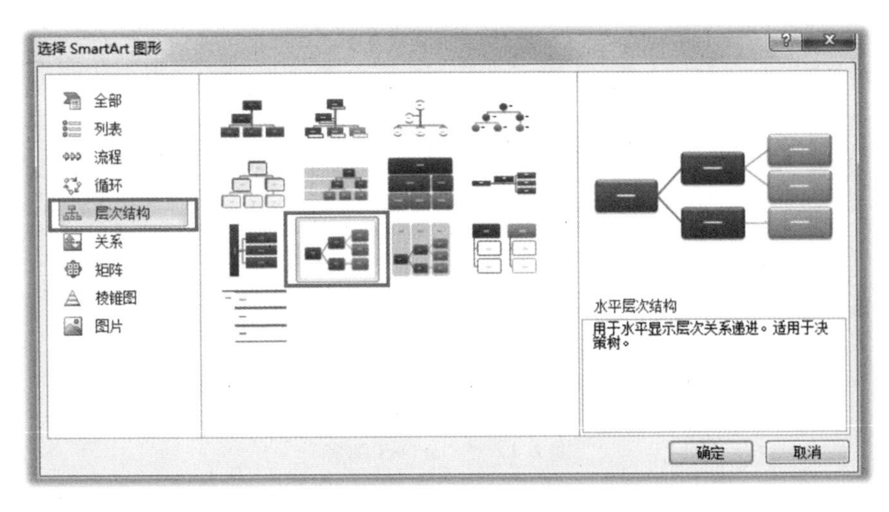

图 2.40　“选择 SmartAr 图形”对话框

2. 输入文字修改图形

在“SmartArt 图形工具”选项卡下的“设计”子选项卡下的创建图形功能区，单击“文本窗格”按钮，如图 2.41 所示，即可出现文本窗格，如图 2.42 所示，输入岳阳景点等文字，如果文字内容多于图形编辑区域，可以通过按“Enter”键增加图形编辑区域。

将光标定位到“洞庭湖”，在“SmartArt 工具—设计—创建图形”中单击“升级”按钮，如图 2.41 所示，便可将“洞庭湖”项升级。同理“君山”也做升级处理。效果如图 2.43 所示。也可以使用快捷菜单设置，右键点击“洞庭湖”，在快捷菜单中选择“升级”进行文字升级设置。设置完成关闭“文本窗格”，SmartArt 图形如图 2.23 所示。

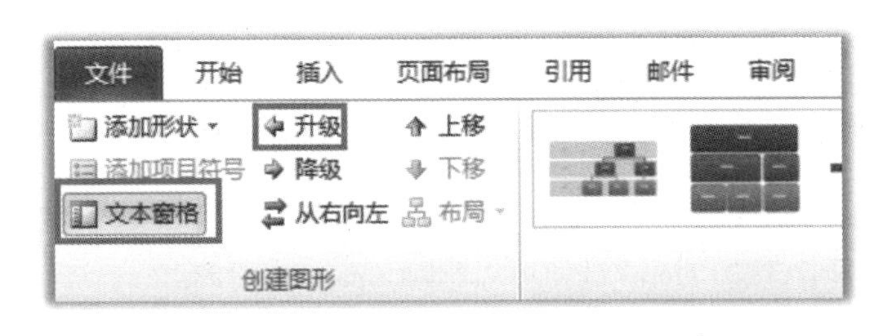

图 2.41　“SmartArt 图形工具”下的“创建图形”功能区

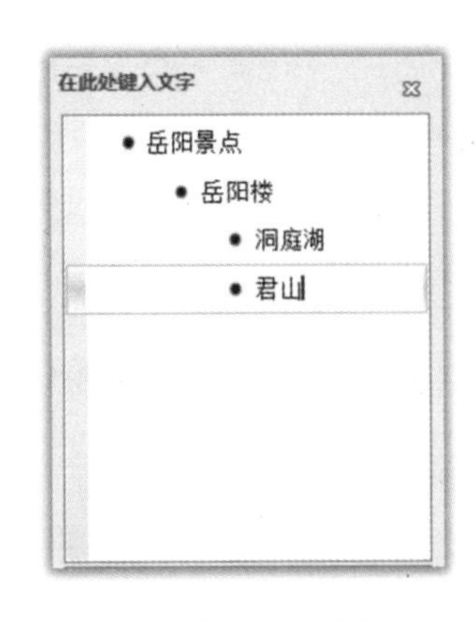

图 2.42　文本窗格

3. 设置美化 SmartArt 图形

单击 SmartArt 图形，选择“设计”选项卡，在“SmartArt”样式组中单击 “更改颜色”按钮

下的小箭头打开主题颜色列表，选择“强调文字颜色 1”下的“彩色轮廓—强调文字颜

色 1”,如图 2.44 所示。设置图形后的效果图如图 2.45 所示。

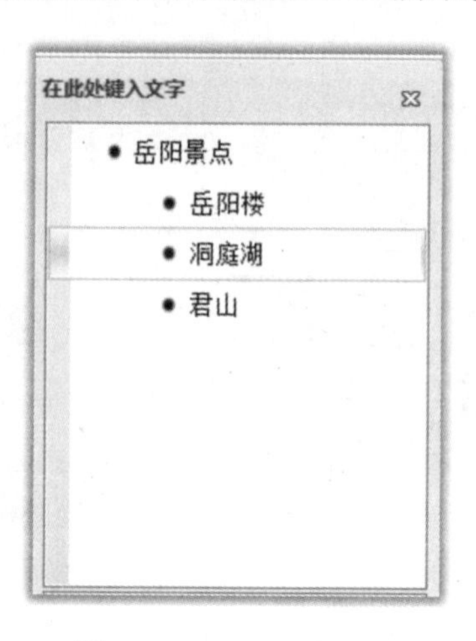

图 2.43　SmartArt 图形

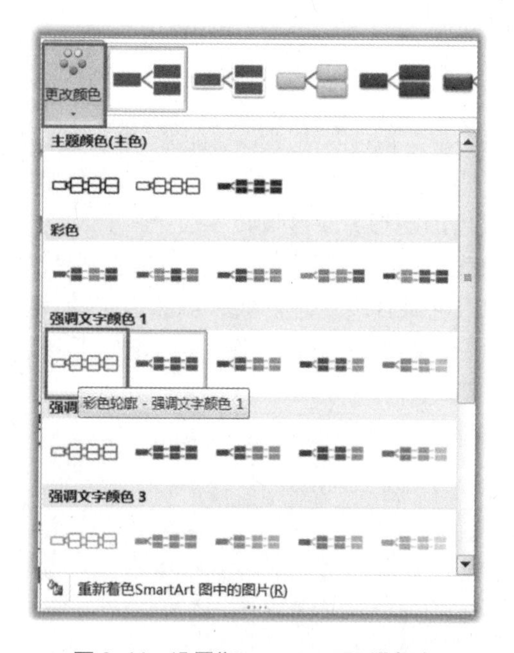

图 2.44　设置“SmartArt 图形”颜色

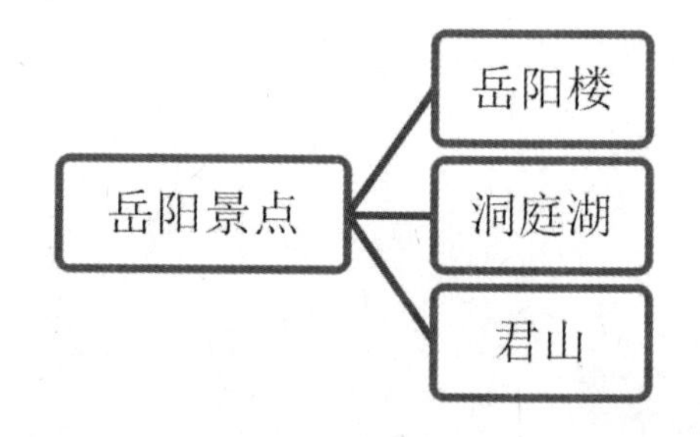

图 2.45　美化后的 SmartArt 图形

4. 删除 SmartArt 图形

直接鼠标单击选中要删除的图形,按“Delete”键便可以删除 SmartArt 图形。

2.3.6　插入其他元素

有的时候,在文档里还需要插入一些专业的数学公式、屏幕截图、脚注和尾注等,Word 2010 为插入和编辑数学公式提供了方便,同时也为插入屏幕截图,以及插入脚注和尾注等提供了方便。下面通过案例简要介绍插入这些元素的方法。

1. 公式编辑

案例 2.3　编辑图 2.46 所示公式

$$(x+a)^n = \sum_{k=0}^{n}\binom{n}{k}x^k a^{n-k}$$

图 2.46　二项式定理

Word 2010 支持公式的编辑，无须借助第三方工具就可以输入和修改公式，其方法如下。

➢方法一　单击“插入”选项卡下面的“符号”功能区的“公式”，下面有一些常用的公式可以直接选择插入。

➢方法二

(1) 首先定位光标在要插入公式的位置，然后选择“插入”选项卡，在“符号”功能区，单击“公式”，如图 2.47 所示。在下拉菜单中选择“插入新公式”选项，则在光标位置处出现“在此处键入公式”的公式编辑区，如图 2.48 所示。在“结构”功能区中选择需要的公式格式，这里我们单击“上下标”按钮，如图 2.49 所示，在下拉菜单中，选择第一个“上下标”格式，如图 2.50 所示。

图 2.47　“符号”功能区“公式”按钮

图 2.48　公式编辑区

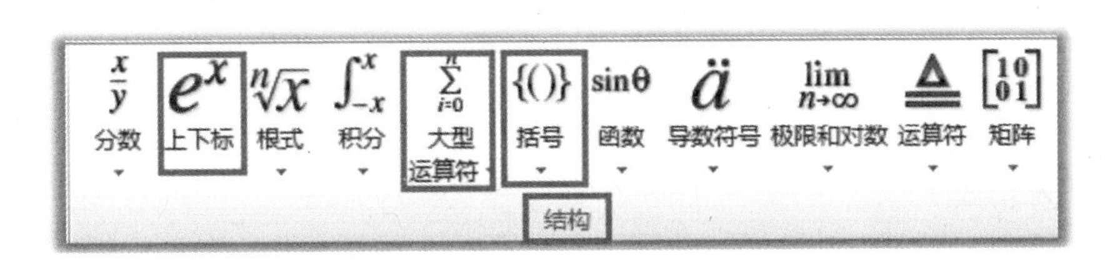

图 2.49　“公式工具”下的结构功能区

(2) 在公式编辑区便会出现一上一下两个方框⬚⬚，单击下面方框输入“(x + a)”，在上面方框输入“n”，然后在两个方框后面单击鼠标定位光标，输入“ = ”。

(3) 在“结构”功能区中，如图 2.49 所示，单击“大型运算符”按钮，选择第二个求和样式“$\sum_{\square}^{\square}\square$”，其中共有三个编辑方框，在下面方框输入“k = 0”，上面方框输入“n”。

(4) 单击右侧编辑框，在“结构”功能区(图 2.49)中，单击“括号”按钮，选择“事例和堆栈”分类中的第四个样式，如图 2.51 所示，在上面编辑框输入“n”，下面编辑框输入“k”。

(5) 在括号右侧单击鼠标，再次单击“结构”功能区的“上下标”按钮，选择第一个样式，在下面编辑框输入“x”，上面编辑框输入“k”，以此类推，后面的 a^{n-k} 输入方法相同，最后输入公式结果如图 2.43 所示，完成公式的编辑。

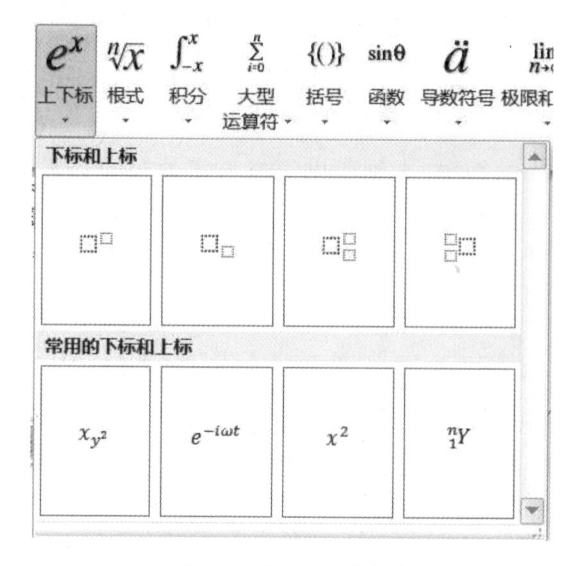

图 2.50 “上下标”列表

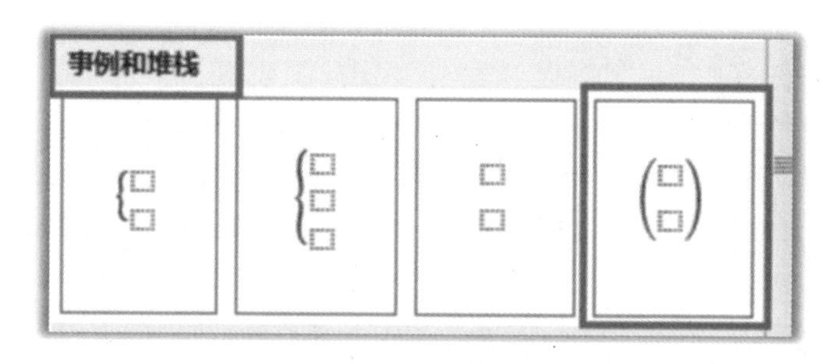

图 2.51 “括号”下拉列表下的“事例和堆栈”列表

2. 插入屏幕截图

Word 2010 内置屏幕截图功能,并可将截图即时插入文档中。单击主窗口上方的“插入”选项卡,然后单击“屏幕截图”按钮,选择“屏幕剪辑”, 如图 2.52 所示,即可在当前窗口勾选出要插入的屏幕截图,完成屏幕截图的插入。

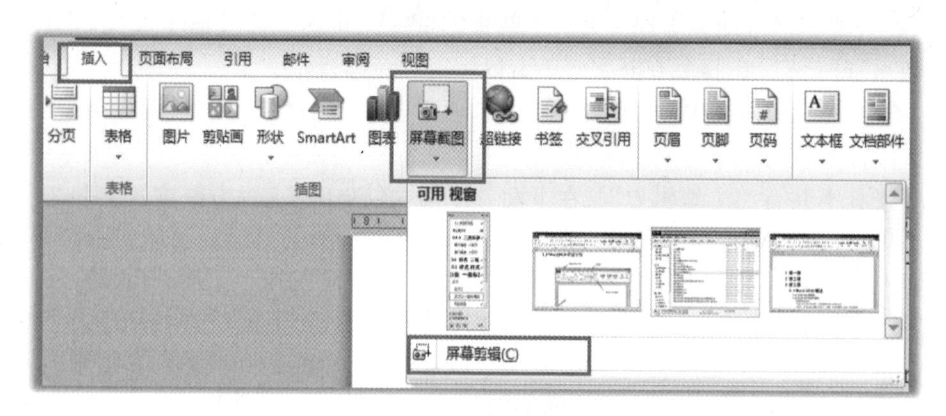

图 2.52 屏幕截图

3. 插入脚注或尾注

脚注和尾注一般用于在文档和书籍中显示引用资料的来源，或者用于输入说明性或补充性的信息。在同一文档中可以既有脚注，又有尾注。一般脚注是对某一页有关内容的解释，常放在该页的底部；尾注常用来标明引文的出处或对文档内容的详细解释，一般放在文档的最后。

脚注和尾注都是由："注释标记"和"标记所指的注释内容"两个部分组成的。前者是以上标的形式紧跟在要注释的内容后面，后者是置于注释标记所在页的下面或文尾。

脚注和尾注的插入方法如下：

(1)将插入点定位于要插入脚注标记或尾注标记位置。

(2)单击"引用"选项卡"脚注"功能区的右下角按钮，出现如图 2.53 所示的"脚注和尾注"对话框。

(3)在对话框中，选择在文档中是添加脚注还是尾注。

(4)在"格式"栏中可以选定文档中显示注释标记的格式。

(5)单击"确定"按钮，在文档中插入脚注标记或尾注标记，如果插入的是脚注标记，插入点自动移到当前页的底部，用户可键入注释内容；如果插入的是尾注标记，插入点自动移到文件尾部，可键入注释内容。

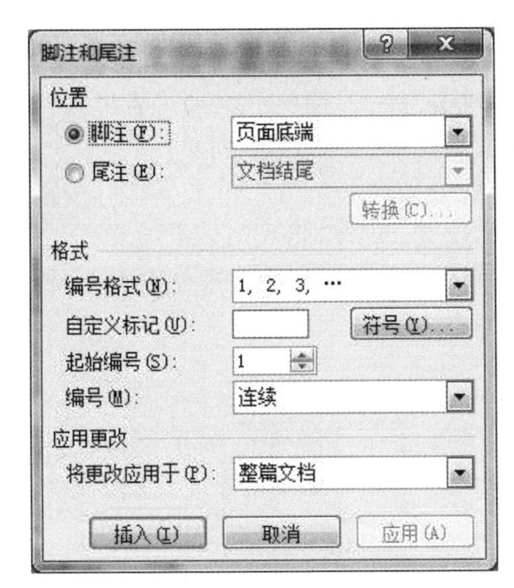

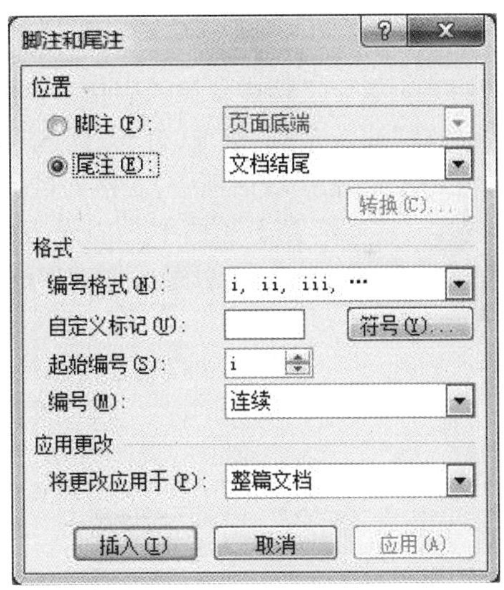

图 2.53　插入脚注和尾注

(a)插入脚注；(b)插入尾注

2.4　表格排版

案例 2.4　制作大学课表(如图 2.54 所示)

大学课表

节次 \ 星期		周一	周二	周三	周四	周五
上午	1	高等数学	计算机基础			数据结构
	2			高等数学	Java	大学英语
下午	3	数据结构	Java		Java 实验	
	4		Java 实验	大学英语		大学体育

图 2.54　表格样张

2.4.1　插入表格

➢方法一

(1)将光标置于文档中要插入表格的位置,单击“插入”选项卡,单击“表格”按钮,在下拉菜单中选择“插入表格”选项,打开“插入表格”对话框,如图 2.55 所示。

(2)在“插入表格”对话框中,表格列数和行数分别输入 5 和 5,单击“确定”按钮。

➢方法二:将光标置于文档中要插入表格的位置,单击“插入”选项卡,单击“表格”按钮,打开“表格”下拉菜单,可以通过拖动鼠标在网格上选择表格大小来创建表格,如图 2.56 所示。

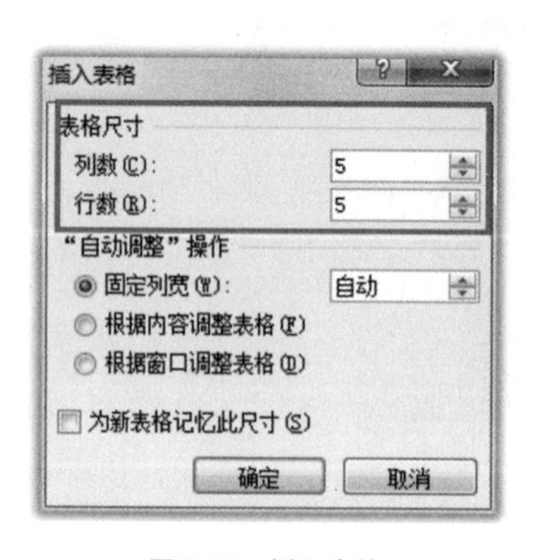

图 2.55　插入表格

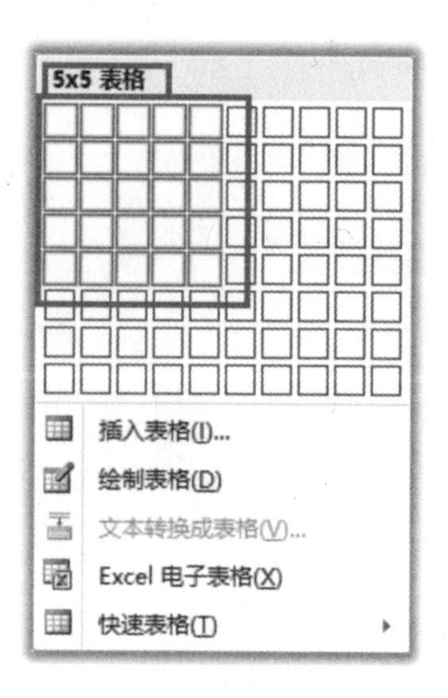

图 2.56　在网格上拖动鼠标创建表格

2.4.2 编辑表格

1. 插入一行或多行

在表格中选中某一行，鼠标右击，在快捷菜单中选择"插入→在上方插入行"，则在表格选定行的上方插入 1 行，如图 2.57 所示；同理，如果选择多行，则可以在选择的行的上方或下方插入多行，如图 2.58 所示。

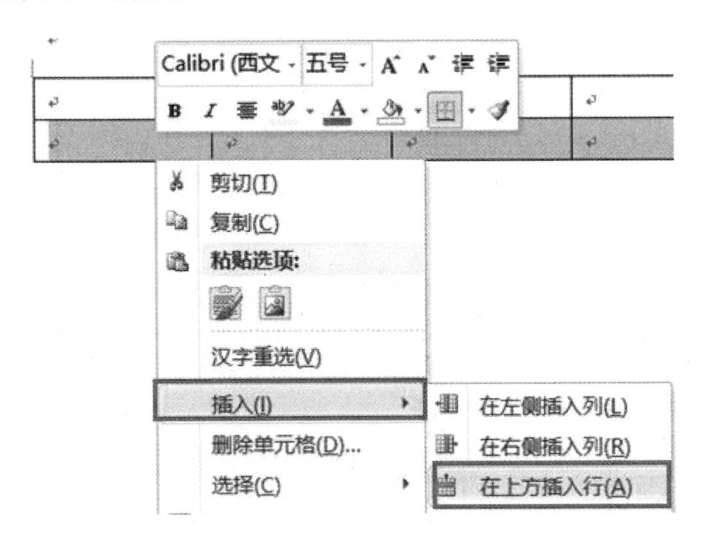

图 2.57 在选择行上方插入 1 行

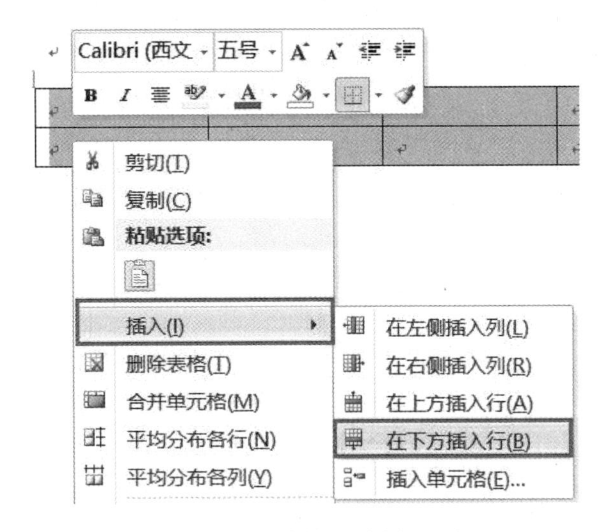

图 2.58 在选择行下方插入 2 行

2. 插入一列或多列

在表格中选择某一列，鼠标右击，在快捷菜单中选择"插入→在右侧插入列"，即可在选定列的右边插入 1 列，如图 2.59 所示；同理，选择多列，可以在选择列的左侧或右侧插入多列，如图 2.60 所示。

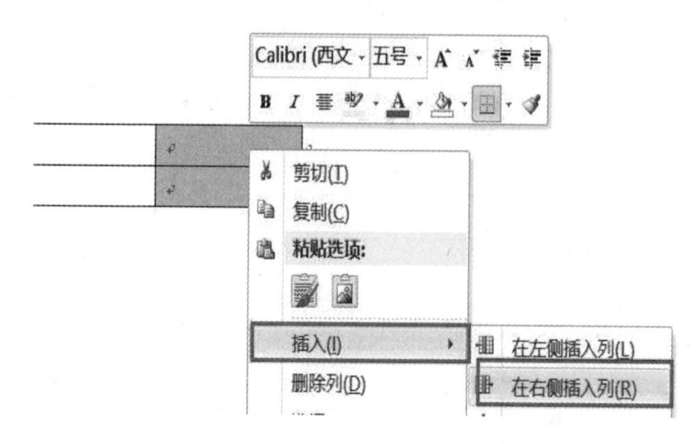

图 2.59　在选择列右侧插入 1 列

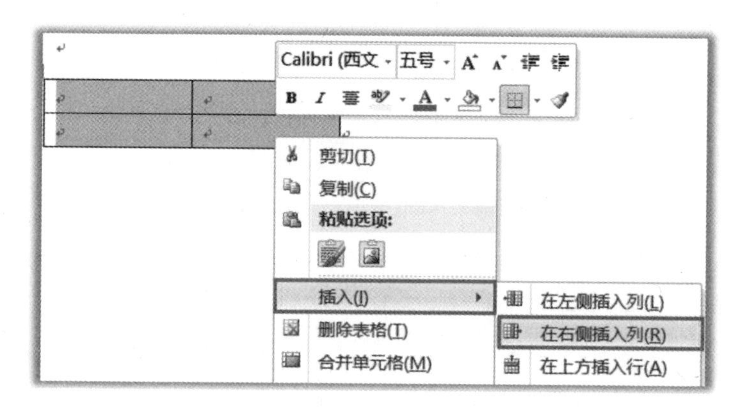

图 2.60　在选择列右侧插入 2 列

3. 拆分单元格

将光标定位到最左侧第一列第二个单元格，鼠标右击弹出快捷菜单，选择“拆分单元格”选项，如图 2.64 所示。打开“拆分单元格”对话窗，如图 2.62 所示，列数输入“2”，行数输入“1”，单击“确定”按钮，完成单元格拆分。

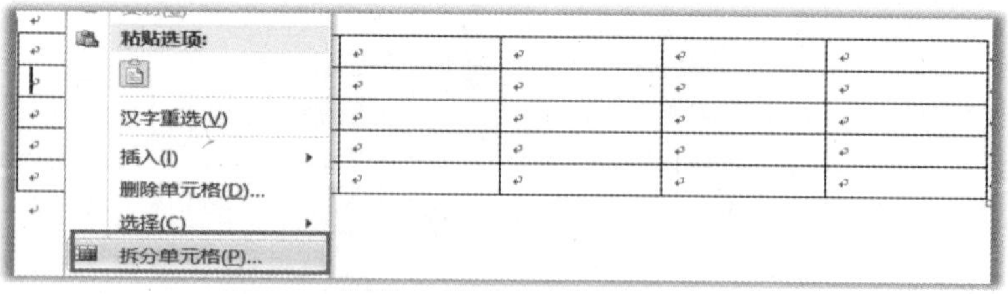

图 2.61　选择“拆分单元格”

4. 继续拆分单元格

按照上述方法依次对第三个、第四个、第五个单元格进行拆分，效果如图 2.63 所示。

5. 合并单元格

选择最左列第二行、第三行两个单元格，鼠标右击，在弹出快捷菜单中选择“合并单元格”选项，如图 2.64 所示，完成单元格的合并，同理完成第四行、第五行单元格的合并。

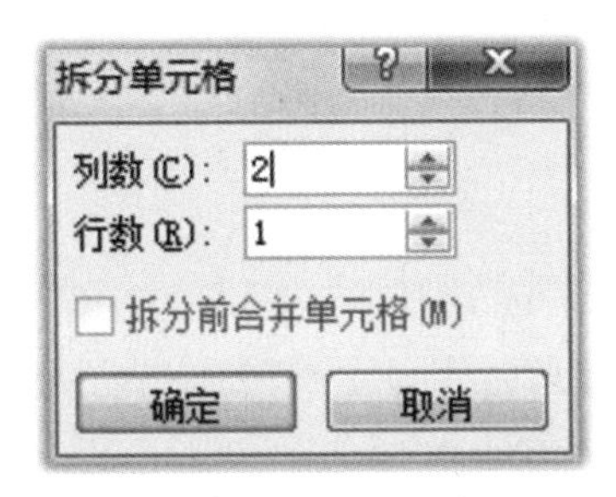

图 2.62 “拆分单元格”对话框

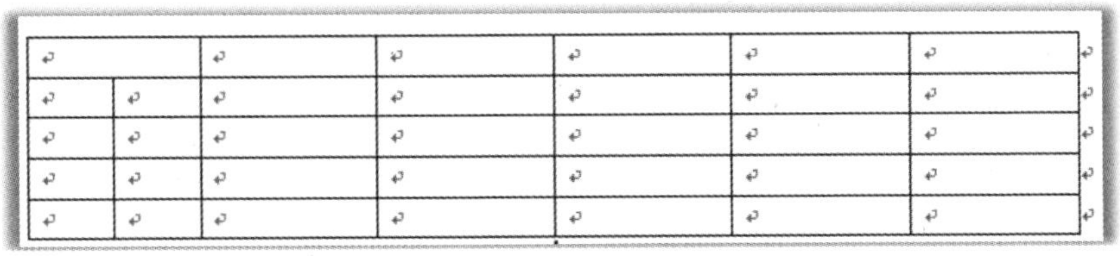

图 2.63 拆分后的表格

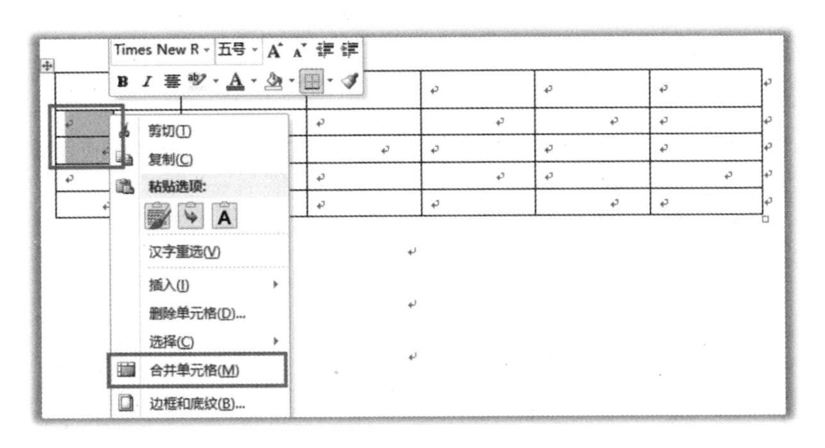

图 2.64 选择“合并单元格”

6. 输入文字

在单元格中输入图 2.65 中的文字。

		周一	周二	周三	周四	周五
上午	1	高等数学	计算机基础			数据结构
	2			高等数学	Java	大学英语
下午	3	数据结构	Java		Java 实验	
	4		Java 实验	大学英语		大学体育

图 2.65 表格文字

注:按“Tap”键可以切换到下一单元格。按“↑”“↓”“←”“→”键也可以进行单元格的

切换。

2.4.3 表格格式调整

1. 表格对齐

将鼠标移动到表格上方，在表格左上方单击“ ”图标，选中表格，鼠标右击弹出快捷菜单，如图 2.66 所示，选择“单元格对齐方式”|“水平居中”，使表格内容居中对齐，并且设置第一行、第一列和第二列表格内容加粗显示。

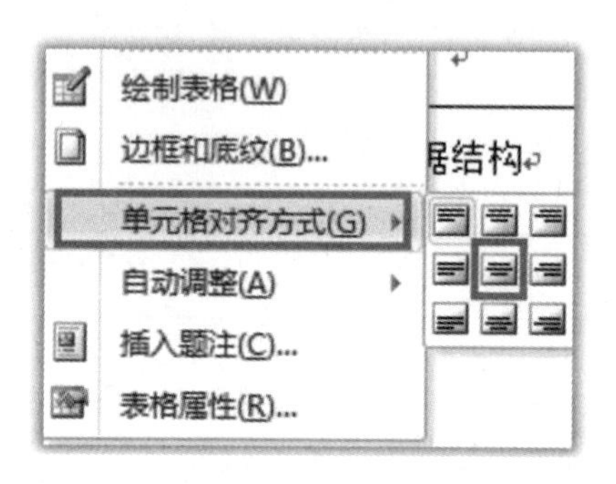

图 2.66 “单元格对齐方式”的选择

2. 边框和底纹

（1）将鼠标移动到表格上方，在表格左上方单击“ ”图标，选中表格，鼠标右击弹出快捷菜单，选择“边框和底纹”选项。

（2）在“边框和底纹”对话框中，选择“自定义”设置，然后在“样式”中选择“单实线”，在右侧“预览”区域分别单击内部横框线和内部纵框线按钮，如图 2.67 所示。

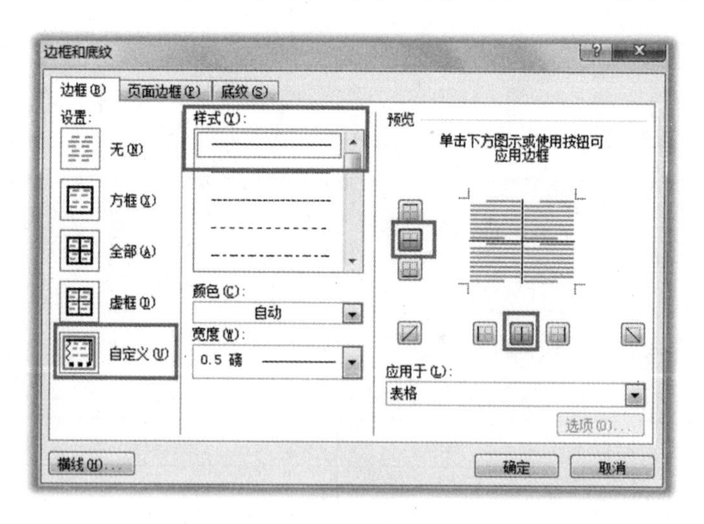

图 2.67 “边框和底纹”对话框 1

（3）在样式中选择双实线，单击右侧预览区域的上框线、下框线、左框线、右框线按钮，在“应用于”下拉菜单中选择表格，单击“确定”按钮，如图 2.68 所示。

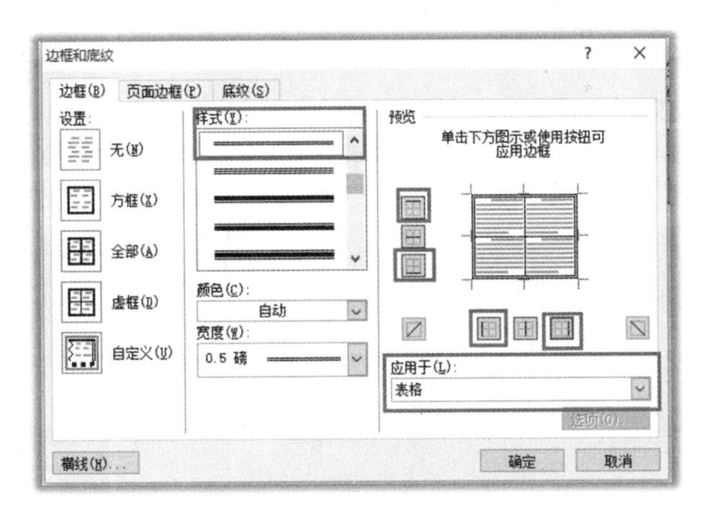

图 2.68　“边框和底纹”对话框 2

(4)用鼠标选中表格第一行,右击弹出快捷菜单,选择“边框和底纹”选项,在弹出的“边框和底纹”对话框中选择“底纹”选项卡,可以进行填充颜色、图案等的设置,如图 2.69 所示。

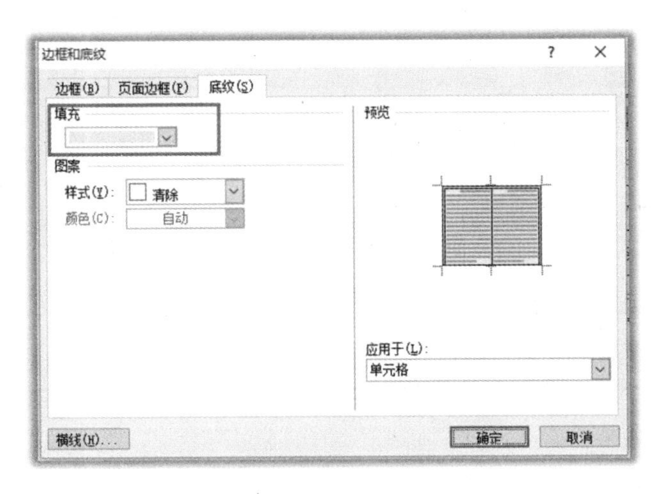

图 2.69　设置单元格底纹

(5)将光标置于表格左上角第一个单元格中,单击“开始”菜单中的“段落”功能区的“边框和底纹”右边黑三角,选择“斜下框线”选项,则在表格第一个单元格中添加了斜线。

(6)在第一个单元格中输入“星期节次”,在“节次”前按回车换行。选中“节次”,单击段落功能区的“文本左对齐”按钮,设置为左对齐,然后选中“星期”,单击“文本右对齐”按钮,设置为右对齐。

(7)调整表格大小及文字格式。

最终表格效果如图 2.54 所示。

2.4.2 表格与文本转换

1. 表格转换成文本

Word 可以直接将表格转换成文本。例如将图 2.70 中的表格转换为文本,操作步骤如下。

工作日	销售记录
2017/1/1	35
2017/1/2	83
2017/1/3	87

图 2.70　表格

(1)在表格左上方单击"⊞"图标,选中表格。

(2)在"表格工具"选项卡下的"布局"子选项卡中"数据"功能区,单击"转换为文本"按钮,如图 2.71 所示,即可将表格转换成文本,如图 2.72 所示。

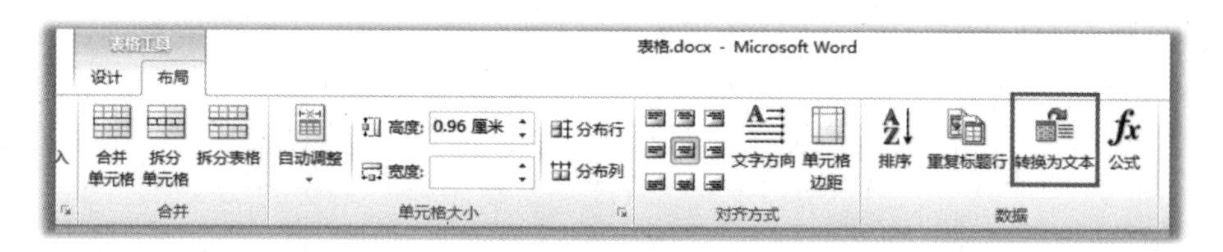

图 2.71　表格工具下的"转换为文本"按钮

工作日　　　　销售记录
2017/1/1　　　35
2017/1/2　　　83
2017/1/3　　　87

图 2.72　转换后的文本

2. 文本转换成表格

Word 可以直接将文本转换成表格,但是文本必须要用分隔符分隔开。分隔符可以是段落标记、逗号、制表符或者其他特定字符,操作步骤如下。

(1)选中要转换为表格的文本,如图 2.72 所示。

(2)在"插入"选项卡中的"表格"功能区单击"表格"按钮,在"表格"下拉菜单中,选择"文本转换成表格"选项,如图 2.73 所示。

(3)在弹出的"将文本转换成表格"对话框中设置相应的选项,例如 4 行 2 列,如图 2.74 所示。转换后效果如图 2.75 所示。

图 2.73　选择“文本转换成表格”

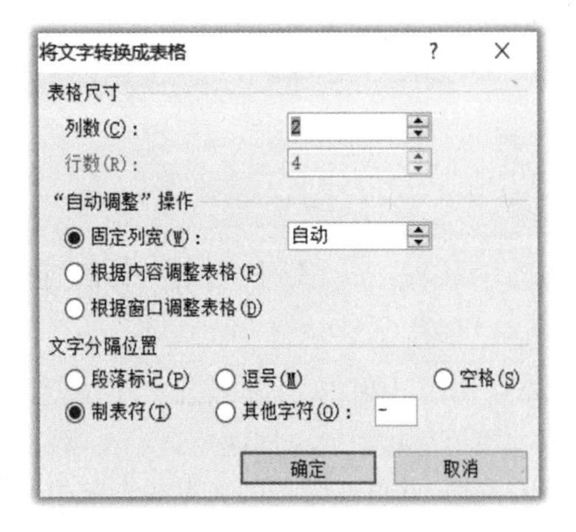

图 2.74　“文本转换成表格”对话框

工作日	销售记录
2017/1/1	35
2017/1/2	83
2017/1/3	87

图 2.75　转换后的表格

第 3 章　Word 2010 综合应用

3.1　拼写和语法错误检查

在 Word 2010 中提供了“拼写和语法”检查工具，根据 Word 2010 的内置词典可标示出的含有拼写或语法错误的单词或短语。在 Word 2010 文档中经常会看到在某些单词或短语的下方标有红色、蓝色或绿色的波浪线。其中红色或蓝色波浪线表示单词或短语含有拼写错误，绿色波浪线表示语法错误。

用户可以在 Word 2010 文档中使用“拼写和语法”检查工具检查 Word 文档中的拼写和语法错误，操作步骤如下所述。

(1)打开 Word 2010 文档窗口，如果看到该 Word 文档中包含有红色、蓝色或绿色的波浪线，说明 Word 文档中存在拼写或语法错误。切换到“审阅”选项卡，在“校对”功能区中单击“拼写和语法”按钮 ，进入“拼写和语法”检查界面。

(2)在“拼写和语法”对话框中，要确保“检查语法”复选框是选中状态，如图 3.1 至图 3.3 所示，在上面的文本框中将以红色、绿色或蓝色字体标示出存在拼写或语法错误的单词或短语。在认真检查是否确实存在拼写或语法错误后，如果认为确实存在错误，在上面的文本框中进行更改并单击“更改”按钮进行修改；如果确认做过标识的单词或短语没有错误，可以单击“忽略一次”按钮忽略关于此单词或词组的修改建议，也可以单击“添加到词典”按钮(图 3.3)将做过标识的单词或词组加入 Word 2010 内置的词典中。完成“更改”“忽略”或者“添加到词典”后单击“关闭”按钮关闭“拼写和语法”对话框。

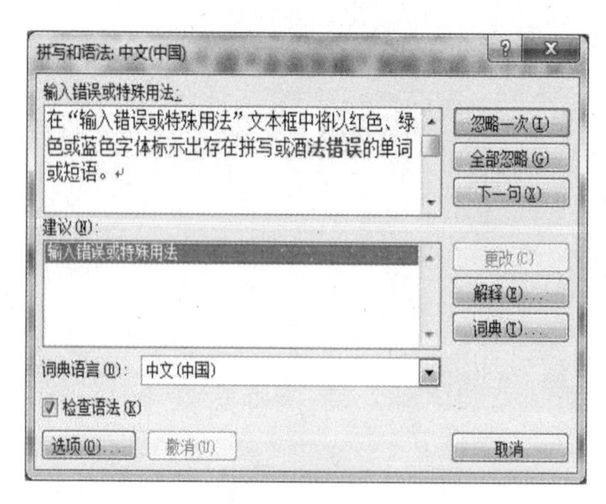

图 3.1　“拼写和语法”检查对话框 1

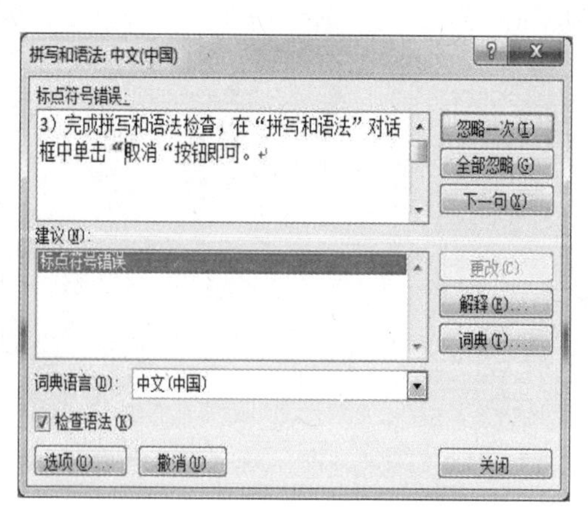

图 3.2　“拼写和语法”检查对话框 2

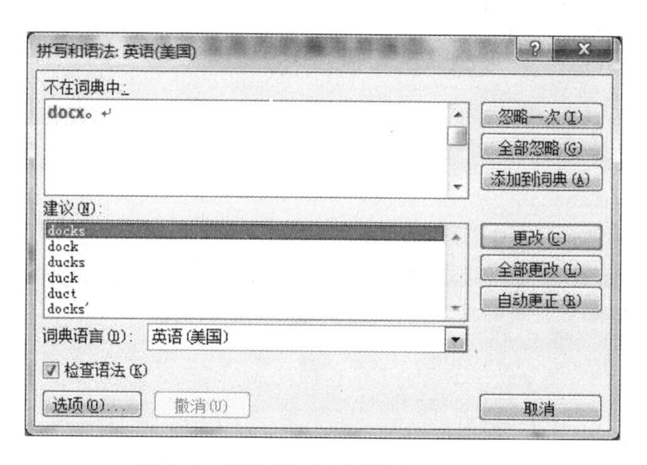

图 3.3　“拼写和语法”检查对话框 3

3.2　模板的创建与使用

除了通用型的空白文档模板之外，Word 2010 中还内置了多种文档模板，如博客文章模板、书法字帖模板等。另外，Office. com 网站还提供了证书、奖状、名片、简历等特定功能模板。借助这些模板，用户可以创建比较专业的 Word 2010 文档，因此使用模板文件可以极大提高工作效率。

1. 使用已有的模板创建文档

首先打开 Word 2010 文档窗口，单击“文件”选项卡的“新建”按钮，单击“样本模板”，如图 3.4 所示，显示所有样本模板，如图 3.5 所示，选择合适的模板，例如单击“基本简历”后，在“新建”面板右侧选中“文档”单选按钮，然后单击“创建”按钮，可以创建文档，用户可以在该文档中进行编辑，快速完成简历的编写并保存，文档的扩展名是. docx。

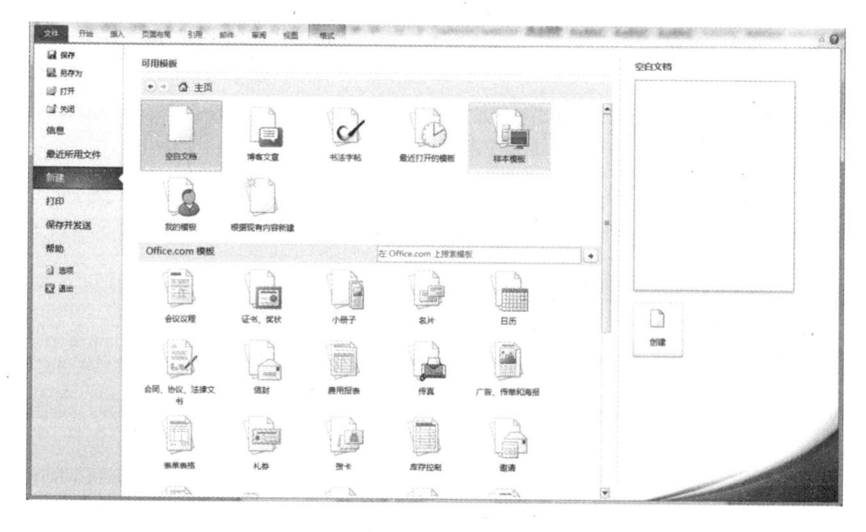

图 3.4　可用模板

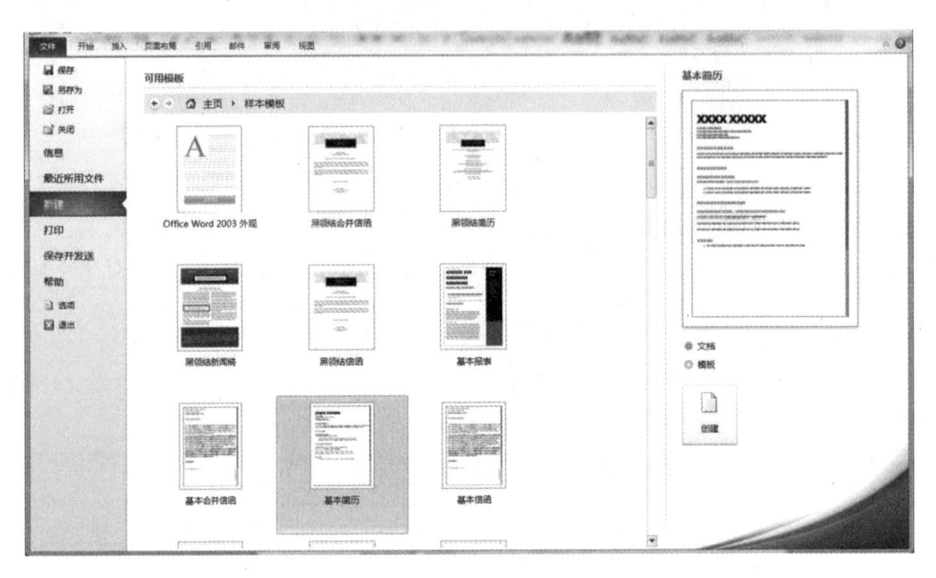

图 3.5　使用已有模板创建文档

2. 修改已有模板

首先打开 Word 2010 文档窗口,单击“文件”选项卡的“新建”按钮,单击“样本模板”,选择合适的模板,例如单击“基本简历”后,在“新建”面板右侧选中“模板”单选按钮,然后单击“创建”按钮。此时打开了“基本简历”模板,可以根据需要对模板进行修改。修改完成后,单击“文件”选项卡的“另存为”按钮,保存为 Word 模板文件,模板的扩展名是. dotx,文件保存到 Office 安装目录的 Templates 文件夹下,如图 3. 6 所示。

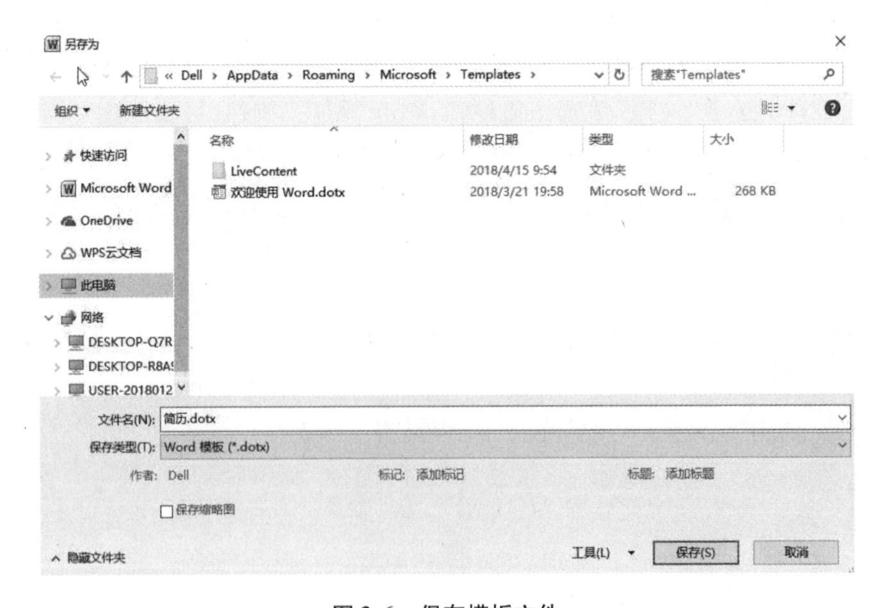

图 3.6　保存模板文件

当需要使用已存储的模板文件时,单击“文件”选项卡的“新建”按钮,打开“我的模板”列表页,找到已存储的模板文件,如图 3. 7、图 3. 8 所示。可以使用已经建立的模板创建文档,也可以根据需要修改模板。

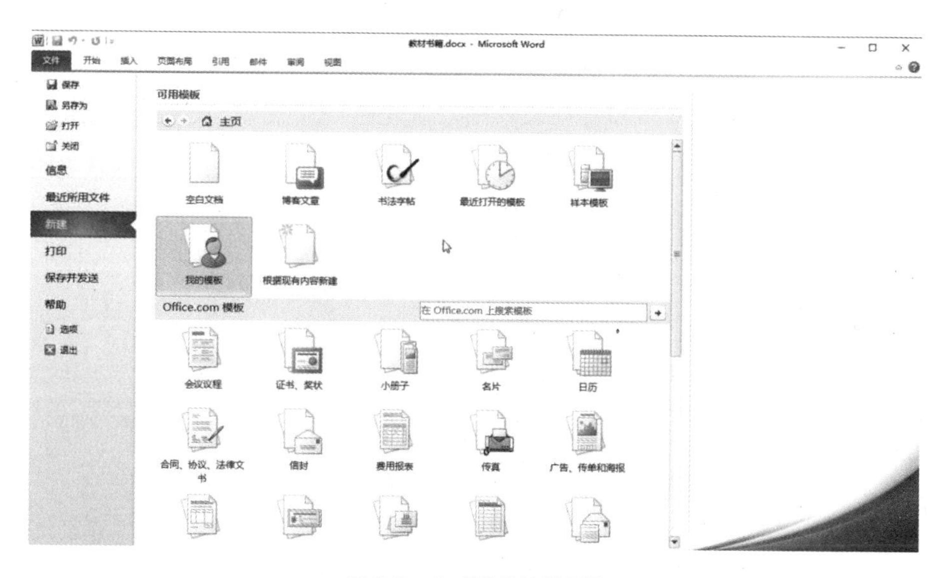

图 3.7　打开“我的模板”

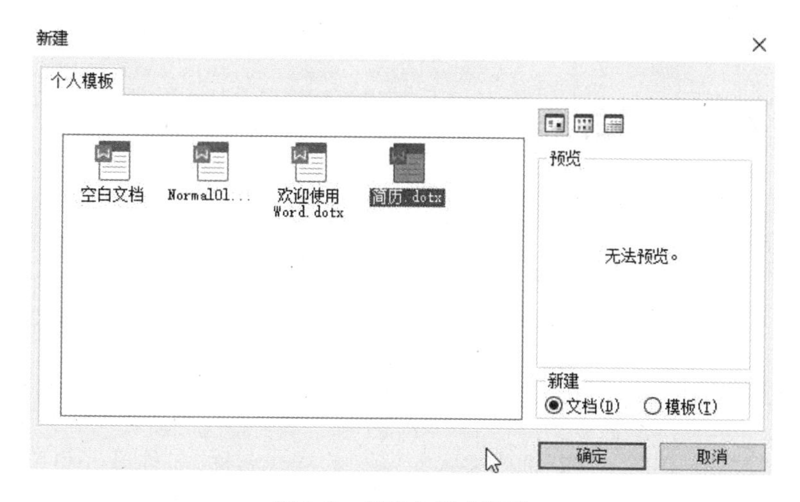

图 3.8　创建文档或模板

3.3　页 面 设 计

3.3.1　样式

样式是事先制作完成的一组“格式”的集合。Word 给每个样式一个唯一的名字,只要将这些样式应用到指定的文字中,便可以将该样式中的所有格式应用到指定文字中。样式可以快速完成长文档的格式化排版,帮助用户确定格式编排的一致性。

样式通常分为段落、字符、表格和列表等几种类型。段落样式主要对整个段落进行格式化，字符样式主要是对字符文本进行格式化，表格样式对表格进行格式调整，包括表格内文本的格式和边框底纹等。列表样式对项目符号和编号进行格式调整。

Word 本身自带内置样式，用户也可以通过新建或修改等操作自定义样式。

1. 新建样式

用户可以通过以下步骤新建样式。单击“开始”选项卡中“样式”功能区右下角的小箭头“ ”，在弹出的窗格中单击最下方的“新建样式”按钮“ ”，如图 3. 9 所示，打开“根据格式设置创建新样式”对话框，如图 3. 10 所示。

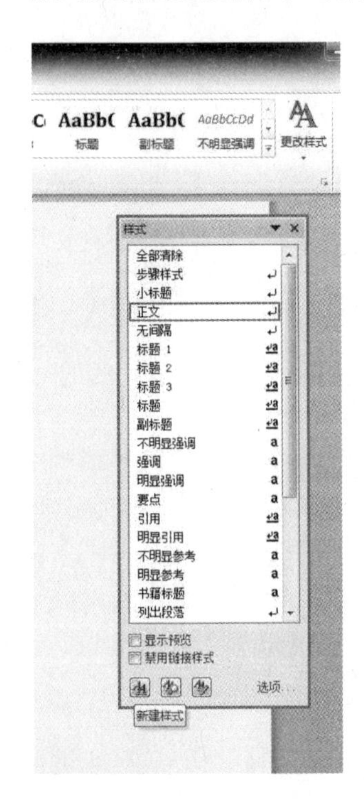

图 3. 9　选择“新建样式”

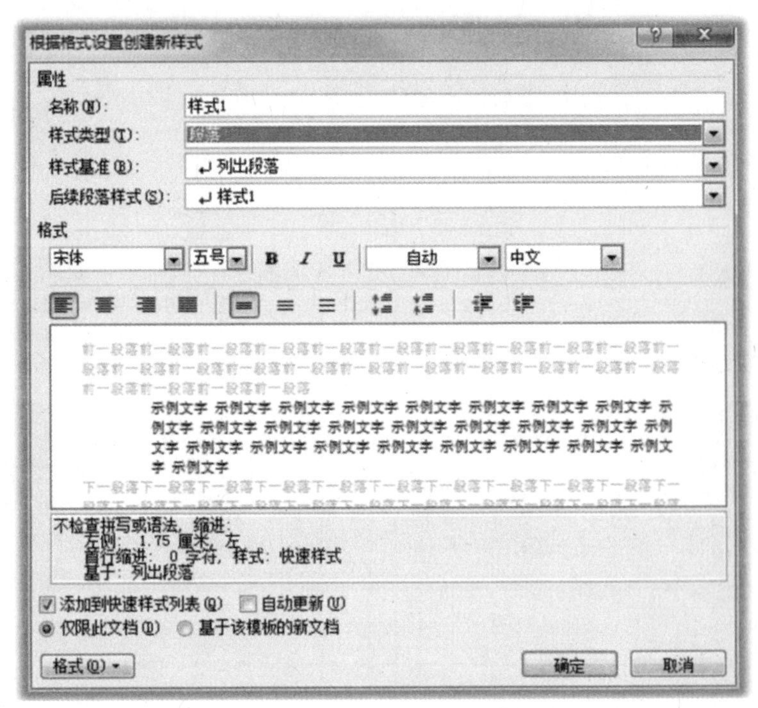

图 3. 10　“新样式”对话框

其中在“属性”项中的“名称”框中输入新定义的样式名称，名称最好简单易懂，而且能清楚地描述该样式。

在“样式类型”下拉列表中可选择不同的样式类型，以便对要进行不同格式化的内容设置不同的样式。

“样式基准”下拉列表中列出了当前文档中的所有样式，通过选择某个样式作为基准样式，则新建样式会继承选择样式中的格式，并在此基础上添加新的格式。

2. 修改样式

单击“开始”选项卡中“样式”功能区右下角的小箭头“ ”，在弹出的窗格中右击要修改的样式，选择“修改”，便可以打开“修改样式”对话框。操作方法与新建样式相同，不同的是，样式类型不允许修改。若修改基准样式，可以在“样式基准”列表框中选择一种样式作为基准。

如果要更新该样式的指定后续段落样式，可以在“后续段落样式”列表框中选择要指定给后续段落的样式。

3. 删除样式

用户不能删除 Word 提供的内置样式，只能删除用户自定义的样式。单击“开始”选项卡中“样式”功能区右下角的小箭头“ ”，在弹出的窗格中右击要删除的样式，选择“删除”命令即可。

具体的样式设置，详见 3. 4 节的论文排版案例。

3. 3. 2　多级列表

案例 3. 1　生成多级列表(图 3. 11)

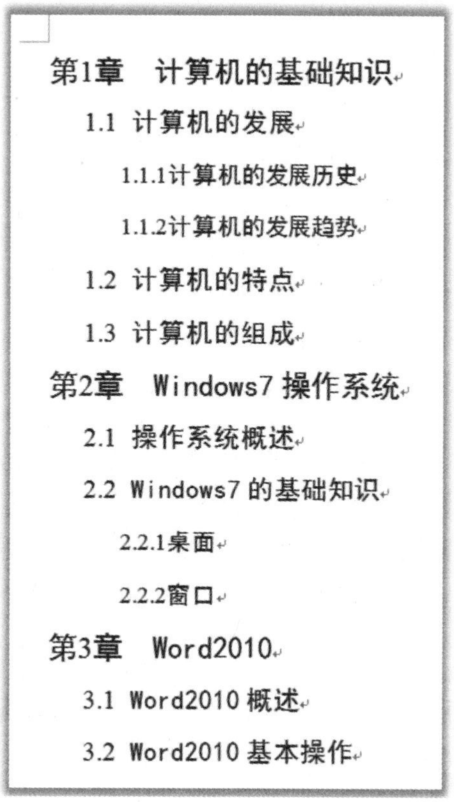

第1章　计算机的基础知识
1.1 计算机的发展
1.1.1计算机的发展历史
1.1.2计算机的发展趋势
1.2 计算机的特点
1.3 计算机的组成
第2章　Windows7 操作系统
2.1 操作系统概述
2.2 Windows7 的基础知识
2.2.1桌面
2.2.2窗口
第3章　Word2010
3.1 Word2010 概述
3.2 Word2010 基本操作

图 3. 11　多级列表样张

要求：

(1)一级标题为黑体、小二号字；

(2)二级标题为黑体、三号字；

(3)三级标题为黑体、四号字。

1. 定义新的多级列表

打开“开始”选项卡，在“段落”功能区选择“多级列表”按钮，如图 3. 12 所示，在下拉菜单中，选择“定义新的多级列表”选项，打开“定义新的多级列表”对话框，如图 3. 13 所示。

首先定义一级标题，方法是：在“定义新的多级列表”对话框中的“单击要修改的级别”中选择级别“1”，在“输入编号的格式”中，灰色底纹的“1”两端分别输入“第”和“章”，注意不能删掉灰色底纹处的“1”，否则多级列表会失效。然后单击“字体”按钮，打开“字体”对话框,如图 3.14 所示,设置中文字体为“黑体”,英文字体为“Times New Roman”,字号为“小二号”。

图 3.12　选择“多级列表”按钮

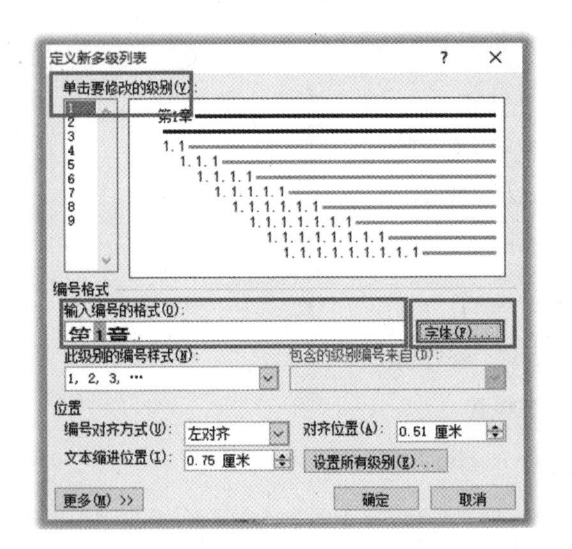

图 3.13　在“定义新的多级列表”对话框设置级别 1

图 3.14　“字体”对话框

其次定义二级标题,方法是:在“定义新的多级列表”对话框中的“单击要修改的级别”框中选择级别“2”,设置如图 3.15 所示,注意灰色底纹文字不能更改或者删除,然后单击“字体”按钮,打开“字体”对话框,设置字体字号为“黑体”“三号”字等格式。

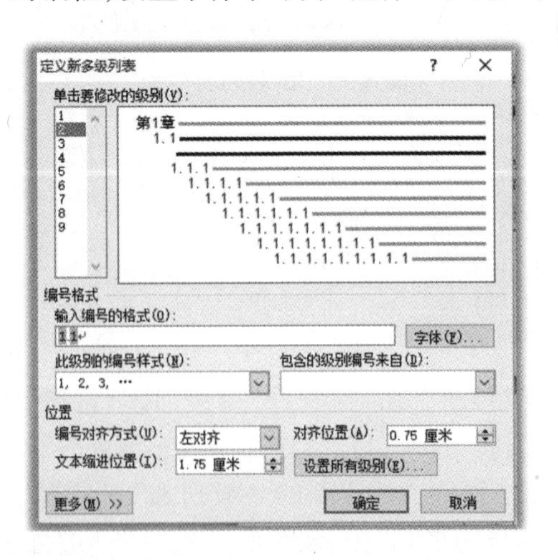

图 3.15　在“定义新的多级列表”对话框设置级别 2

按照上述方法设置其他级别格式,设置完成各项之后,单击“确定”按钮。

2. 生成多级列表

(1)打开 Word 文档,在定义多级列表后,文本自动出现“第 1 章”,在其后输入 “计算机的基础知识”,并设置字体为“黑体”“小二号”字,效果如图 3.16 所示。

第1章　计算机的基础知识

图 3.16　设置一级列表

(2)将光标定位到一级标题后,按回车键,Word 会自动生成下一条列表项,出现“第 2 章”,然后输入标题“计算机的发展”,效果如图 3.17 所示。这时“计算机的发展”自动设置的是一级列表格式。

第1章　计算机的基础知识

第2章　计算机的发展

图 3.17　自动设置一级列表

(3)如果要将“计算机的发展”设置为二级列表格式,可以将光标定位到“计算机的发展”处任何位置,选择“段落”功能区的“多级列表”图标,再选择“更改列表级别”选项,选择二级列表格式,如图 3.18 所示;或将光标定位到二级标题“第 2 章”的后面,按“Tab”键即能实现将“第 2 章 计算机的发展”设置为下一级列表格式,并设置二级标题“计算机的发展”为“黑体”“三号”字,效果如图 3.19 所示。

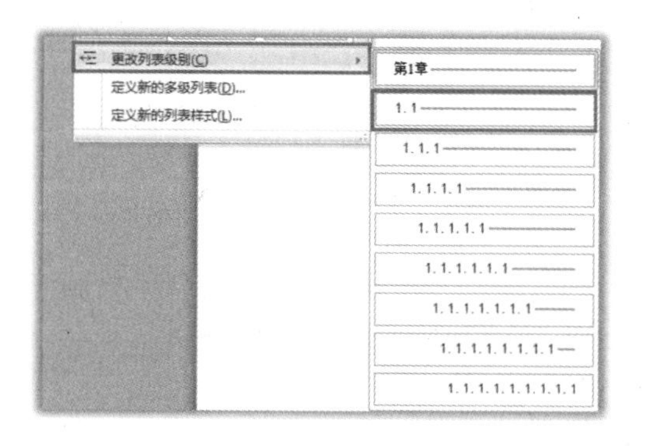

图 3.18　更改列表级别

注:本例中,一级标题“第 2 章 计算机的发展”转化为二级标题时,“第 2 章”即转化为“1. 1”,如图 3.19 所示。

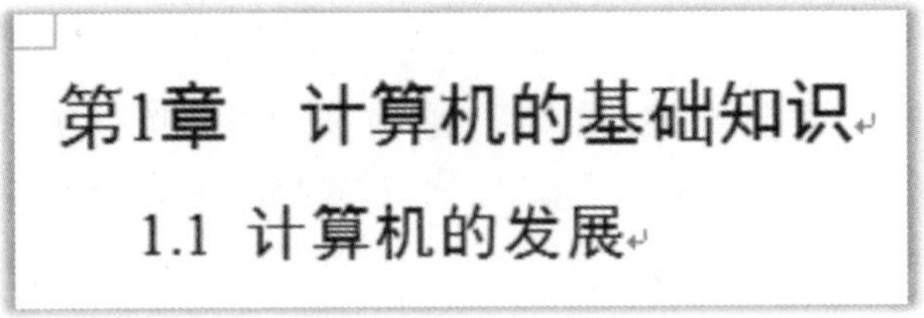

第1章　计算机的基础知识
1.1 计算机的发展

图 3.19　设置二级列表

(4)在二级列表标题“计算机的发展”后按回车键,生成下一条二级列表,按 Tap 键,即可生成三级列表,输入标题“计算机的发展历史”,并设置标题为“黑体”“四号”字,效果如图 3. 20 所示。

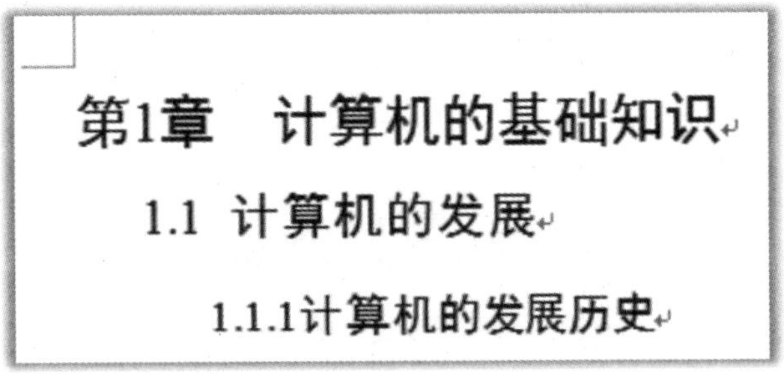

第1章　计算机的基础知识
1.1 计算机的发展
1.1.1计算机的发展历史

图 3.20　设置三级列表 1

(5)在“计算机的发展历史”后按回车键,生成下一条三级列表,输入“计算机的发展趋势”,效果如图 3. 21 所示。

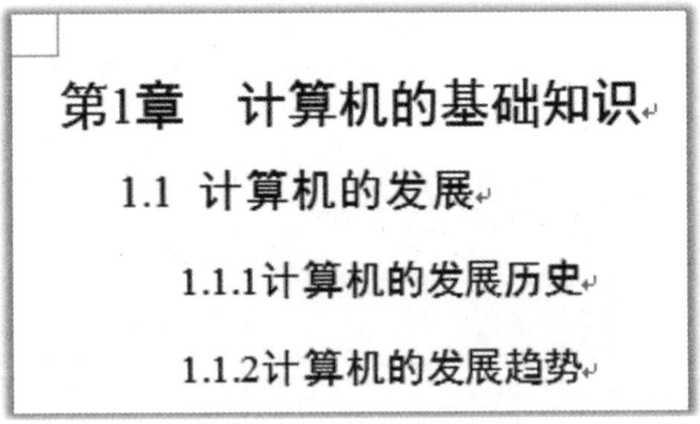

第1章　计算机的基础知识
1.1 计算机的发展
1.1.1计算机的发展历史
1.1.2计算机的发展趋势

图 3.21　设置三级列表 2

(6)在“1. 1. 2 计算机的发展趋势”后按回车键,生成下一条三级列表。在“段落”功能区选择“多级列表”图标,再选择“更改列表级别”选项,更改成二级列表,也可以使用快捷键“Shift” + “Tab”快速设置上一级列表格式,然后输入“计算机的特点”,并设置二级标题为“黑体”“三号”字,效果如图 3. 22 所示。

(7)在“1. 2　计算机的特点”后按回车键,生成下一条二级列表,输入“计算机的组成”,如图 3. 23 所示。

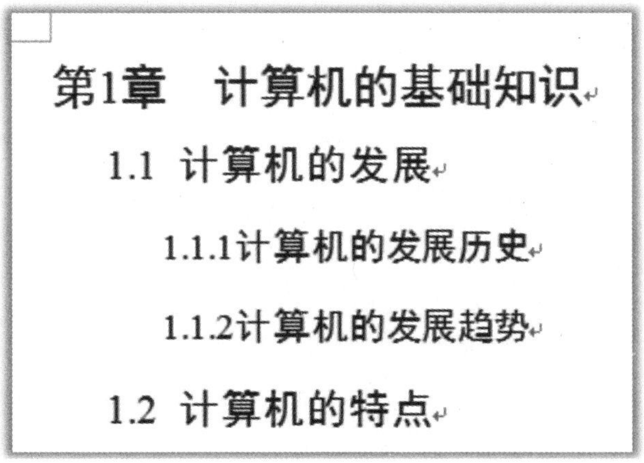

第1章　计算机的基础知识

1.1 计算机的发展

1.1.1计算机的发展历史

1.1.2计算机的发展趋势

1.2 计算机的特点

图 3.22　从三级列表返回二级列表

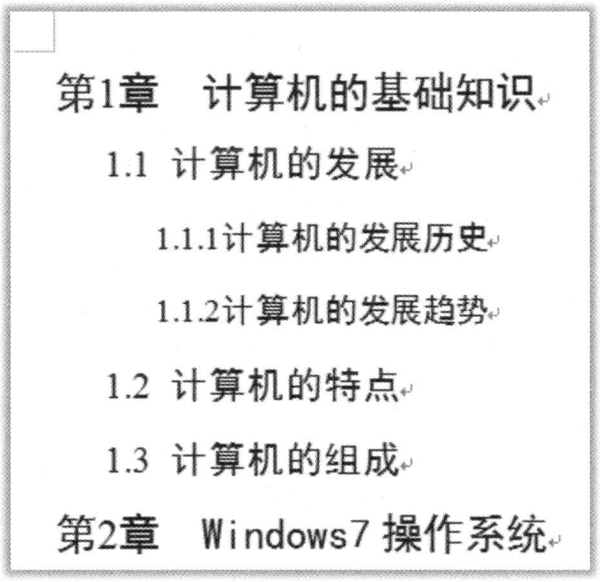

第1章　计算机的基础知识

1.1 计算机的发展

1.1.1计算机的发展历史

1.1.2计算机的发展趋势

1.2 计算机的特点

1.3 计算机的组成

第2章　Windows7 操作系统

图 3.23　从二级列表返回一级列表

(8)在“1.3 节 计算机的组成”后按回车键,再按“Shift” + “Tab”组合键,快速回到一级列表格式,输入一级标题“Windows7 操作系统”,并设置“Windows7 操作系统”字体为“黑体”“小二号”字,如图 3.23 所示。其他各级列表可以使用同样的方法进行设置,设置结果如图 3.11 所示。

3.3.3　分隔符

分隔符主要用于标识新行或者新列的起始位置,包含分页符和分节符两类。其中分页符包含分页符、分栏符、换行符;分节符包含下一页、连续、偶数页和奇数页等,如图 3.24 所示。

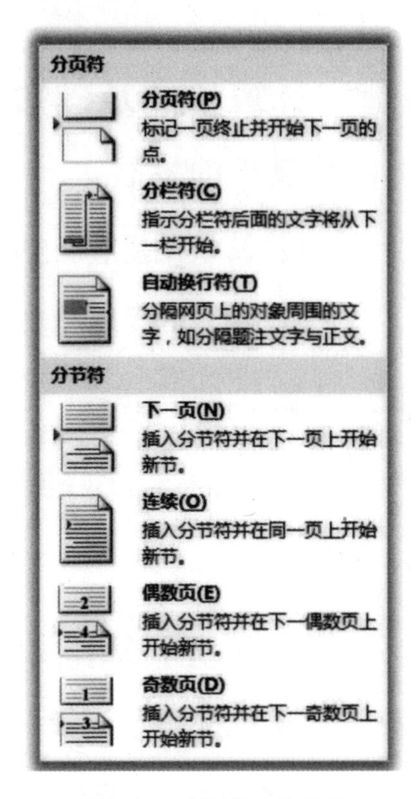

图 3.24　分隔符下拉菜单

3.3.3　分页符(或换行符)

当文本或图形填满一页(或行)时,Word 会自动添加一个分页符(或换行符),开始新的一页(或一行)。如果要在某个位置强制换页或换行,则将光标定位到换页或换行的位置,单击“页面布局”选项卡下的“分隔符”按钮,然后选择“分页符”(或自动换行符)。

1. 分栏符

对文档或者段落进行分栏时,Word 会在适当位置进行自动分栏,如果希望在某个位置强制分栏,就可以将光标定位到该位置,然后单击“页面布局”下的“分隔符”下的“分栏符”,则使插入分栏符后面的内容出现在下一栏的顶部。

注:必须是在已经分栏的文档中使用分栏符才有效。

2. 分节符

在插入分节符之前,Word 认为整篇文档是一节。在更改行号、页眉、页脚等时,是以节为单位的,要想开始设置新的特性,就要开始新的节,所以使用分节符可以很方便地更改原有特性。

下一页:新节从下一页开始。

连续:新节从当前页开始。

偶数页:光标当前位置的内容转移到下一个偶数页上,开始新节。

奇数页:光标当前位置的内容转移到下一个奇数页上,开始新节。

3. 显示与删除分隔符

显示分隔符:选择“文件”选项卡,在下拉菜单中单击“选项”命令,在“Word 选项”对话框中单击“显示”命令,勾上“显示所有标记”复选框,单击“确定”按钮。

删除分隔符:选中分隔符,按“Delete”键。

3.3.4　页面设置

1. 页边距

单击“页面布局”选项卡,在“页面设置”功能区单击“页边距”按钮,选择“自定义边距”选项(也可选择 Word 提供好的页边距)打开“页面设置”对话框,如图 3.25 所示。

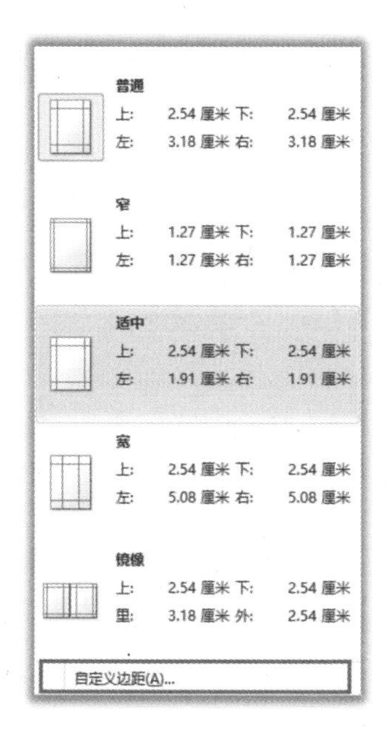

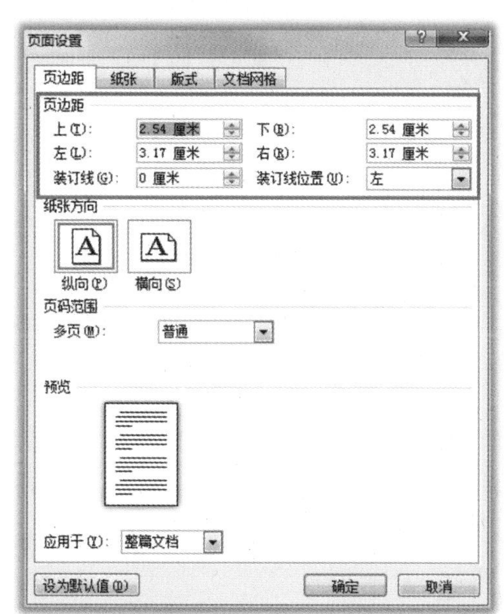

图 3.25　设置页边距

在“页面设置”对话框中,可以更改上、下、左、右的页边距,然后单击确定按钮即可。

2. 纸张方向

单击“页面布局”选项卡,在“页面设置”功能区单击“纸张方向”按钮,选择“纵向”或者“横向”纸张方向。

3. 纸张大小

单击“页面布局”选项卡,在“页面设置”功能区单击“纸张大小”按钮,选择适合的纸张大小;或者选择“其他页面大小”选项,出现如图 3.26 所示的设置纸张大小对话框,可以设置新的纸张大小。

3.3.5　页眉与页脚

1. 编辑页眉/页脚

单击“插入”选项卡,在“页眉和页脚”功能区单击“页眉”或“页脚”按钮,选择“编辑页眉”或“编辑页脚”选项,进入页眉或者页脚的编辑状态,可以输入页眉或者页脚的内容;如果文档已经有页眉或页脚,则可以通过双击页眉或者页脚处进入页眉或者页脚的编辑状态，对已有的页眉或者页脚进行编辑修改。

当编辑完成，退出编辑状态时，单击上方功能区中的“关闭页眉和页脚”按钮，如图3.27所示，或者在页面文档编辑区双击鼠标便可以退出页眉或者页脚的编辑状态。

图3.26 设置纸张大小

图3.27 页眉和页脚关闭按钮

2. 删除页眉/页脚

单击“插入”选项卡，在“页眉和页脚”功能区单击“页眉”或“页脚”按钮，选择“删除页眉”或“删除页脚”选项，便可以删除页眉或者页脚。

3.3.6 目录

目录是文档中标题的列表，通过目录可以快速了解一篇文档的主题，并且可以快速定位到需要浏览的主题。Word 2010 根据用户编辑的文档，就可以自动生成目录，自动生成目录之前需要设置文档的各级标题。

1. 新建目录

(1)设置文档各级标题。方法是选择该标题，选择“引用”选项卡下“目录”功能区的“添加文字”按钮，然后在菜单中选择相应级别，如图3.28所示。

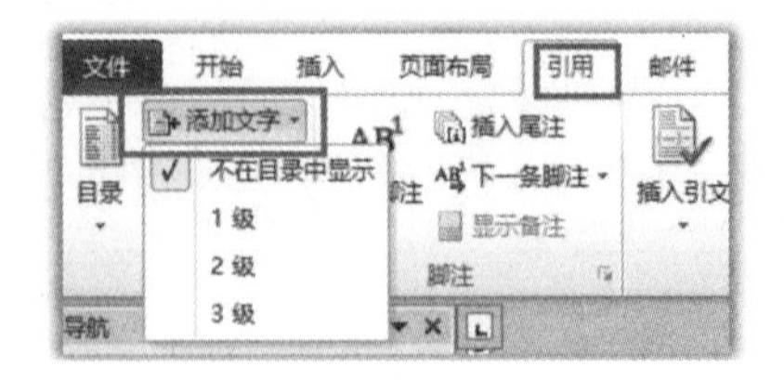

图3.28 设置文档标题级别

(2)将光标定位到要生成目录的位置。

(3)单击“引用”选项卡，在“目录”功能区单击“目录”按钮，再选择“插入目录”选项，打开“目录”对话框，注意勾选“显示页码”选项，去除“使用超链接而不使用页码”复选框的选中状态，不在目录中添加超链接，如图 3.29 所示，然后单击“确定”按钮，目录设置即完成。

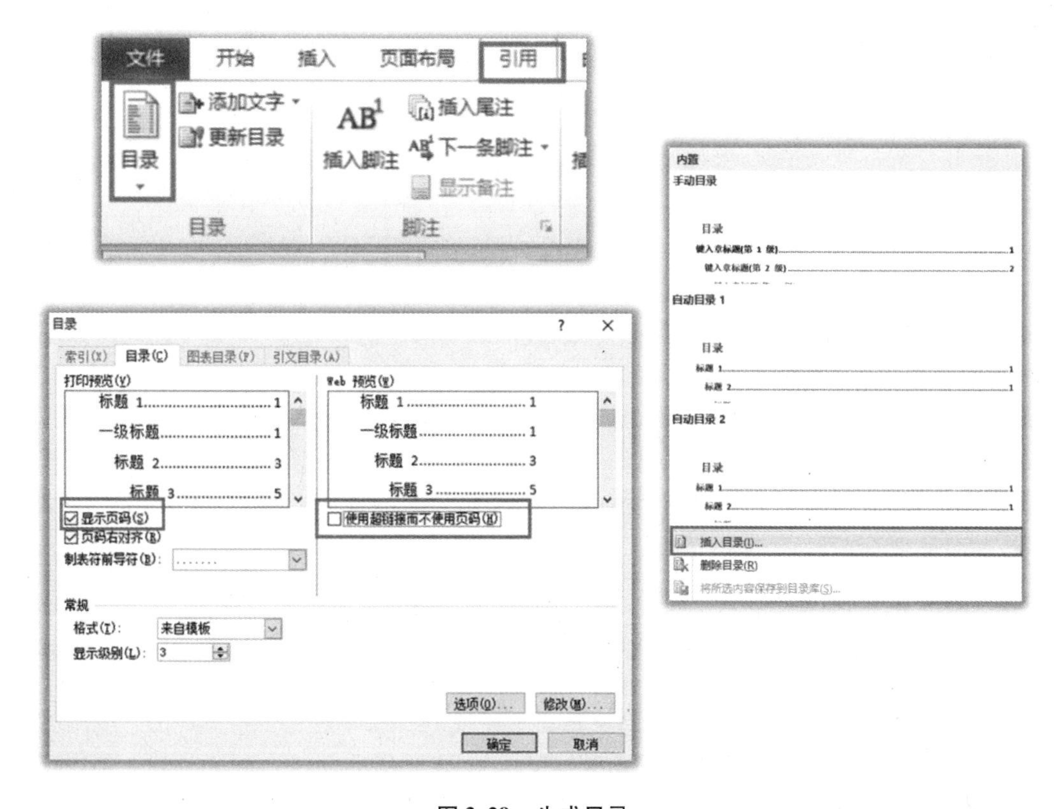

图 3.29　生成目录

注：如果文档是按样式设置的各级标题，则新建目录时可以省略(1)。

2. 更新目录

如果文档标题更改后，需要更新目录，可以单击“引用”选项卡，在“目录”功能区单击“更新目录”按钮。

3. 删除目录

单击“引用”选项卡，在“目录”功能区单击“目录”按钮，选择“删除目录”选项。

3.4　论文排版

案例 3.2　论文排版

要求：

1. 论文页面设置

(1)页边距

论文的上边距：45 mm；下边距：40 mm；左边距：25 mm；右边距：45 mm；页眉：38 mm；页脚：33 mm。

(2)页眉

页眉内容一律为“哈尔滨工程大学本科生毕业论文”,在页眉和页脚的样式中选择上细下粗的边框线型,宽度为3磅,字体为5号宋体居中。

(3)页码

论文页码从绪论部分开始至附录结束,页码位于页面底端居中。封面、扉页、摘要和目录不编入论文页码。

2. 封面设置

(5号黑体)	学　　号＿＿＿＿＿＿
(5号黑体)	密　　级＿＿＿＿＿＿
(2号宋体居中)	哈尔滨工程大学本科生毕业论文
(小1号黑体居中)	论文题目(如××××××)
(小3号宋体)	院(系)名称:××××××
(小3号宋体)	专业名称:××××××
(小3号宋体)	学生姓名:×××
(小3号宋体)	指导教师:×××
(小2号宋体)	年　月

3. 绪论、摘要、结论、参考文献

绪论、段前为0.8行,段后为0.5行。

摘要、结论、参考文献标题:小2号黑体。

摘要、结论、参考文献内容:小4号宋体。

外文字体一律为Times New Roman,字号与中文摘要相对应。

4. 目录

目录的三级标题,按(1…,1.1…,1.1.1…)的格式编写。

目录标题:小2号黑体。

目录内容中章的标题:4号黑体。

目录中其他内容:小4号宋体。

5. 论文正文

正文:小4号宋体,行距为“固定值”22磅,字符间距为“标准”。

章节和各章标题:

论文正文分章节撰写,每章结束后应另起一页。各章标题要突出重点、简明扼要,字数一般在15字以内,不得使用标点符号。标题中尽量不采用英文缩写词,必须采用时,应使用本行业的通用缩写词。

章的段前为0.8行,段后为0.5行;节、条的段前为0.5行,段后为0.5行。

章标题:小2号黑体。

节标题:4号黑体。

条标题:小4号黑体。

款标题:小4号黑体。

项标题:小4号宋体。

6. 引用文献

引用文献表示方式用上标的形式置于所引用内容最末句的右上角,用小4号字体。所引文献编号用阿拉伯数字置于方括号中,如“……成果[1]”。当文中提及的参考文献做直接说明时,其序号应该用小 4 号字正文排齐,例如“由文献[8,10 - 14]可知”。

最终效果如图 3.30 所示。

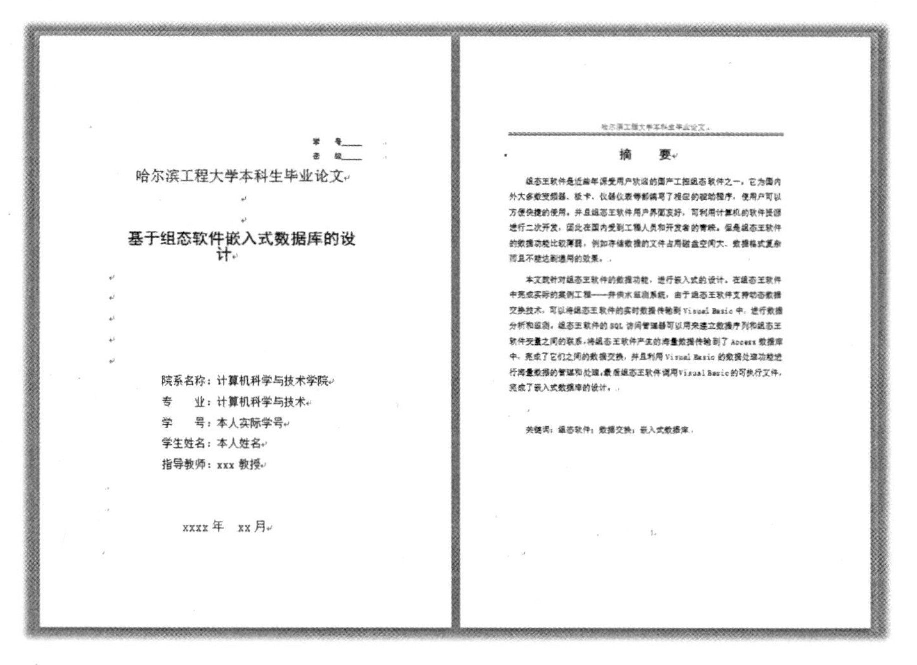

学 号

密 级

哈尔滨工程大学本科生毕业论文

基于组态软件嵌入式数据库的设计

院系名称：计算机科学与技术学院

专 业：计算机科学与技术

学 号：本人实际学号

学生姓名：本人姓名

指导教师：xxx 教授

xxxx 年 xx 月

哈尔滨工程大学本科生毕业论文

摘 要

组态王软件是近些年深受用户欢迎的国产工控组态软件之一，它为国内外大多数变频器、板卡、仪器仪表等都编写了相应的驱动程序，使用户可以方便快捷的使用。并且组态王软件用户界面友好，可利用计算机的软件资源进行二次开发，因此在国内受到工程人员和开发者的青睐。但是组态王软件的数据功能比较薄弱，例如存储数据的文件占用磁盘空间大、数据格式复杂而且不能达到通用的效果。

本文既针对组态王软件的数据功能，进行嵌入式的设计。在组态王软件中完成实际的案例工程——井供水监测系统，由于组态王软件支持动态数据交换技术，可以将组态王软件的实时数据传输到 Visual Basic 中，进行数据分析和监测。组态王软件的 SQL 访问管理器可以用来建立数据序列和组态王软件变量之间的联系，将组态王软件产生的海量数据传输到了 Access 数据库中，完成了它们之间的数据交换，并且利用 Visual Basic 的数据处理功能进行海量数据的管理和处理，最后组态王软件调用 Visual Basic 的可执行文件，完成了嵌入式数据库的设计。

关键词：组态软件；数据交换；嵌入式数据库

I

哈尔滨工程大学本科生毕业论文

ABSTRACT

The Kingview software is one of the domestic configuration software which is welcome in the recent years. The Kingview software includes the corresponding drivers for the most of frequency changers, the board card, the instrument measuring appliance etc. And it enables the user to uses the software quickly and conveniently. The user interface of Kingview software is friendly, and the Kingview software can be improved by using computer software resources. Therefore, the engineers and developers in our country show great favor to Kingview software. But the data function of kingview is a weak point of Kingview software, for example the document of storing data takes the floppy disk a large space, the data format is complex, moreover it cannot achieve the general effect.

This paper aiming at the data function of Kingview software carries on the embedded design. We implement practical case project in the Kingview software——monitoring system of well water supply. Because the Kingview software supports dynamic data exchange technology, it can transmit its real-time data to Visual Basic, then analyze and monitor the data. SQL' s visiting manager of Kingview is applied to establish the relationship between the data sequence and the Kingview variable. It transmits the plentiful data which is produced by the

II

哈尔滨工程大学本科生毕业论文

目 录

IV

图 3.30 论文排版样张

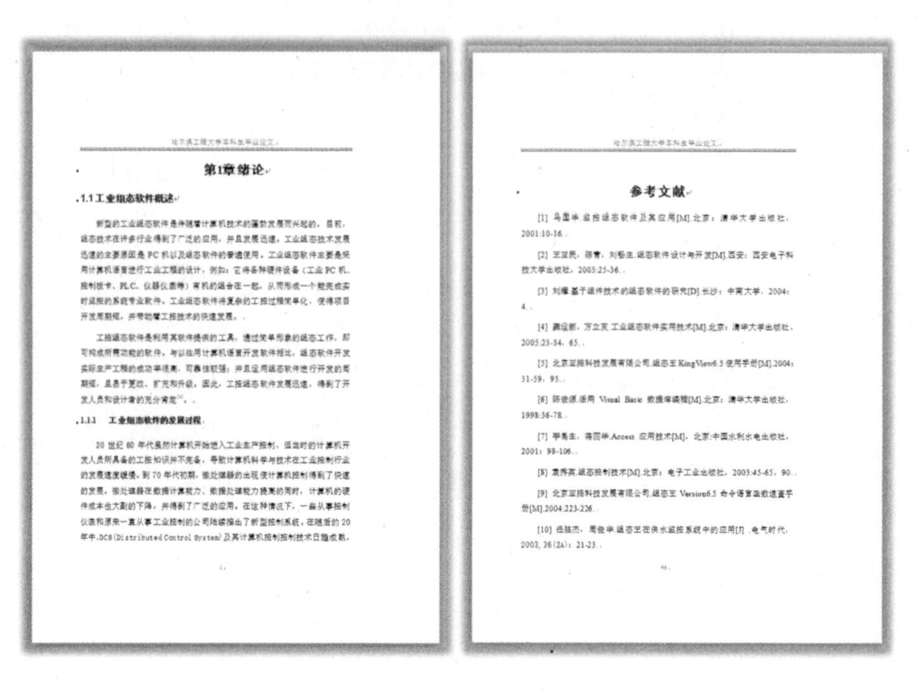

哈尔滨工程大学本科生毕业论文

第1章绪论

1.1 工业组态软件概述

新型的工业组态软件是伴随着计算机技术的蓬勃发展而兴起的。目前，组态技术在许多行业得到了广泛的应用，并且发展迅速，工业组态技术发展迅速的主要原因是PC机以及组态软件的普遍使用。工业组态软件主要是采用计算机语言进行工业工程的设计，例如：它将各种硬件设备（工业PC机、控制板卡、PLC、仪器仪表等）有机的结合在一起，从而形成一个能完成实时监控的系统专业软件。工业组态软件将复杂的工控过程简单化，使得项目开发周期短，并带动着工控技术的快速发展。

工控组态软件是利用其软件提供的工具，通过简单形象的组态工作，即可构成所需功能的软件。与以往用计算机语言开发软件相比，组态软件开发实际生产工程的成功率很高，可靠性较强；并且运用组态软件进行开发的周期短，且易于更改、扩充和升级。因此，工控组态软件发展迅速，得到了开发人员和设计者的充分肯定[1]。

1.1.1 工业组态软件的发展过程

20世纪60年代虽然计算机开始进入工业生产控制，但当时的计算机开发人员所具备的工控知识并不完备，导致计算机科学与技术在工业控制行业的发展速度缓慢。到70年代初期，微处理器的出现使计算机控制得到了快速的发展。微处理器在数据计算能力、数据处理能力提高的同时，计算机的硬件成本也大副的下降，并得到了广泛的应用。在这种情况下，一些从事控制仪表和原来一直从事工业控制的公司陆续推出了新型控制系统，在随后的20年中，DCS(Distributed Control System)及其计算机控制控制技术日趋成熟。

1

哈尔滨工程大学本科生毕业论文

参考文献

[1] 马国华.监控组态软件及其应用[M].北京：清华大学出版社，2001:10-16.

[2] 王亚民，陈青，刘畅生.组态软件设计与开发[M].西安：西安电子科技大学出版社，2003:25-36.

[3] 刘爆.基于组件技术的组态软件的研究[D].长沙：中南大学，2004:4.

[4] 龚运新，方立友.工业组态软件实用技术[M].北京：清华大学出版社，2005:23-34，65.

[5] 北京亚控科技发展有限公司.组态王KingView6.5使用手册[M].2004:31-59，95.

[6] 陈俊源.活用Visual Basic数据库编程[M].北京：清华大学出版社，1998:36-78.

[7] 李禹生，蒋丽华.Access应用技术[M]，北京:中国水利水电出版社，2001：98-106.

[8] 袁秀英.组态控制技术[M].北京：电子工业出版社，2003:45-65，90.

[9] 北京亚控科技发展有限公司.组态王Version6.5命令语言函数速查手册[M].2004:223-226.

[10] 伍能杰，周俊华.组态王在供水监控系统中的应用[J].电气时代，2003，36(2A)：21-23.

46

图 3.30　论文排版样张(续)

步骤:

1. 设置页面格式

设置论文页边距,依次选择“页面布局→页边距→自定义边距”选项,打开页面设置对话框,设置页边距上、下、左、右边距值如图 3.31 所示。

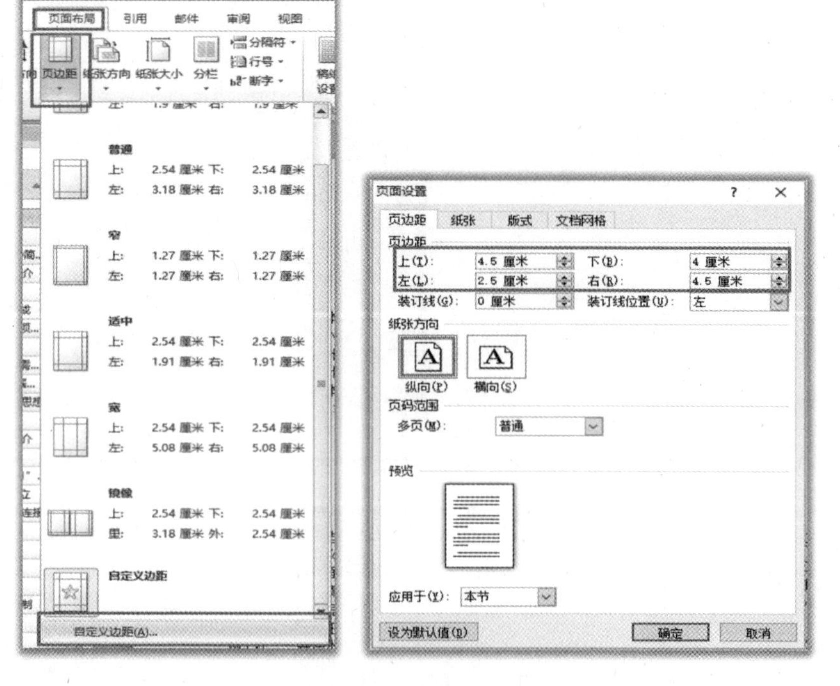

图 3.31　设置页边距

2. 用分节符和分页符划分文档

用分节符和分页符划分文档后的效果如图 3.32 所示。

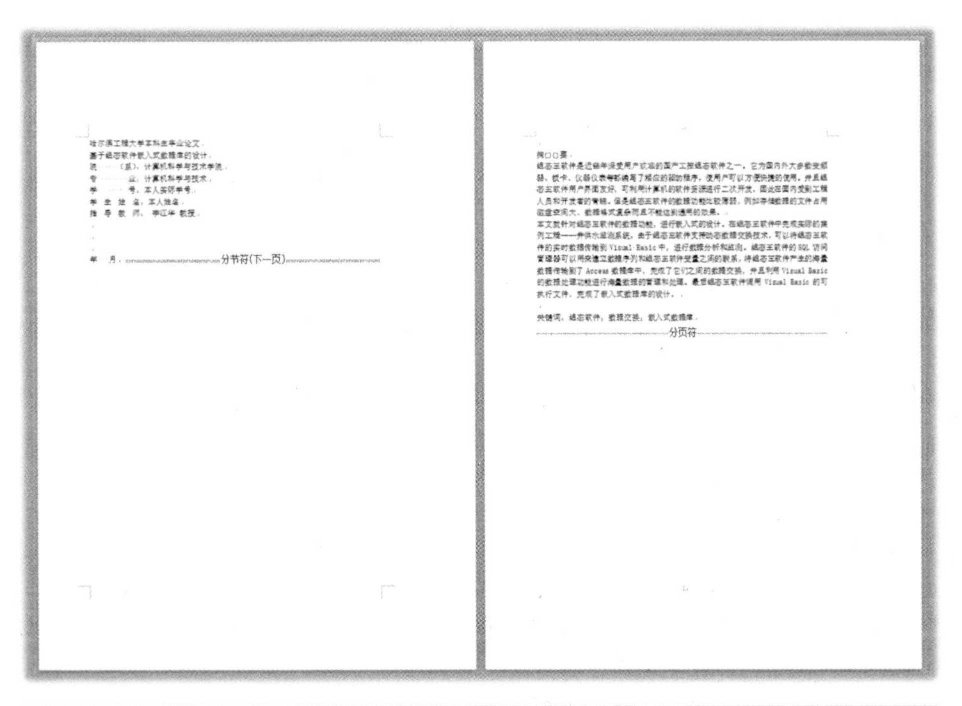

哈尔滨工程大学本科生毕业论文

基于组态软件嵌入式数据库的设计

院　　（系）：计算机科学与技术学院

专　　　业：计算机科学与技术

学　　　号：本人实际学号

学 生 姓 名：本人姓名

指 导 教 师：李江华 教授

年　月：

分节符(下一页)

摘□□要

组态王软件是近些年深受用户欢迎的国产工控组态软件之一，它为国内外大多数变频器、板卡、仪器仪表等都编写了相应的驱动程序，使用户可以方便快捷的使用，并且组态王软件用户界面友好，可利用计算机的软件资源进行二次开发，因此在国内受到工程人员和开发者的青睐。但是组态王软件的数据功能比较薄弱，例如存储数据的文件占用磁盘空间大、数据格式复杂而且不能达到通用的效果。

本文就针对组态王软件的数据功能，进行嵌入式的设计。在组态王软件中完成实际的案例工程——井供水监测系统，由于组态王软件支持动态数据交换技术，可以将组态王软件的实时数据传输到 Visual Basic 中，进行数据分析和监测。组态王软件的 SQL 访问管理器可以用来建立数据序列和组态王软件变量之间的联系，将组态王软件产生的海量数据传输到了 Access 数据库中，完成了它们之间的数据交换，并且利用 Visual Basic 的数据处理功能进行海量数据的管理和处理。最后组态王软件调用 Visual Basic 的可执行文件，完成了嵌入式数据库的设计。

关键词：组态软件，数据交换，嵌入式数据库

分页符

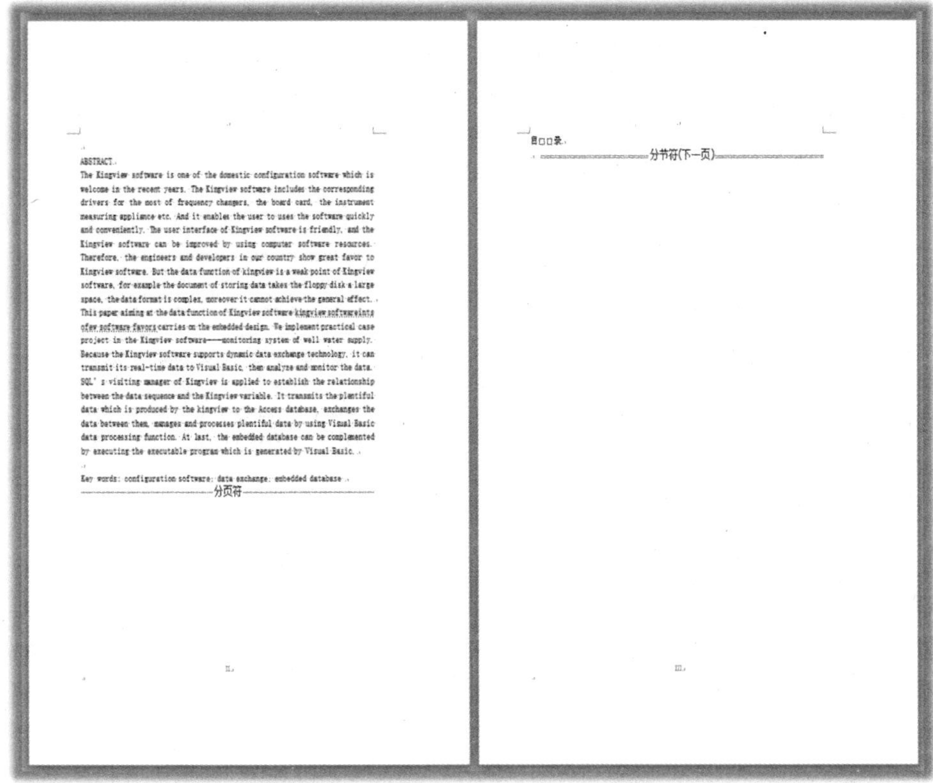

ABSTRACT

The Kingview software is one of the domestic configuration software which is welcome in the recent years. The Kingview software includes the corresponding drivers for the most of frequency changers, the board card, the instrument measuring appliance etc. And it enables the user to uses the software quickly and conveniently. The user interface of Kingview software is friendly, and the Kingview software can be improved by using computer software resources. Therefore, the engineers and developers in our country show great favor to Kingview software. But the data function of kingview is a weak point of Kingview software, for example the document of storing data takes the floppy disk a large space, the data format is complex, moreover it cannot achieve the general effect.

This paper aiming at the data function of Kingview software kingview softwareints ofew software favors carries on the embedded design. We implement practical case project in the Kingview software——monitoring system of well water supply. Because the Kingview software supports dynamic data exchange technology, it can transmit its real-time data to Visual Basic, then analyze and monitor the data. SQL's visiting manager of Kingview is applied to establish the relationship between the data sequence and the Kingview variable. It transmits the plentiful data which is produced by the kingview to the Access database, exchanges the data between them, manages and processes plentiful data by using Visual Basic data processing function. At last, the embedded database can be complemented by executing the executable program which is generated by Visual Basic.

Key words: configuration software; data exchange; embedded database

分页符

II

目□□录

分节符(下一页)

III

图 3.32　在原文档中插入分节符或分页符

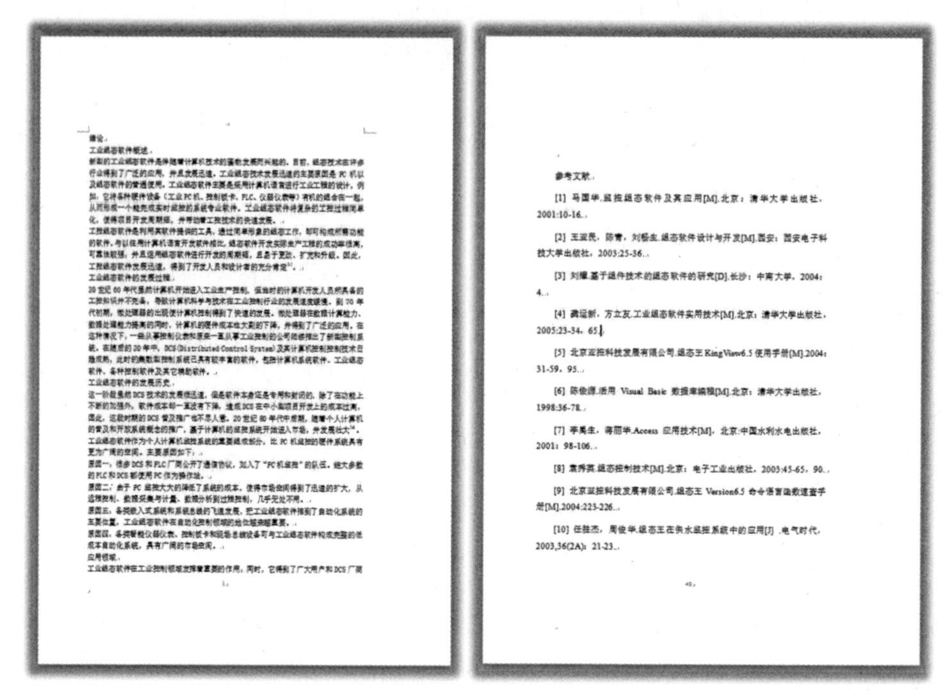
绪论

工业组态软件概述

新型的工业组态软件是伴随着计算机技术的蓬勃发展而兴起的。目前，组态技术在许多行业得到了广泛的应用，并且发展迅速。工业组态技术发展迅速的主要原因是PC机以及组态软件的普遍使用。工业组态软件主要是采用计算机语言进行工业工程的设计，例如，它将各种硬件设备（工业PC机、控制板卡、PLC、仪器仪表等）有机的结合在一起，从而形成一个能完成实时监控的系统专业软件。工业组态软件将复杂的工控过程简单化，使得项目开发周期短，并带动着工控技术的快速发展。

工控组态软件是利用其软件提供的工具，通过简单形象的组态工作，即可构成所需功能的软件。与以往用计算机语言开发软件相比，组态软件开发实际生产工程的成功率很高，可靠性较强，并且运用组态软件进行开发的周期短，且易于更改、扩充和升级。因此，工控组态软件发展迅速，得到了开发人员和设计者的充分肯定[1]。

工业组态软件的发展过程

20世纪60年代虽然计算机开始进入工业生产控制，但当时的计算机开发人员所具备的工控知识并不完备，导致计算机科学与技术在工业控制行业的发展速度缓慢。到70年代初期，微处理器的出现使计算机控制得到了快速的发展。微处理器在数据计算能力、数据处理能力提高的同时，计算机的硬件成本也大幅的下降，并得到了广泛的应用。在这种情况下，一些从事控制仪表和原来一直从事工业控制的公司陆续推出了新型控制系统。在随后的20年中，DCS(Distributed Control System)及其计算机控制控制技术日趋成熟，此时的集散型控制系统已具有较丰富的软件，包括计算机系统软件、工业组态软件、各种控制软件及其它辅助软件。

工业组态软件的发展历史

这一阶段虽然DCS技术的发展很迅速，但是软件本身还是专用和封闭的，除了在功能上不断的加强外，软件成本却一直没有下降，造成DCS在中小型项目开发上的成本过高，因此，这段时期的DCS普及推广也不尽人意。20世纪80年代中后期，随着个人计算机的普及和开放系统概念的推广，基于计算机的监控系统开始进入市场，并发展壮大[4]。工业组态软件作为个人计算机监控系统的重要组成部分，比PC机监控的硬件系统具有更为广阔的空间。主要原因如下：

原因一：很多DCS和PLC厂商公开了通信协议，加入了“PC机监控”的队伍。绝大多数的PLC和DCS都使用PC作为操作站。

原因二：由于PC监控大大的降低了系统的成本，使得市场空间得到了迅速的扩大，从远程控制、数据采集与计量、数据分析到过程控制，几乎无处不用。

原因三：各类嵌入式系统和系统总线的飞速发展，把工业组态软件推到了自动化系统的主要位置，工业组态软件在自动化控制领域的地位越来越重要。

原因四：各类智能仪器仪表、控制板卡和现场总线设备可与工业组态软件构成完整的低成本自动化系统，具有广阔的市场空间。

应用领域

工业组态软件在工业控制领域发挥着重要的作用，同时，它得到了广大用户和DCS厂商

1

参考文献

[1] 马国华.监控组态软件及其应用[M].北京：清华大学出版社，2001:10-16.

[2] 王亚民，陈青，刘畅生.组态软件设计与开发[M].西安：西安电子科技大学出版社，2003:25-36.

[3] 刘曝.基于组件技术的组态软件的研究[D].长沙：中南大学，2004:4.

[4] 龚运新，方立友.工业组态软件实用技术[M].北京：清华大学出版社，2005:23-34，65.

[5] 北京亚控科技发展有限公司.组态王KingView6.5使用手册[M].2004:31-59，95.

[6] 陈俊源.活用 Visual Basic 数据库编程[M].北京：清华大学出版社，1998:36-78.

[7] 李禹生，蒋丽华.Access 应用技术[M]，北京:中国水利水电出版社，2001：98-106.

[8] 袁秀英.组态控制技术[M].北京：电子工业出版社，2003:45-65，90.

[9] 北京亚控科技发展有限公司.组态王 Version6.5 命令语言函数速查手册[M].2004:223-226.

[10] 任胜杰，周俊华.组态王在供水监控系统中的应用[J] .电气时代，2003,36(2A)：21-23.

49

图3.32　在原文档中插入分节符或分页符(续)

插入分节符的目的是为不同章节分别设置不同的页码、页眉等格式，以满足多格式需求，比如由于目录页和绪论页的页码要求不同(图3.30)，所以要在绪论页前面加分节符。

(1)在摘要前面单击鼠标，定位光标，选择“页面布局”选项卡，单击“分隔符”按钮，单击“分节符”下的“下一页”，以使从下一页开始为新节，即摘要前为一节，摘要另起一页并开始新的一节。

(2)按照上面操作方法，在绪论前面也插入分节符，并另起一页。

(3)在英文摘要、各个章节、引用文献和致谢前面分别插入分页符。

注：一般分节符等格式标记不显示，如果要显示所有格式标记，可以依次单击“文件|选项|显示|勾选显示所有格式标记|确定”，如图3.33所示。

3. 设置页眉

(1)将光标定位到“摘要”页中，单击“插入”选项卡，在“页眉和页脚”功能区单击“页眉”按钮，选择“编辑页眉”选项。取消“链接到前一条页眉”选项(因为当前页与前面页的页眉不同)，如图3.34所示。

(2)在页眉处输入“哈尔滨工程大学本科生毕业论文”，然后选中这些文字，单击“开始”选项卡，设置字体为“宋体”“5号字”。在“段落”功能区单击下框线 ⊞▾ 旁边的小三角，选择“边框和底纹”，在“边框和底纹”对话窗口中，选择“自定义”，在“样式”框选择需要的上细下粗的下框线，设置宽度为3磅，并在预览框相应位置处单击鼠标，然后单击“确定”按钮。效果如图3.35所示。

(3)在“页眉和页脚工具”选项卡下，单击“下一节”按钮，定位到下一节的绪论页，鼠标单击“链接到前一条页眉”按钮，取消链接到前一条页眉(因为当前页与前面页的页码不同)，如图3.36所示。

图 3. 33　显示格式标记

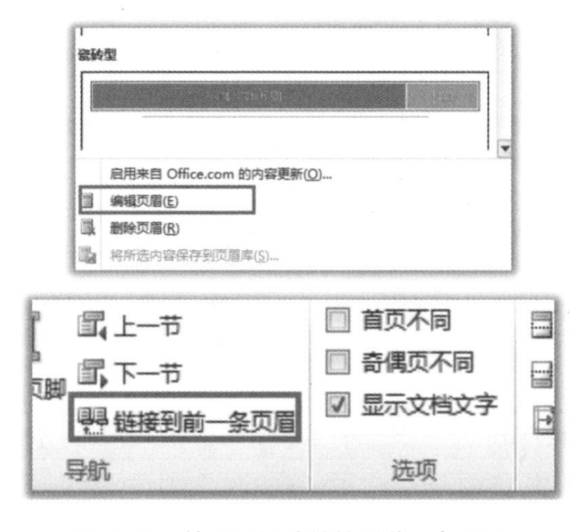

图 3. 34　摘要页取消链接到前一条页眉

4. 设置页码

因为摘要、目录与绪论部分的页码不同，所以在摘要页和绪论页前分别设置了分节符，现在设置页码。

首先，光标定位摘要页，单击“插入”选项卡，单击“页码”按钮，选择“设置页码格式”选项，则出现“页码格式”对话框。选择“编号格式” 如图 3. 37 所示，然后选择“起始页码”为Ⅰ，以便页码从Ⅰ开始，单击“确定”按钮，完成摘要页码格式设置。

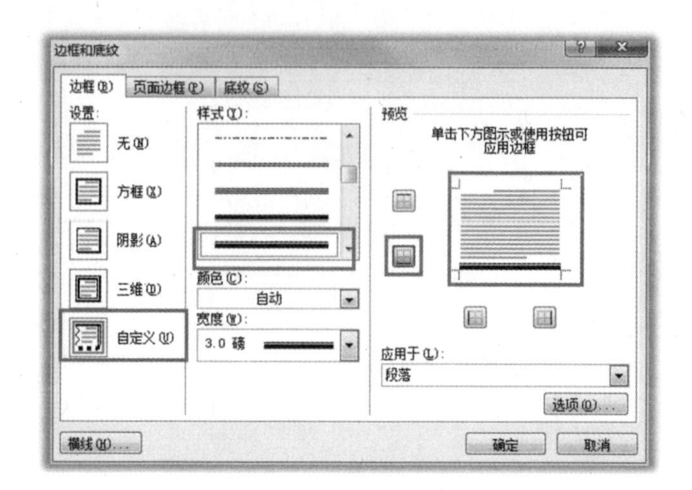

图 3.35 设置摘要页眉

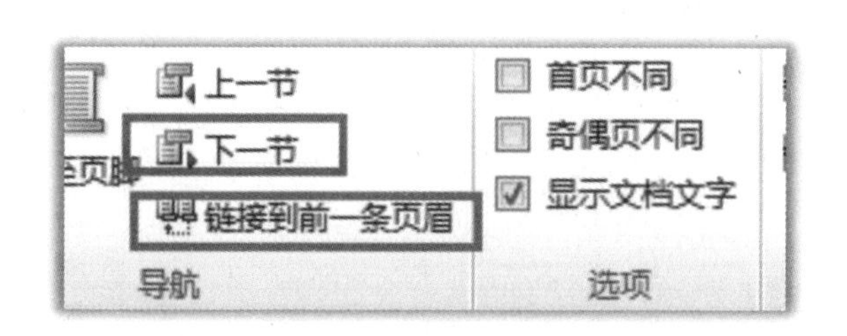

图 3.36 绪论页取消链接到前一条页眉

图 3.37 页码格式

在“页眉和页脚”功能区依次单击“页码|页面底端|普通数字 2”，如图 3.38 所示，设置摘要页码显示位置。

图 3.38 设置页码显示位置

然次，光标定位到绪论页，单击“插入”选项卡，单击“页码”按钮，选择“设置页码格式”选项，则出现“页码格式”对话框。选择“编号格式”为“1,2,3,…”，然后选择“起始页码”为1，以便页码从 1 开始，单击“确定”按钮，完成绪论页页码格式设置。

再次，在“页眉和页脚”功能区依次单击“页码|页面底端|普通数字 2”，设置绪论页页码显示位置，如图 3.38 所示。

5. 设置正文样式

单击“开始”选项卡中“样式”功能区右下角的小箭头“ ”，弹出“样式”窗格，如图 3.39 所示，右击“正文”，选择“修改”。在弹出的“修改样式”对话框中，单击“格式”按钮，选择“字体”选项，修改中文字体为“宋体”，英文字体为“Times New Roman”，字号为“小四”，最后单击“确定”按钮，回到“修改样式”对话窗。然后单击“格式|段落”，修改行距为“固定值，22 磅”，间距段前 0.5 行和段后 0.5 行，单击“确定”按钮回到“修改样式”对话窗，再单击“确定”按钮，完成修改，如图 3.39 所示。

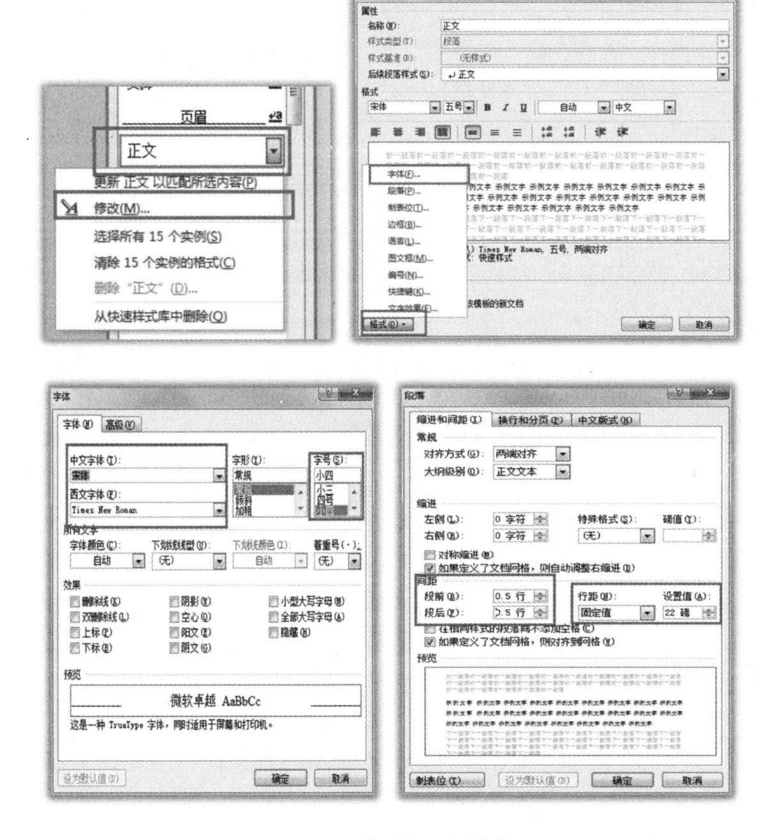

图 3.39　设置正文样式

6. 设置章标题样式

(1) 在“样式”窗格中，右击“标题 1”样式，选择“修改”，设置样式字体是“小二号”“黑体”“居中”，如图 3.40 所示。

(2) 设置其他标题样式。按照“标题 1”格式设置的方法设置“标题 2”为“四号”“黑体”，设置“标题 3”为“小四号”“黑体”等。

7. 设置自动编号

(1) 在“段落”功能区内打开“多级列表”按钮 ，先将光标定义到绪论处，然后在列表库中选中一个合适的样表，使之成为当前列表，然后再在多级列表下拉菜单中选择“定义新

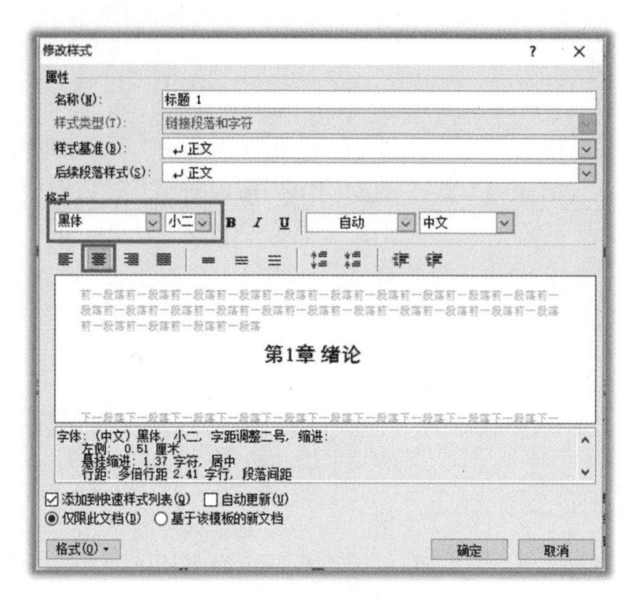

图 3.40　设置章标题样式

的多级列表”选项，在弹出的“定义新多级列表”对话窗中，单击“更多”按钮，显示完整窗口，如图 3.41 和图 3.42 所示。

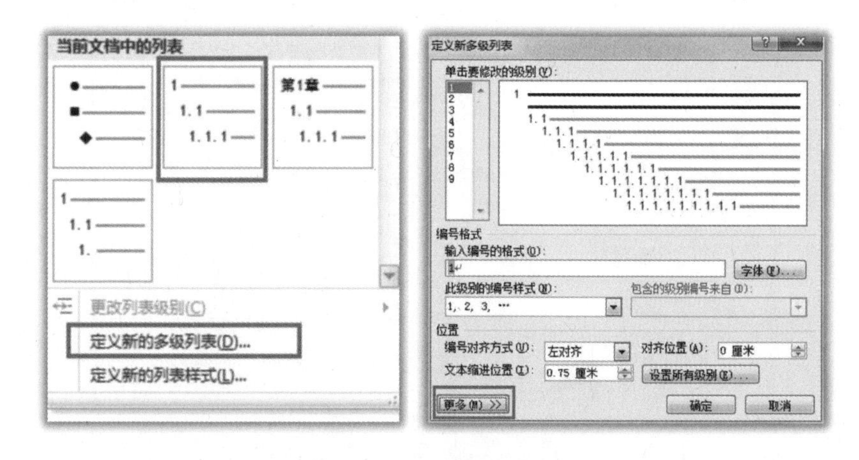

图 3.41　定义新多级列表

设置章标题的样式，需通过设置级别“1”的编号样式来实现。选择“单击要修改的级别”为 1，在“输入编号格式”中的灰色“1”的两边分别输入“第”和“章”，注意，中间的 1 是灰色的，不能修改或删除，只能修改或删除非灰色字符，在“对齐方式”中选择“居中”。将“要在库中显示的级别”选择为“级别 1”，“起始编号”为 1，如图 3.42 所示。

(2)在“定义新多级列表”对话框中选择“单击要修改的级别”为“2”，保持默认的“输入编号的格式”，将“将级别链接到样式”选择为“标题 2”，将“要在库中显示的级别”设置为“级别 2”，“起始编号”为“1”，编号对齐方式为“左对齐”，对齐位置为“0 厘米”，如图 3.43 所示。

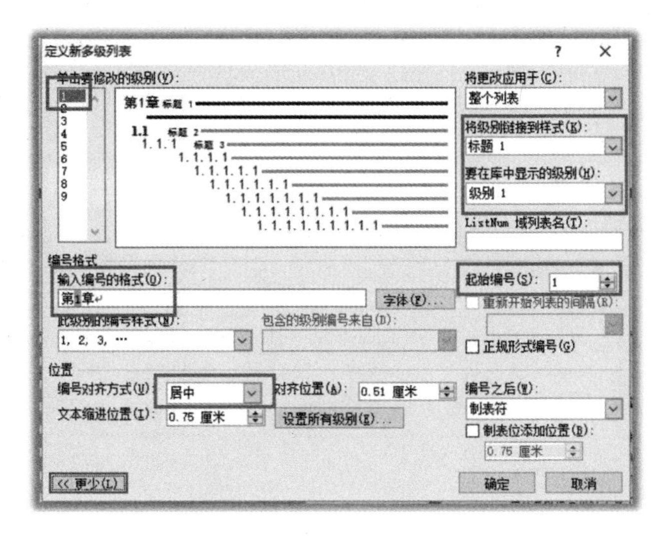

图 3.42　设置一级标题的标号

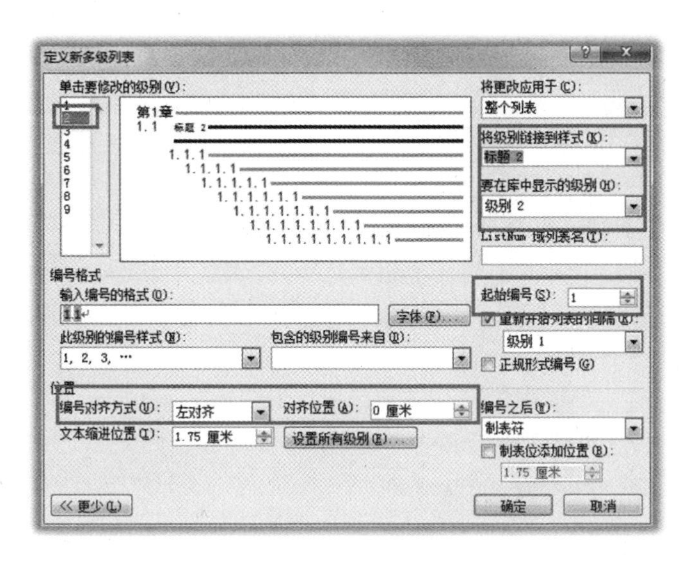

图 3.43　设置二级标题的标号

(3)在“定义新多级列表”对话框中选择“单击要修改的级别”为“3”,保持默认的“输入编号的格式”,将“将级别链接到样式”选择为“标题 3”,将“要在库中显示的级别”设置为“级别 3”,“起始编号”为“1”,编号对齐方式为“左对齐”,对齐位置为“0 厘米”,如图 3.44 所示。

设置完毕三级编号,单击“确定”按钮。

8. 设置摘要、结论、参考文献样式

新建样式,名称为“摘要等样式”,样式类型为“段落”,样式基准选择“标题 1”,格式为“黑体”“小二号”居中,单击“确定”按钮,如图 3.45 所示。

9. 应用样式

(1)在“绪论”处定位光标,在“样式”窗格中单击“标题 1”应用样式。同样方法,对其他标题应用相应的样式,如图 3.46 所示。

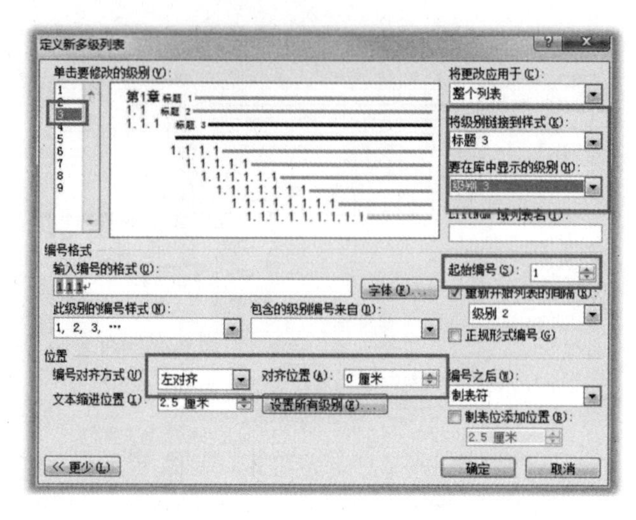

图 3.44　设置三级标题的标号

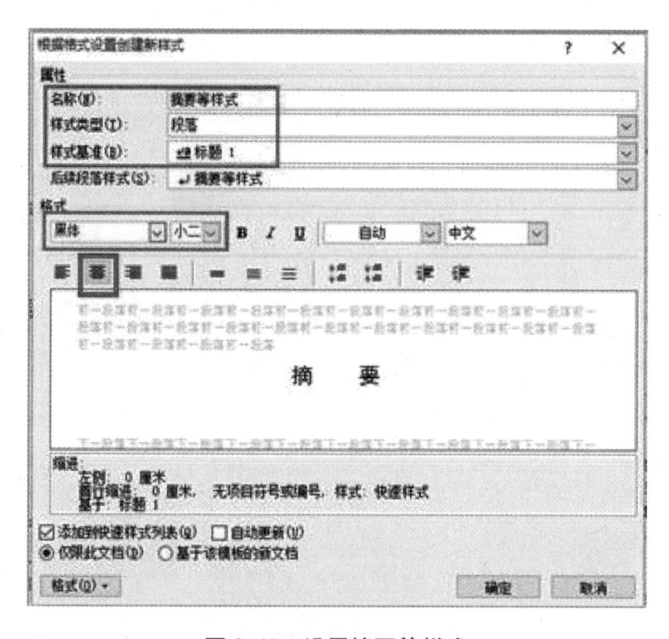

图 3.45　设置摘要等样式

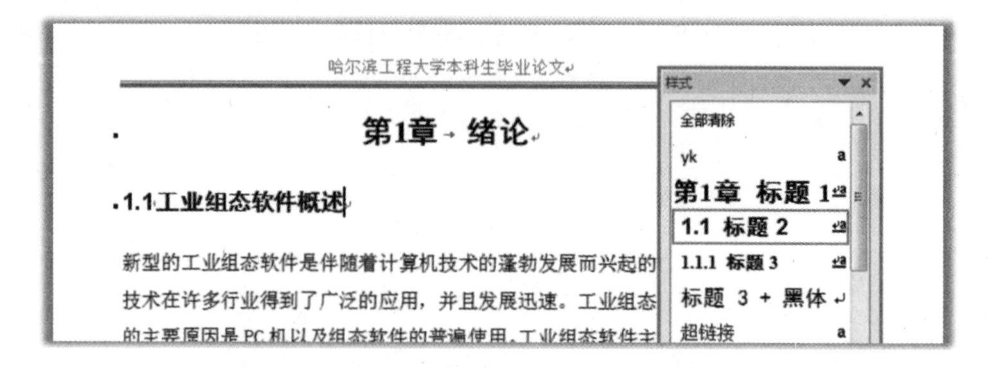

图 3.46　应用标题样式

(2)对摘要、结论、参考文献和致谢等应用“摘要等样式”,设置效果如图 3.47 所示。

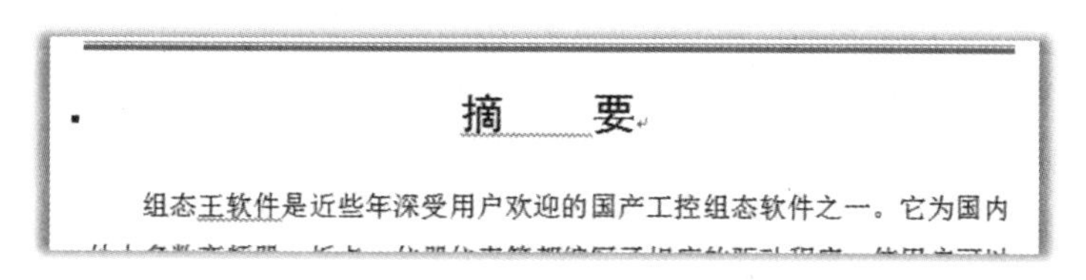

图 3.47 应用摘要等样式

(3)对论文中图表标题等也可以设置相应样式并应用,使得论文中的图表标题规范一致。

10. 生成目录

(1)将光标定位到要插入目录的位置。

单击“引用”选项卡,单击“目录”按钮,选择“插入目录”。去除“使用超链接而不使用页码”复选框选中状态,单击“确定”按钮,如图 3.48 所示。

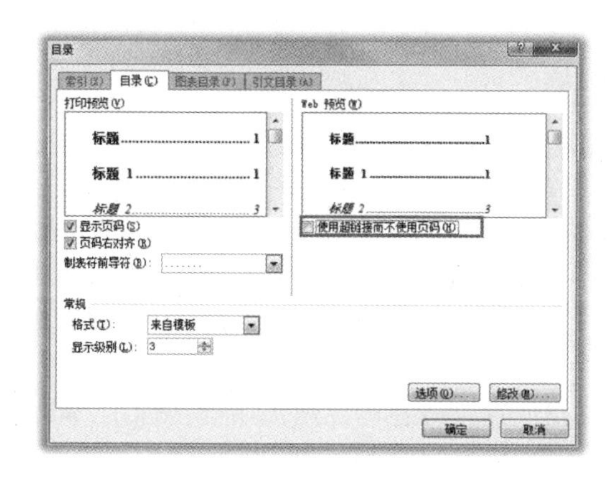

图 3.48 目录选项卡

(2)选中生成的目录,右击选择“段落”,设置行距为“单倍行距”,最终效果如图 3.49 所示。

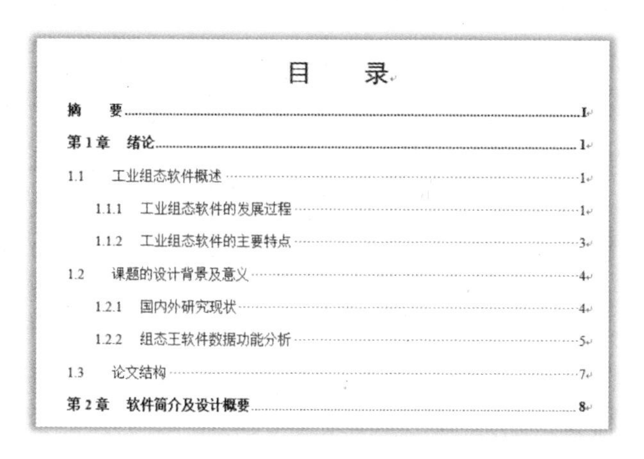
目 录

图 3.49 自动生成目录

11. 设置封皮格式

设置封皮，格式如下：

(5 号黑体)	学　号＿＿＿＿＿＿
(5 号黑体)	密　级＿＿＿＿＿＿
(2 号宋体居中)	哈尔滨工程大学本科生毕业论文
(小 1 号黑体居中)	论文题目(如：××××××)
(小 3 号宋体)	院(系)名称：××××××
(小 3 号宋体)	专业名称：××××××
(小 3 号宋体)	学生姓名：×××
(小 3 号宋体)	指导教师：×××
(小 2 号宋体)	年　月

方法同前面，不再叙述。

3.5　文档的审阅与比较

3.5.1　文档的修订和批注

日常工作中，我们经常会查看别人对自己文章的修订意见，或者对别人的文章进行审阅修订，这时就需要用到 Word 2010 的修订功能，可以采用不同的颜色标记修订内容。如果文档是由多人审阅修订，还可以显示是谁做的修改，可以接受或者拒绝他人的修改意见等。

1. 使用修订标记

为了对审阅过程中提出的意见或者建议做出明确的标示，Word 2010 可以启动审阅修订模式，在这一模式下添加修订标记，Word 应用程序将跟踪文档中所有内容的变化，同时会把用户在当前文档中修改、删除、插入的每一项内容标记下来，具体方法如下。

打开用户要审阅的文档，单击“审阅”选项卡，在修订功能区单击“修订”按钮，如图 3.50 所示，此时“修订”按钮为高亮显示，表示是在修订状态，用户在文档中插入的内容会通过颜色和下画线做出标记，而删除的内容则仍然保留在源文档中，只不过在文字上添加了删除线，如图 3.51 所示。

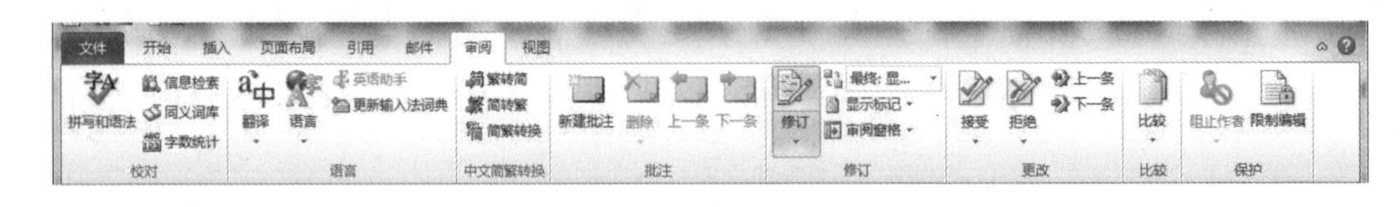

图 3.50　文档修订状态

2. 设置修订标记

如果需要多个用户对同一文档进行修订，并且需要明确不同用户修订的不同内容，则系统可通过不同的颜色来区分不同用户的修订内容，从而避免由于多人参与文档修订而造成的修订内容混乱的情况。Word 2010 允许用户对修订内容的样式进行自定义设置，具体的方法如下。

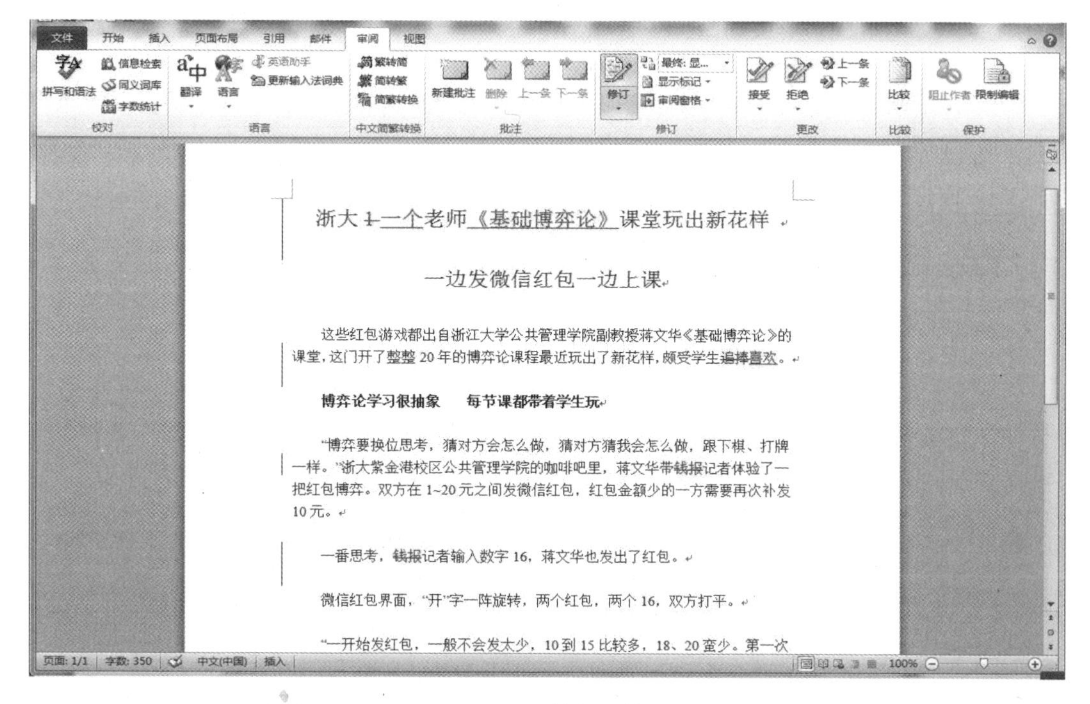

图 3.51 修订文档

单击"审阅"选项卡"修订"功能区中"修订"按钮下的黑三角，在其下拉菜单中选择"修订选项"命令，打开"修订选项"对话框，如图 3.52 所示。

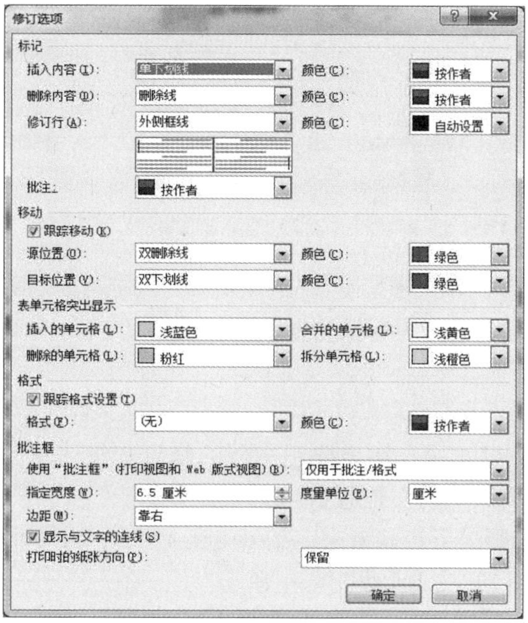

修订选项
标记
插入内容(I): 单下划线 颜色(C): 按作者
删除内容(D): 删除线 颜色(C): 按作者
修订行(A): 外侧框线 颜色(C): 自动设置
批注: 按作者
移动
☑ 跟踪移动(K)
源位置(O): 双删除线 颜色(C): 绿色
目标位置(V): 双下划线 颜色(C): 绿色
表单元格突出显示
插入的单元格(L): 浅蓝色 合并的单元格(L): 浅黄色
删除的单元格(L): 粉红 拆分单元格(L): 浅橙色
格式
☑ 跟踪格式设置(T)
格式(F): (无) 颜色(C): 按作者
批注框
使用"批注框"(打印视图和 Web 版式视图)(B): 仅用于批注/格式
指定宽度(W): 6.5 厘米 度量单位(E): 厘米
边距(M): 靠右
☑ 显示与文字的连线(S)
打印时的纸张方向(P): 保留
确定 取消

图 3.52 "修订选项"对话框

在"标记""移动""表单元格突出显示""格式""批注框"等五个选项区域中，用户可以根据具体需求设置修订内容的显示情况。

3. 添加批注

在审阅 Word 文档时,对文档中有疑问处,要向文档作者询问一些问题,往往在文档中需要添加批注信息。“批注”与“修订”的不同之处在于,“批注”是在文档页面的空白处添加相关的注释信息,“修订”是在原文上进行修改。

(1)新建批注

单击“审阅”选项卡的“批注”功能区的“新建批注”按钮,如图 3.53 所示,在右侧的批注框中编辑批注内容,在批注内容前面会自动加上“批注”字样,以及作者名字缩写和批注的序号。

(2)删除批注

将光标定位在需要删除的批注上,然后单击“审阅”选项卡的“批注”功能区中“删除”下拉菜单的“删除”命令即可。或者在批注上右击鼠标,在快捷菜单中选择“删除批注”。

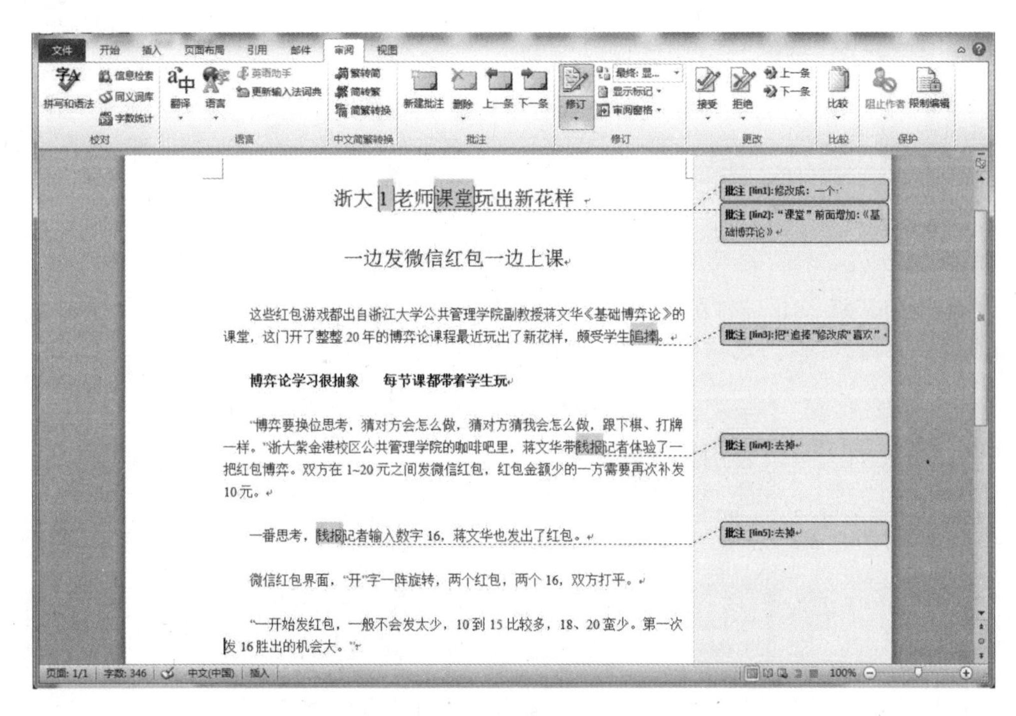

图 3.53　添加批注

4. 审阅修订和批注

文档内容修订完成以后,用户还需要对文档的修订和批注状况进行最终审阅,决定是接受,还是拒绝,并确定出最终的文档版本。

审阅修订时,可以按照如下步骤来决定是接受还是拒绝文档内容的每一项更改。

(1)在“审阅”选项卡的“更改”功能区中单击“上一条”(“下一条”)按钮,即可定位到文档中的上一条(下一 条)修订。

(2)对于修订信息,可以单击“更改”功能区中的“拒绝”或“接受”按钮,如图 3.55 所示,可以拒绝或接受当前对文档的修订。

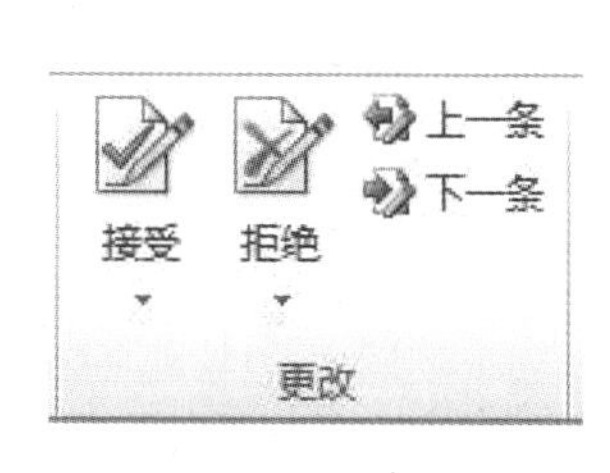

图 3.54

图 3.55

(3)重复“步骤 1 ~2”,直到文档中不再有修订。

(4)如果要拒绝对当前文档做出的所有修订,则可以在“更改” 功能区中执行“拒绝 | 拒绝对文档的所有修订”命令,如图 3.55 所示;如果要接受所有修订,则可以在“更改”选项组中执行“接受|接受对文档的所有修订”命令。

审阅批注时,接受批注就是保留它,拒绝批注则是删除它。删除的方式是在“批注” 功能区中单击“删除”按钮将其删除,或者右击批注,在快捷菜单中选择 “删除批注”。

注:如果修订或批注较多,可以通过打开审阅窗格,全面查阅并快速定位到文档中的所有修订和批注。其方法是,单击“审阅”选项卡下的“修订功能区”的“审阅窗格”命令,如图 3.56 所示,可以显示所有修订和批注。

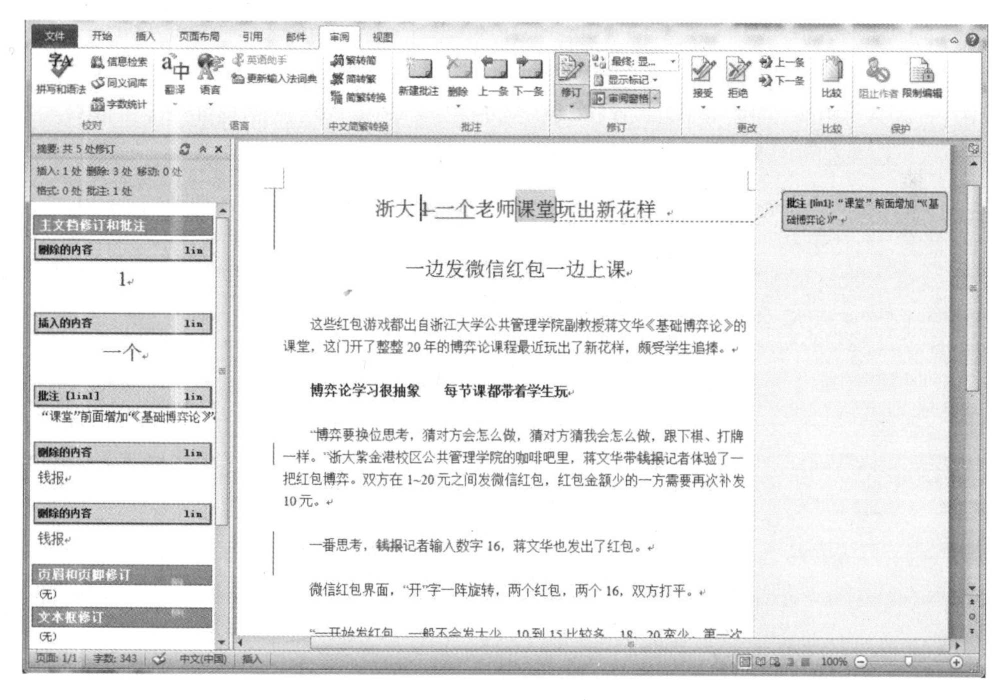

图 3.56　显示所有修订和批注

3.5.2　快速比较文档

在工作中,我们经常会对一篇论文做多次的修改,而修改者有时往往希望了解修改前后两个版本之间的区别，Word 2010 提供了“精确比较”的功能，可以显示两个文档的差别。

首先，修改文档后，单击“审阅”选项卡，在“比较”功能区中单击“比较”按钮，并在其下拉菜单中选择“比较”命令。进入如图 3.57 所示的“比较文档”对话框。

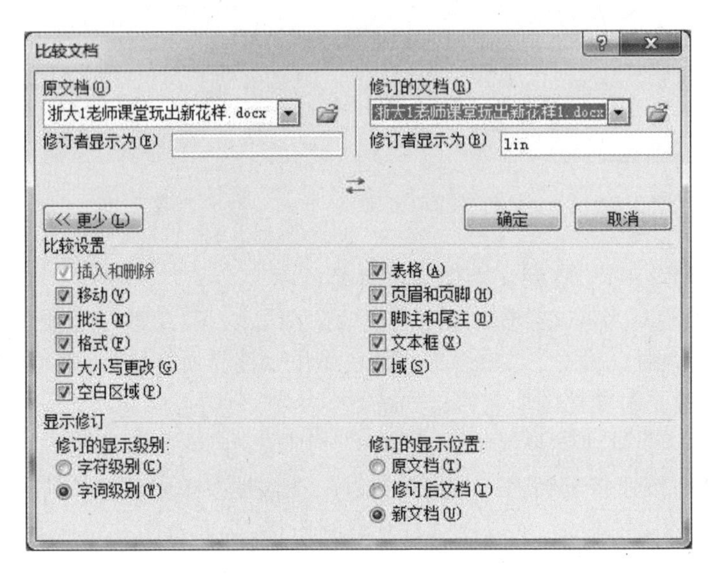

图 3.57　比较文档

其次，选择所要比较的“原文档”和“修订的文档”，并设置各项需要比较的数据，单击“确认”按钮，此时两个文档之间的不同之处显示在比较的文档中，以供查看。单击“审阅”选项卡下“修订”功能区的“审阅窗格”按钮，则在比较结果文档左侧窗格中，自动统计了原文档与修订文档之间的差异情况，如图 3.58 所示。

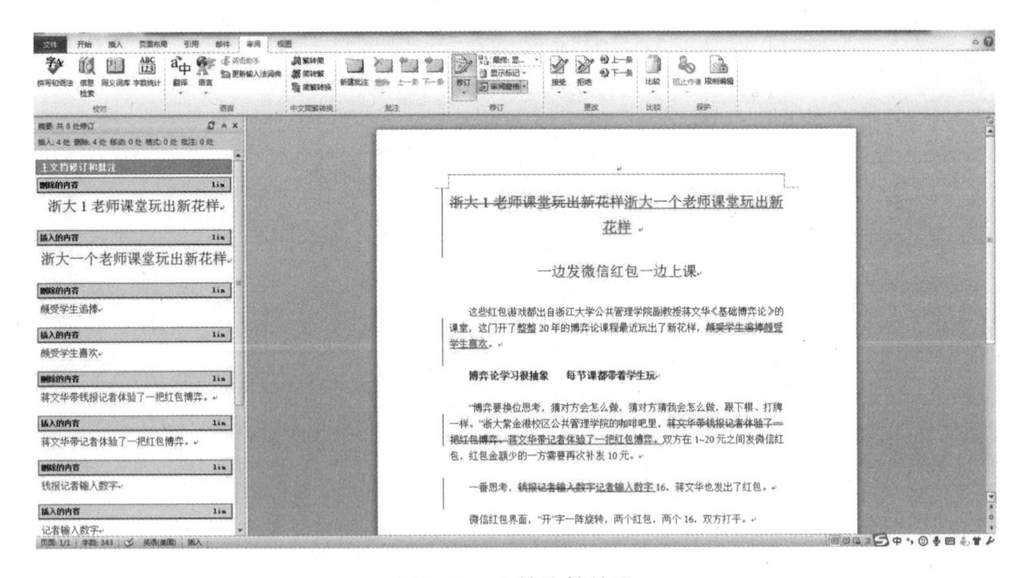

图 3.58　文档比较结果

3.5.3　删除文档中的个人信息

如果希望将 Microsoft Office 文档的电子版共享给其他用户，最好先检查一下该文档是否包含隐藏数据或个人信息，这些信息可能存储在文档本身或文档属性中，而且有可能会透露一些隐私，因此有必要在共享文档之前删除这些隐藏信息。Microsoft Office 2010 为用户提供的“文档检查器”工具，可以帮助用户查找并删除在 Word 2010 文档中的隐藏数据和个人信息。“文档检查器”可以检查文档中是否存在着修订、批注和隐藏的文字等，同时对于检测到的内容，用户也可以根据需要删除。“文档检查器”的使用方法如下。

(1)启动 Word 2010 并打开文档，单击“文件”选项卡，在打开的窗口选择“信息”选项，并单击“检查问题”按钮，在打开的下拉列表中选择“检查文档”选项，如图 3.59 所示。

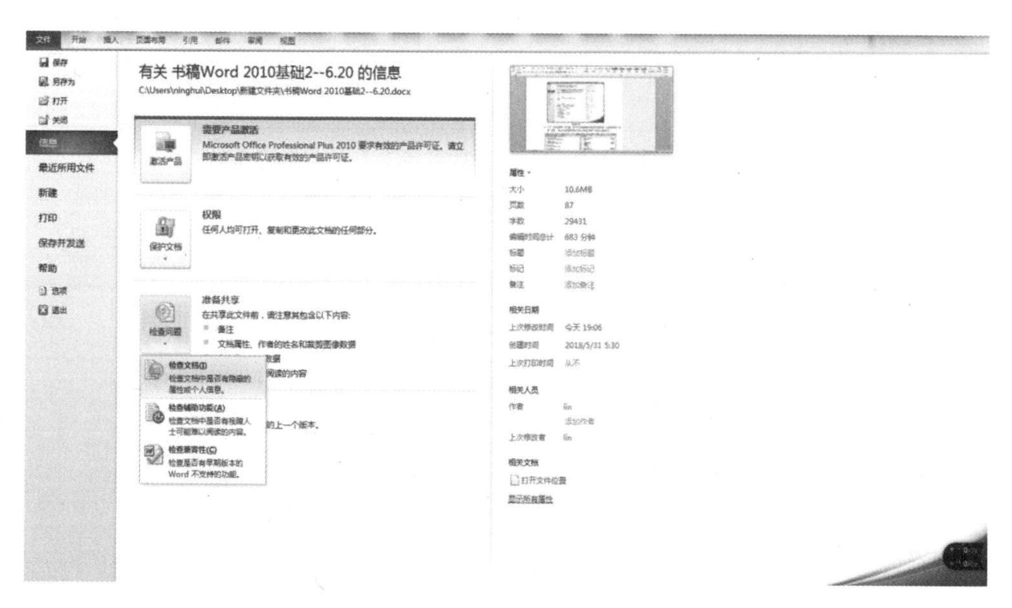

图 3.59　检查文档

(2)打开“文档检查器”对话框，用户可以根据需要勾选相应的复选框，这里直接单击“检查”按钮，Word 文档检查器将开始对文档进行检查，如图 3.60(a)所示。

(3)Word 对“文档检查器”中勾选的项目检查完成后将显示检查结果，单击“文档属性和个人信息”栏中的“全部删除”按钮，文档属性和个人信息将被删除。

(4)保存文档，再次打开该文档时，可以看到，文档中的批注将不再显示审阅者的姓名缩写。

3.5.4　标记最终状态

在与他人共享 Word 2010 文档之前，可以将文件标记为最终状态，设置为只读，防止他人对文件进行更改。在将文件标记为最终状态后，文件变为只读形式，对文件的键入、编辑以及校对等都会被禁用。如果要更改已标记为最终状态的文件，可以再次单击“标记为最终状态”命令。

在 Word 2010 中打开要将其标记为最终状态的文档，单击“文件”选项卡，单击“信息”，单击“保护文档”按钮，然后单击“标记为最终状态”，即可将该文档标记为最终状态，如图 3.61 所示。

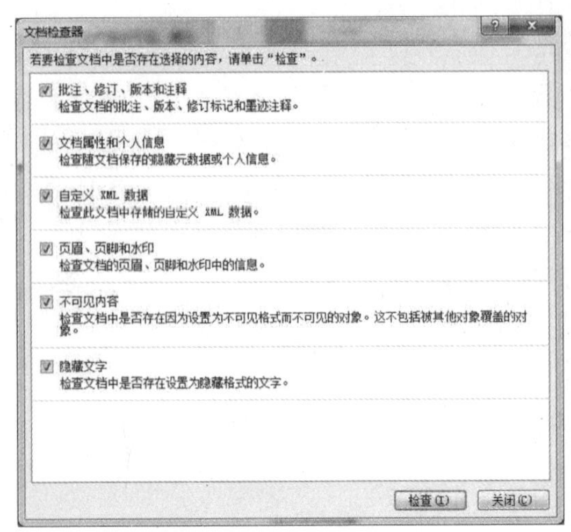

(a)

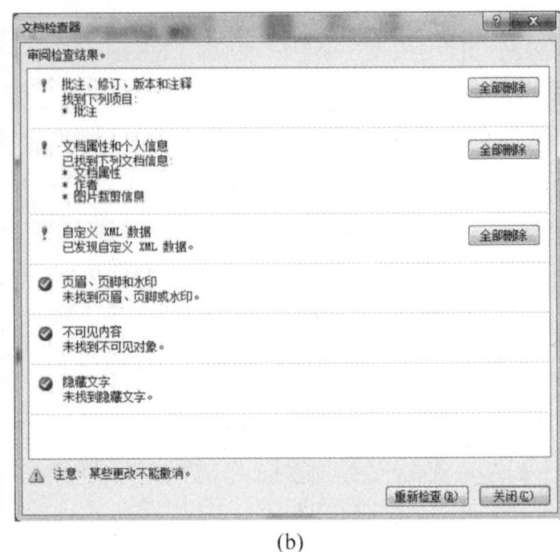

(b)

图 3.60　文档检查器

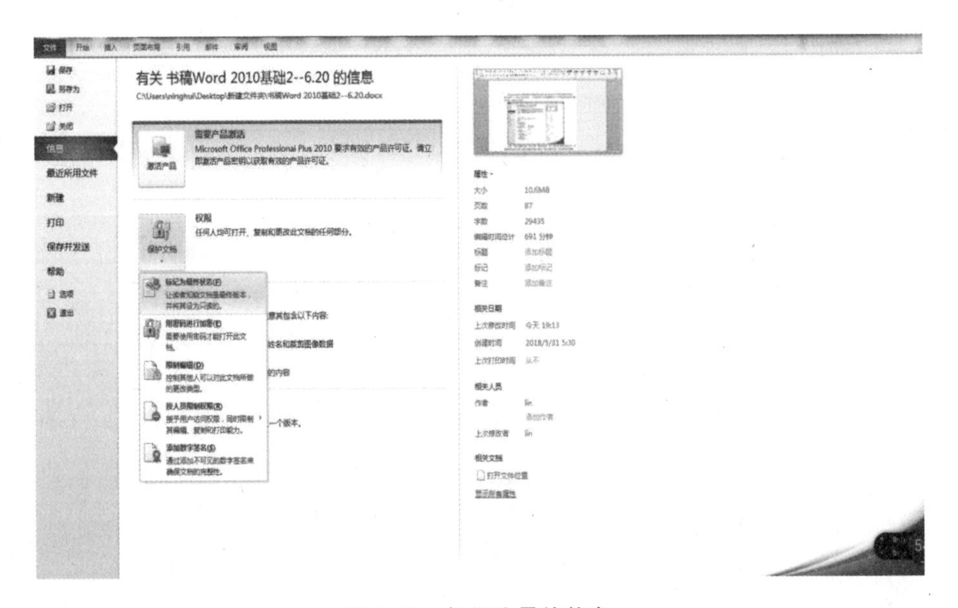

图 3.61　标记为最终状态

注："标记为最终状态"命令不是一项安全功能。对于已标记为最终状态的文件，收到其电子副本的任何人都可以通过取消该文件的"标记为最终状态"对其进行编辑。

3.5.5　创建 PDF 文件

PDF 可移植文档格式是一种电子文件格式。这种文件格式与操作系统平台无关，也就是说，PDF 文件不管是在 Windows、Unix 还是在苹果公司的 Mac OS 操作系统中都是通用的。这一特点使它成为 Internet 上进行电子文档发行和数字化信息传播的理想文档格式。众多的电子图书、产品说明、公司广告、网络资料、电子邮件均采用了 PDF 格式。

用户可以将文档保存为 PDF 格式，这样就保证了文档的只读性，Word 2010 具有直接另

存为 PDF 文件的功能,用户可以将 Word 2010 文档直接保存为 PDF 文件,其操作步骤如下:

(1)打开 Word 2010 文档窗口,依次单击“文件|另存为”命令。

(2)在打开的“另存为”对话框中,选择“保存类型”为 PDF,然后选择 PDF 文件的保存位置并输入 PDF 文件名称,然后单击“保存”按钮,如图 3.62 所示。

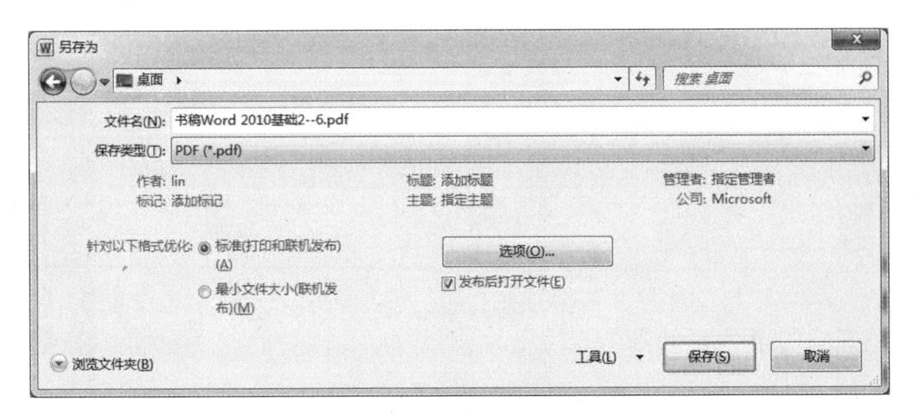

图 3.62　另存为 PDF 文件

3.6　邮件合并

邮件合并是 Word 2010 提供的一项高级功能,是现代化办公中非常实用的功能,它将数据从所在的数据源文件中提取出来,放在主文档中用户指定的位置上,从而把数据库记录和文本组合在一起。对一批文档,如果只有某些数据不同,就可以用邮件合并功能来生成。合并后的文件根据用户自己的需求,可以保存、打印,也可以以邮件形式发送出去。本节通过案例介绍如何使用邮件合并功能提高工作效率。

案例 3.3　已知考生信息表如图 3.63 所示,利用邮件合并功能来生成所有考生的信息单,样张如图 3.64 所示。

准号证号	姓名	性别	年龄
15198001	汪洋	男	20
15198002	张超	女	19
15198003	李欣	女	18
15198004	付小兵	女	21
15198005	郭华	男	20
15198006	赵宇	男	19

图 3.63　考生信息

步骤:

1. 创建主文档

主文档指在邮件合并操作中,所包含内容是合并文档后所生成的文本都相同部分的文档,即邮件合并内容的固定不变的部分,如学生成绩单的课程内容、工资条的科目部分、录

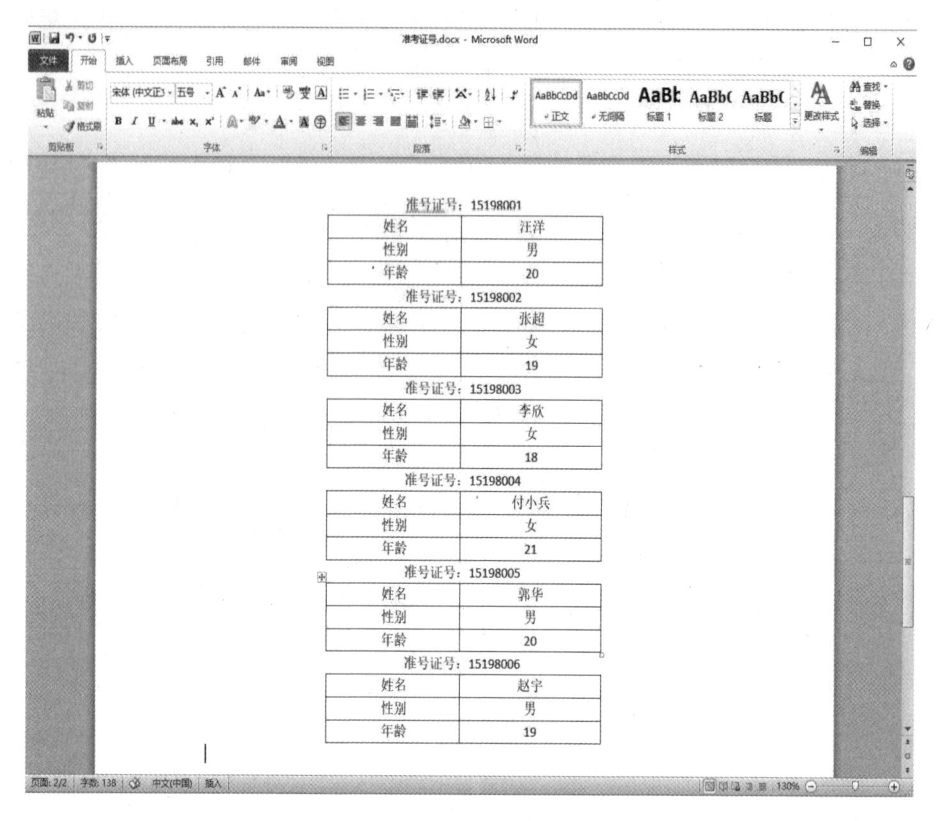

准号证号：15198001

姓名	汪洋
性别	男
年龄	20

准号证号：15198002

姓名	张超
性别	女
年龄	19

准号证号：15198003

姓名	李欣
性别	女
年龄	18

准号证号：15198004

姓名	付小兵
性别	女
年龄	21

准号证号：15198005

姓名	郭华
性别	男
年龄	20

准号证号：15198006

姓名	赵宇
性别	男
年龄	19

图 3.64 邮件合并样张

取通知书的主要内容等。创建主文档的过程与平时新建一个 Word 文档一样，通常在使用邮件合并之前首先建立主文档，这样不但可以考查该项工作是否适合使用邮件合并，而且主文档的建立为数据源的建立或选择提供了标准。新建一个 Word 文档，创建一个如图 3.65 所示表格的主文档。

准考证号：

姓名：	
性别：	
年龄：	

图 3.65 创建主文档

2. 创建数据源

数据源就是数据记录表，其中包含相关的字段和记录内容。一般情况下，通过邮件合并来提高效率，是因为已经有了相关的数据源，可以打开或者重新建立数据库。邮件合并可以使用的数据源有 Excel 工作簿、Access 数据库、SQL Server 数据库等。如果数据文件已经存在，在邮件合并时就不需要创建新的数据库，直接使用即可。因为 Excel 在工作中运用广泛，所以经常使用 Excel 表格作为数据源。作为数据源的 Excel 表格的第一行应该是标题行，且中间不能有空行，因为要使用这些字段名称来引用数据表中的记录。打开 Excel 程序，在 Sheet1 工作表中输入考生信息资料，然后保存，关闭 Excel 程序，如图 3.66 所示。

3. 邮件合并

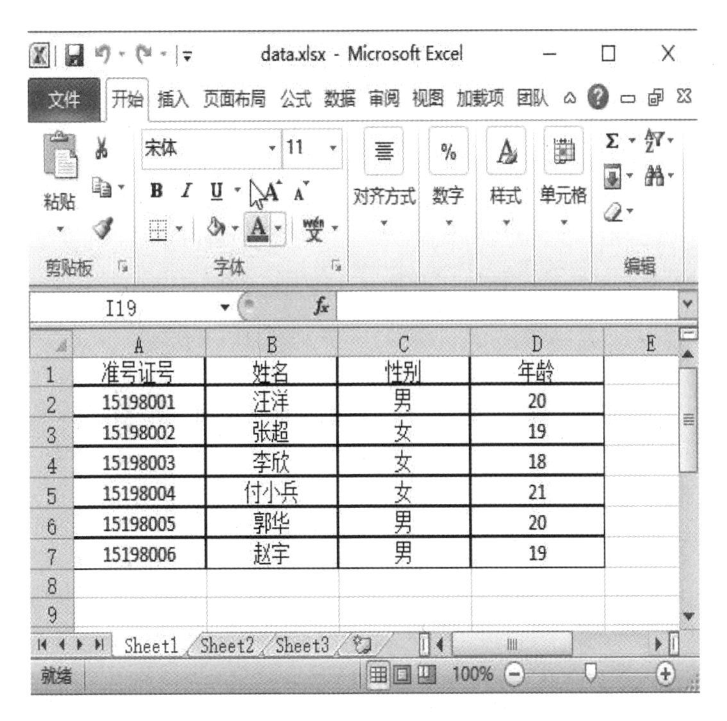

准号证号	姓名	性别	年龄
15198001	汪洋	男	20
15198002	张超	女	19
15198003	李欣	女	18
15198004	付小兵	女	21
15198005	郭华	男	20
15198006	赵宇	男	19

图 3.66　在 Excel 中制作数据源

利用邮件合并工具,可以将数据源合并到主文档中,得到目标文档。合并完成的文档数取决于数据表中记录的条数。邮件合并操作过程可以手动设置完成,也可以利用"邮件合并分步向导"根据提示进行设置完成。

(1)手动设置"邮件合并"

①打开"邮件"选项卡,单击"开始邮件合并"功能区的"开始邮件合并"按钮,从弹出的菜单中选择"信函"命令,如图 3.67 所示。

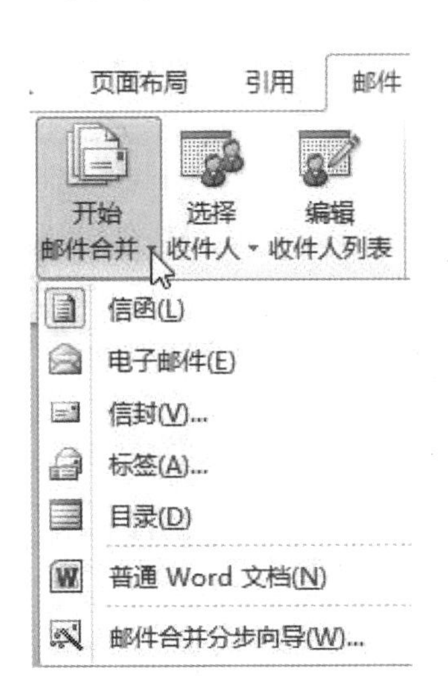

图 3.67　"开始邮件合并"菜单

②在“邮件”选项卡中,单击“开始邮件合并”功能区的“选择收件人”按钮,从弹出的菜单中选择“使用现有列表”命令,如图 3.68 所示。打开“选取数据源”对话框。如图 3.69 所示,在该对话框中,选择前面步骤建立的数据源文档 data. xlsx,单击“打开”按钮,打开“选择表格”对话框,如图 3.70 所示,在该对话框中选择“Sheet1”,单击“确定”按钮。

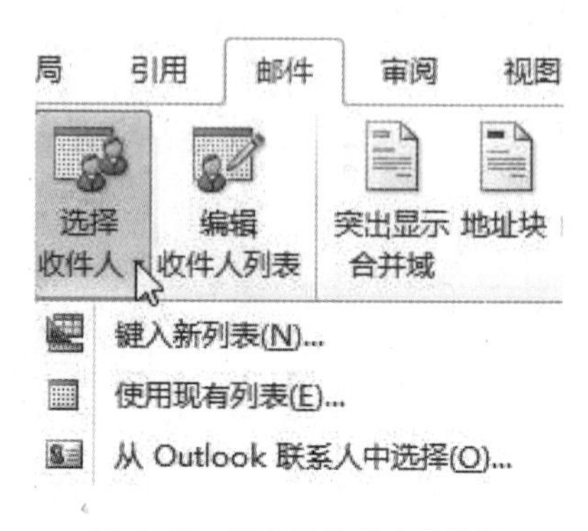

图 3.68　“选择收件人”菜单

图 3.69　“选取数据源”对话框

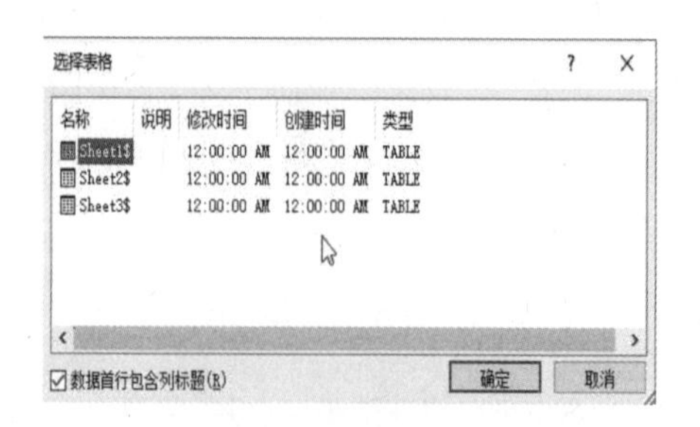

图 3.70　“选择表格”对话框

③将光标定位在主文档,如图 3. 65 所示的“准考证号:”之后,在“邮件”选项卡下,单击“编写和插入域”功能区中的“插入合并域”按钮,从弹出的菜单中选择“准考证号”,如图 3. 71 所示。此时,文本“准考证号:”之后出现了 «准号证号»。同理,在“姓名”“性别”“年龄”之后分别插入合并域。插入合并域后的主文档如图 3. 72 所示。

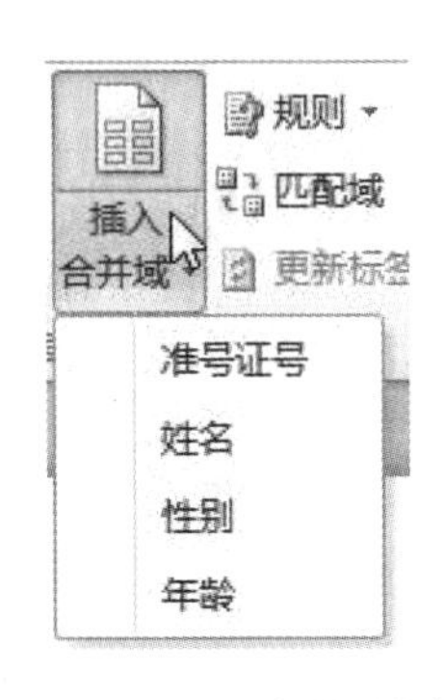

图 3. 71　“插入合并域”菜单

准号证号：«准号证号»

姓名	«姓名»
性别	«性别»
年龄	«年龄»

图 3. 72　插入合并域后的主文档

④单击“完成”功能区中的“完成并合并”按钮,如图 3. 73 所示,从弹出的菜单中选择“编辑单个文档”命令,打开如图 3. 74 所示的“合并到新文档”对话框。在该对话框中的合并记录下面选择 “全部”单选按钮,单击“确定”按钮,生成一个合并后的新文档,该新文档的各页分别保存了各个考生的情况,如图 3. 75 所示,将该文档保存即可。

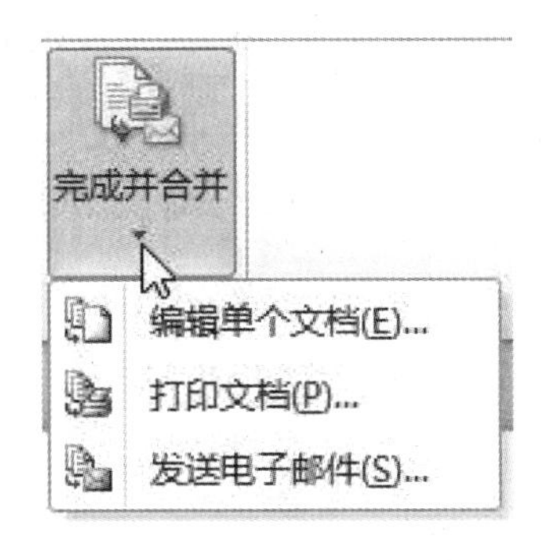

图 3. 73　“完成并合并”菜单

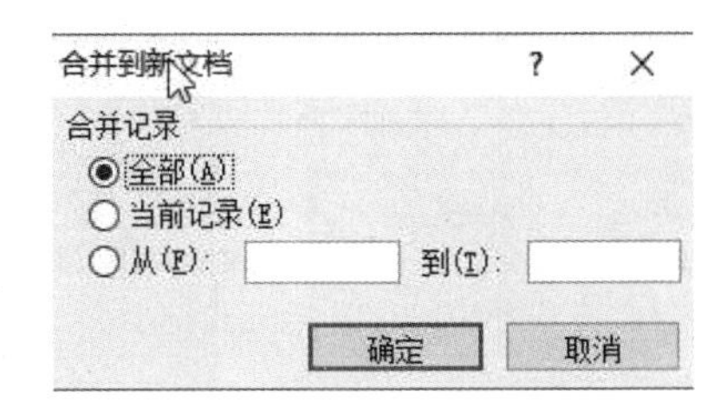

图 3. 74　“合并到新文档”对话框

(2)利用“邮件合并分步向导”创建信函

①建立主文档,如图 3. 65 所示,并打开“邮件”选项卡。

②在“邮件”选项卡的“开始邮件合并”功能区中,单击“开始邮件合并”按钮,在下拉菜单中选择“邮件合并分步向导”命令,如图 3. 67 所示。打开“邮件合并”任务窗格,如图 3. 76 所示。进入“邮件合并分步向导”的第 1 步。

③在“选择文档类型”选项区域中,选择一个希望创建的输出文档的类型,本例选中“信函”选项。

④单击“下一步:正在启动文档”超链接,进入“邮件合并分步向导”的第 2 步,如图 3. 77 所示,在“选择开始文档”选项区域中选择“使用当前文档”单选按钮,以当前文档作为邮件合并的主文档。

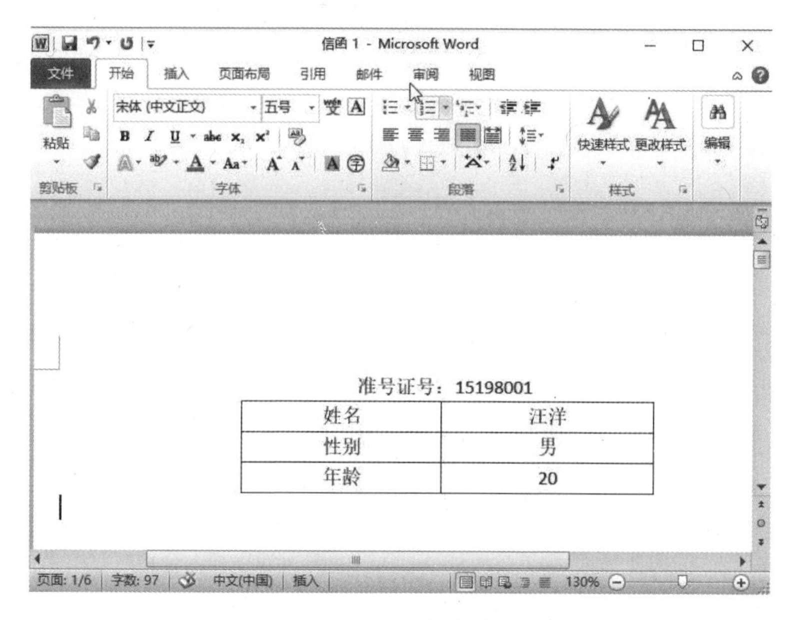

图 3.75　目标文档

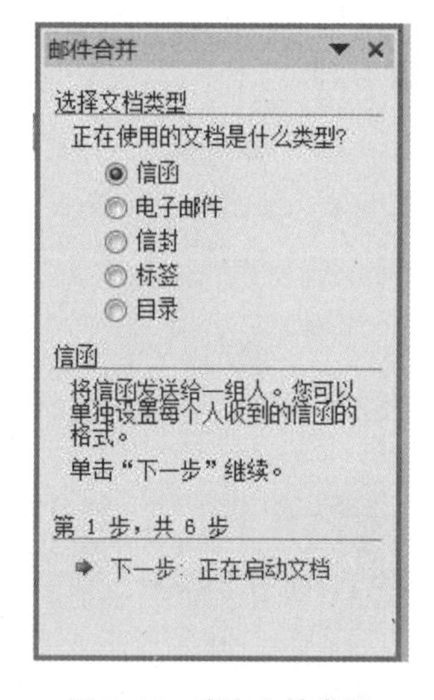

图 3.76　确定文档类型

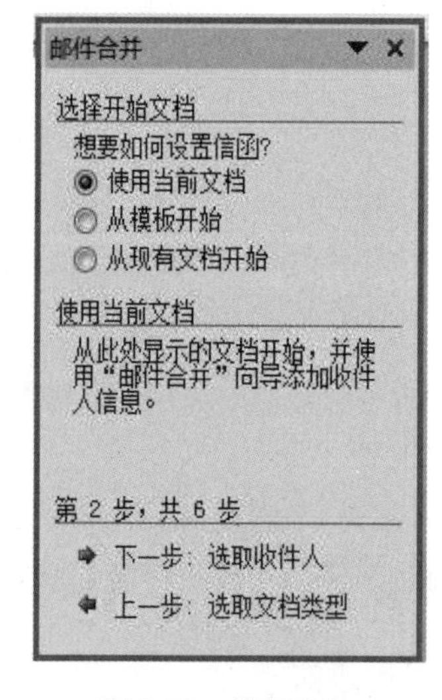

图 3.77　选择文档

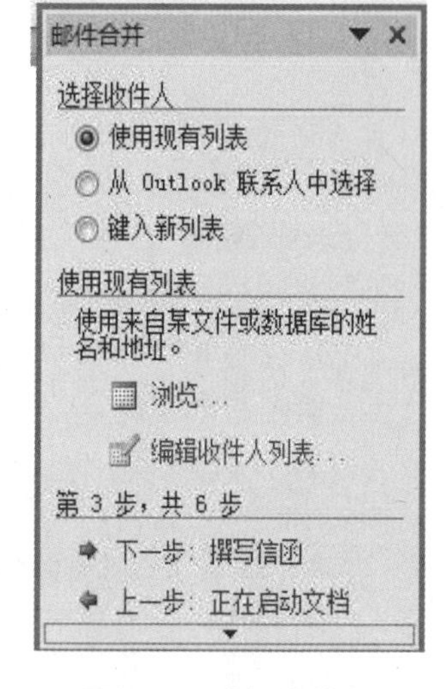

图 3.78　选择收件人

⑤单击“下一步:选取收件人”超链接,进入“邮件合并分步向导”的第 3 步，如图 3.78 所示,在“选择收件人”选项区域中选择“使用现有列表”单选按钮,然后单击“浏览”超链接。

⑥打开“选取数据源”对话框，如图 3.69 所示,选择保存过的学生名单的 Excel 工作表文件 data.xlsx,然后单击“打开”按钮,此时打开“选择表格”对话框,如图 3.79 所示,选择 Sheet1,然后单击“确定”按钮。

⑦在打开的“邮件合并收件人”对话框中,如图 3.80 所示,可以对需要合并的收件人信息直接使用,也可以修改后使用,然后单击“确定”按钮,完成现有工作表的链接工作。

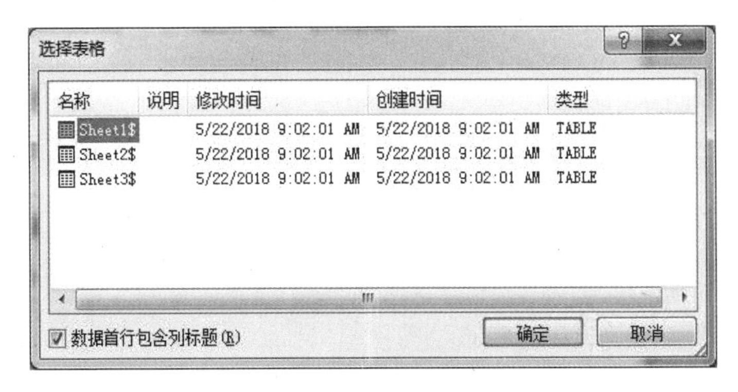

图 3.79　选择表格

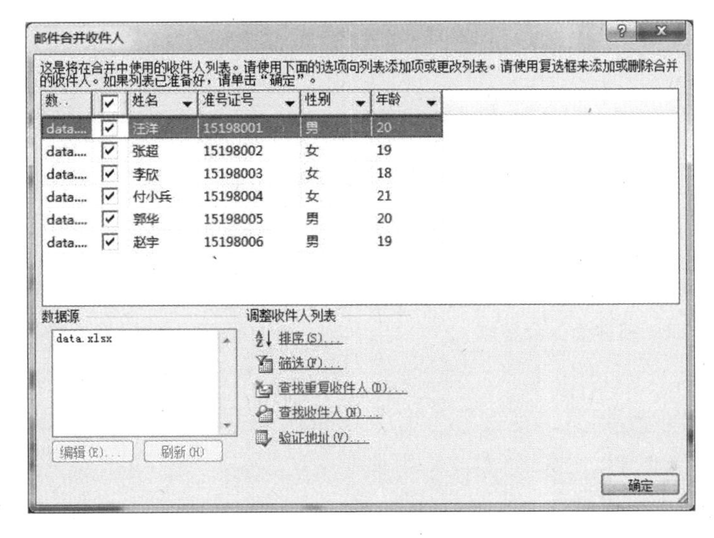

图 3.80　邮件合并收件人

⑧回到邮件合并窗格中，单击"下一步：撰写信函"超链接，进入"邮件合并分步向导"的第 4 步。如果用户此时还未撰写信函的正文部分，则可以在活动文档窗口中输入与所有输出文档中保持一致的文本，本例子中文档已经建立完成，如图 3.65 所示，此时在现有文档插入合并域。

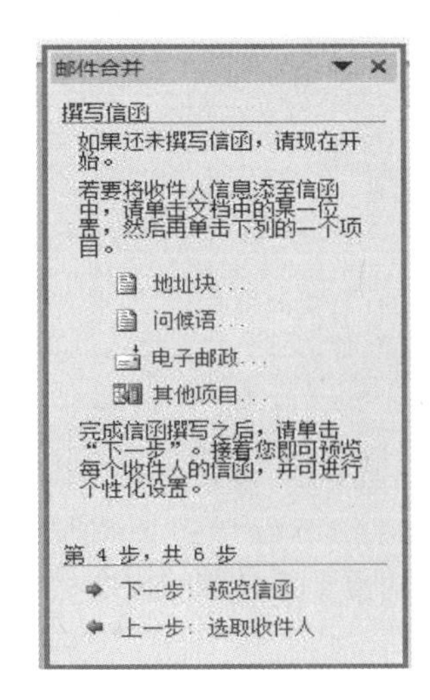

图 3.81　撰写信函

⑨在邮件合并窗口中单击"其他项目"，如图 3.81 所示，打开"插入合并域"对话框，如图 3.82 所示，在"域"列表框中，选择要添加到通知中的各个合并域，本例选择"准考证号"域，单击"插入"按钮，然后单击"关闭"按钮，此时，文本"准考证号"之后出现了«准号证号»。同理，在"姓名""性别""年龄"之后分别插入合并域。插入合并域后的主文档如图 3.83 所示。

⑩在"邮件合并"任务窗格中，如图 3.81 所示，单击"下一步：预览信函"超链接，进入"邮件合并分步向导"的

第5步。在邮件合并的“预览信函”区可以单击“≪”或“≫”按钮,可查看具有不同姓名的信函,如图3.84所示,也可以在“预览结果”功能区中,单击“≪”或“≫”按钮,查看具有不同姓名的信函,如图3.85所示。

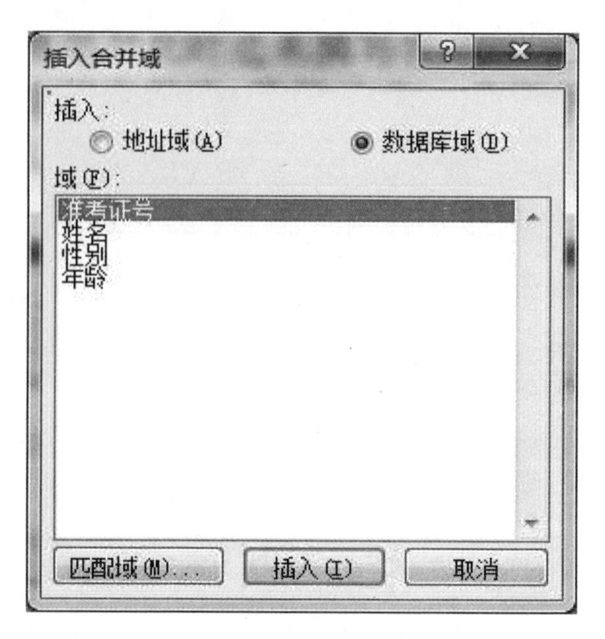

图3.82　邮件插入合并域

准号证号:«准号证号»

姓名	«姓名»
性别	«性别»
年龄	«年龄»

图3.83　插入合并域后的主文档

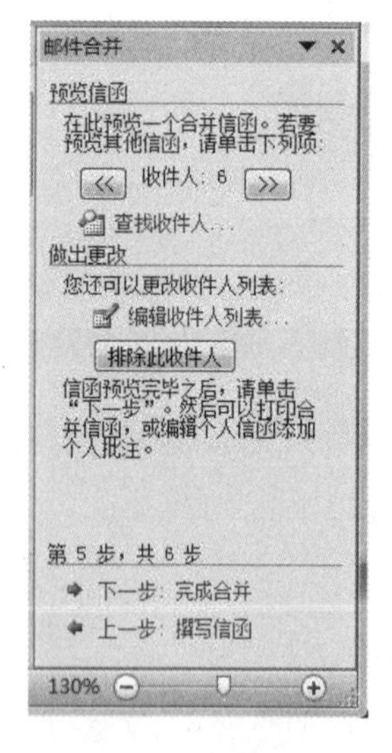

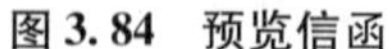

图3.84　预览信函

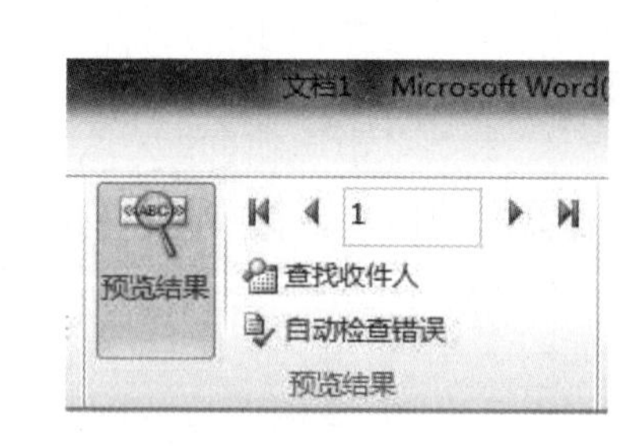

图3.85　在“预览结果”功能区预览

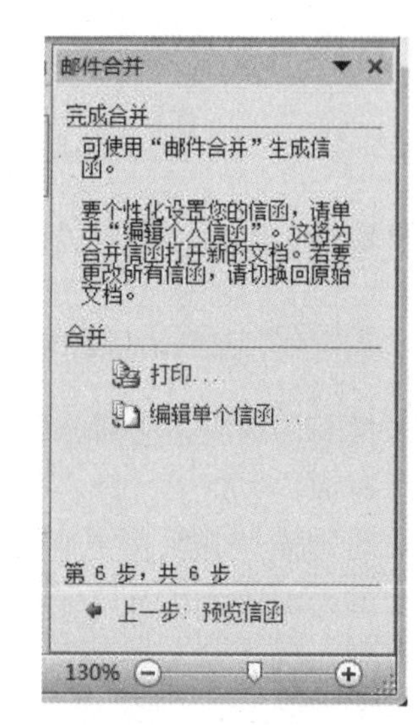

图3.86　完成合并

⑪预览并处理输出文档后,单击“下一步:完成合并”超链接,进入“邮件合并分步向导”的最后一步。在“合并”选项区域中,用户可以根据实际需要选择单击“打印”或“编辑单个信函”超链接,进行合并工作。本例单击“编辑单个信函”超链接。

⑫打开“合并到新文档”对话框,如图3.87所示。在“合并记录”选项区域中,选中“全部”单选按钮,然后单击“确定”按钮。这样,Word会将Excel中存储的收件人信息自动添加

到信函文档中,并合并生成一个如图 3.64 所示样张的新文档。每个学生的信息均由数据源自动创建生成。

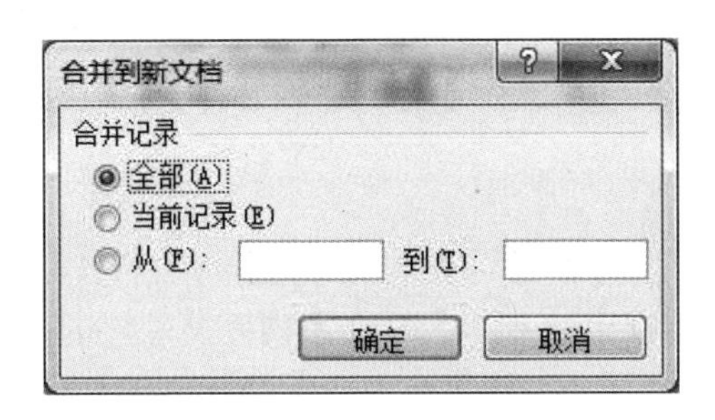

图 3.87　合并到新文档

注:为了节约篇幅,图 3.64 样张是把所有学生的信息输出在一页,在实际合并生成的信函文档中,每个学生的信息输出在一页上。

第 4 章　Excel 2010 基础

Excel 2010 是微软公司推出的 Office 2010 系列办公软件的电子表格处理组件，具有数据计算、数据统计、数据分析、图表制作等功能。与 Excel 2003 相比，Excel 2010 采用面向结果的新界面，以功能区为操作主体改变了 Excel 2003 以菜单为操作主体的方式。

表格是管理的一种基本工具，也是办公的重要内容。与文字处理软件 Word 中的表格处理相比较，Excel 2010 的功能、出发点和侧重点完全不同。Word 数据处理的功能很弱，只提供了非常基本的计算和排序功能。而 Excel 2010 偏重于对表格中数据的处理，提供了完备、强大而精确的数据运算、分析、汇总、查询、分类管理等功能。

4.1　Excel 2010 基本知识

4.1.1　启动和退出

1. 启动

启动 Excel 2010 有几种不同的方式。启动方式与 Word 的方法一样。常用的方法有以下几种：

(1) 从开始 Windows 菜单启动

单击开始按钮，打开开始菜单，单击所有程序，在打开的级联菜单中，打开 Office 下的 Excel 2010 命令即可启动 Excel 2010。

(2) 使用桌面快捷方式

双击 Excel 2010 桌面的快捷方式图标。

(3) 双击已经创建的 Excel 文档。双击计算机中存储的 Excel 文档可直接启动 Excel 2010，并打开文档。

2. 退出

退出 Excel 2010 就是退出 Windows 的应用程序，所以退出 Excel 2010 与退出 Word 2010 的方法一样，也有多种，常用的有以下几种：

(1) 通过标题栏关闭按钮退出。

单击 Excel 2010 窗口标题栏右上角的关闭按钮，退出 Excel 2010 应用程序。

(2) 通过文件选项卡关闭

单击文件选项卡里面的"文件"，再单击"退出"按钮，退出 Excel 2010 应用程序。

(3) 通过标题栏右键快捷菜单，或者左上角控制图标的控制菜单关闭。

右击 Excel 2010 标题栏，出现快捷菜单，再单击快捷菜单中的关闭命令或者单击左上角的控制图标。在控制菜单中，单击关闭命令，退出 Excel 2010 应用程序。

(4)使用快捷键关闭

按键盘上的“Alt + F4”组合键关闭 Excel 2010。

4.1.2　Excel 2010 窗口界面

启动 Excel 2010 后就会看到 Excel 2010 的窗口界面。与 Excel 2003 的窗口相比,其做了很大改变,操作变得更加方便快捷。Excel 2010 的窗口界面主要包括标题栏、快速访问工具栏、文件按钮、功能区、数据区、编辑栏、工作表标签和显示比例工具,如图 4.1 Excel 2010 界面所示。

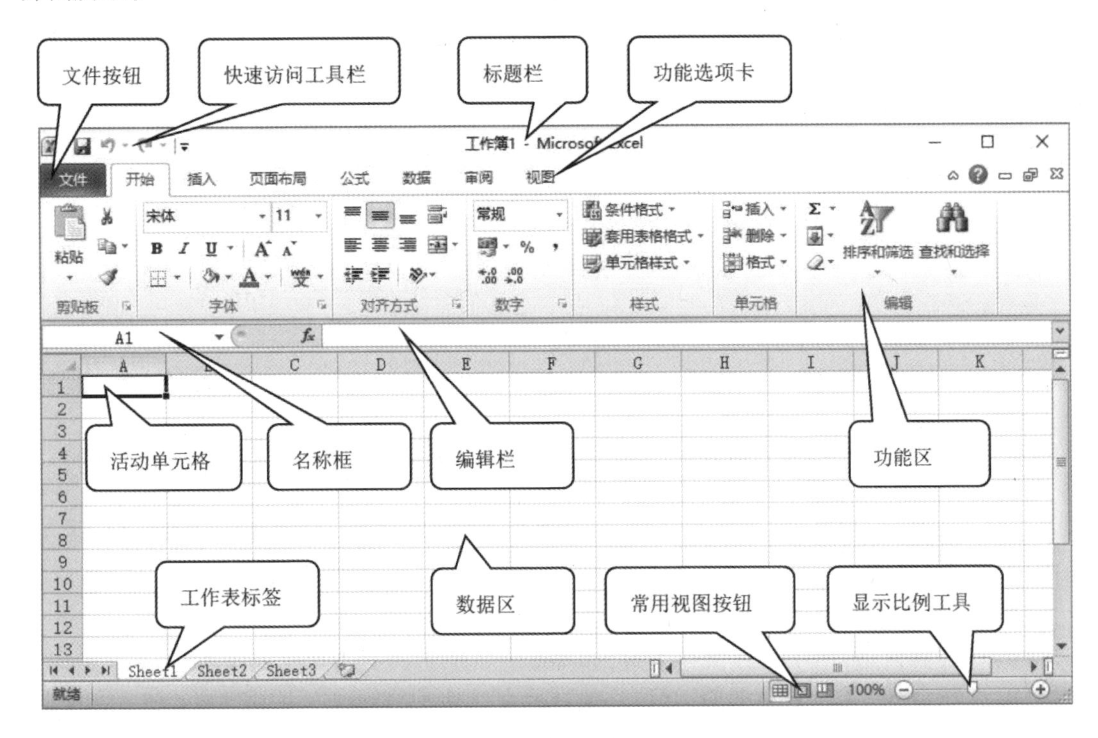

图 4.1　Excel 2010 的窗口界面

1. 快速访问工具栏

在 Excel 2010 标题栏左上角是快速访问工具栏。常用的命令显示在快速访问工具栏中。默认的有保存命令按钮、撤销命令按钮、恢复命令按钮。单击快速访问工具栏右侧的下拉命令按钮,就可以打开自定义快捷访问工具栏的快捷菜单,如图 4.2 所示。选中快捷菜单中的命令左侧的复选标记,可以将相应的命令按钮加入快速访问工具栏中,并可以将快速访问工具栏显示的位置设置为在功能区下方显示。

2. 文件按钮

在 Excel 2010 中,文件按钮位于左上角区域,也称其为文件选项卡。单击文件选项卡,打开的选项卡中包含了很多命令和命令组。

(1)命令按钮:包括“保存”“另存为”“打开”和“关闭”四个并列按钮,如图 4.3 所示。“文件”选项卡用于文件的打开和关闭等相关操作,这四个按钮是固定不变的。

(2)信息:用于显示工作簿的信息,如工作部的属性日期文档路径等,并可设置工作簿的操作权限。

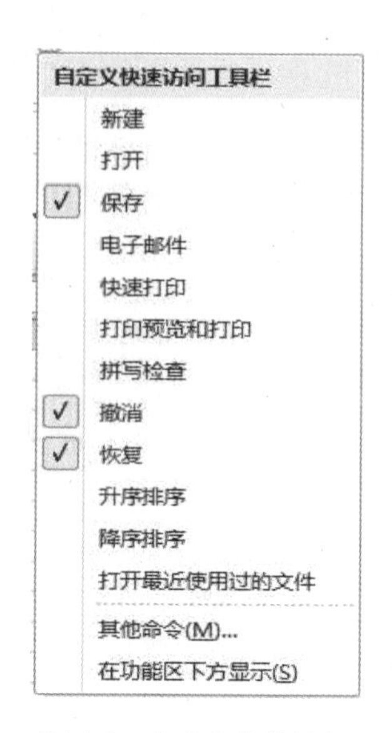

图 4.2 自定义快捷访问工具栏的快捷菜单

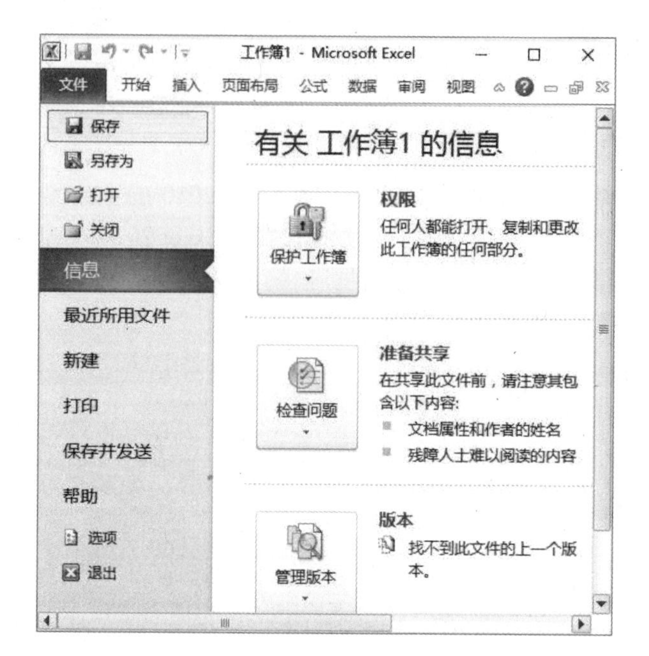

图 4.3 “文件”选项卡

(3)最近使用文件:用于显示最近使用过的工作簿的信息。用户可以在此单击某一文件,快速打开工作簿文件。

(4)新建:用于创建一个新的工作簿。可以是空白工作簿,也可以是用某个模板来创建的工作簿。

(5)打印:用于设置表格的打印份数、边跑和编剧纸张大小等。

(6)保存并发送:用于设置保存方式,如 web 方式。更改文件保存的类型,在 Excel 2010 中,可以直接保存为 pdf 文件类型,并可将保存的文件作为附件以电子邮件形式发送出去。

(7)选项:选项打开后是以对话框方式显示的,用于设置 Excel 2010 程序的多种工作方式和使用习惯。其中包含了大量的可选择和设置的信息内容。

3. 标题栏

标题栏位于窗口的最上面一行。标题栏上的左边是快速访问工具栏,默认的快速访问工具栏包括“保存”“撤销”“恢复”按钮。标题栏的右边是窗口的控制按钮。

4. 功能区

功能区是用户使用 Excel 2010 时完成各种操作的命令集合,这个命令集合就被分成多个命令子集和命令组,分别放在不同的选项卡中,每个选项卡涉及一类相关的操作。

Excel 2010 功能区,主要包括开始、插入、页面布局、公式、数据、审阅、视图和加载项八个选项卡。

(1)开始功能区

Excel 2010 启动后功能区中默认打开的是开始功能区,如图 4.4 所示。开始功能区中包括剪贴板、字体、对齐方式、数字、样式、单元格和编辑 7 个组,对应 Excel 2010 的编辑和格式菜单部分命令。该功能区主要用于帮助用户对 Excel 2010 表格进行文字编辑和单元格的格式设置,是用户最常用的功能区。

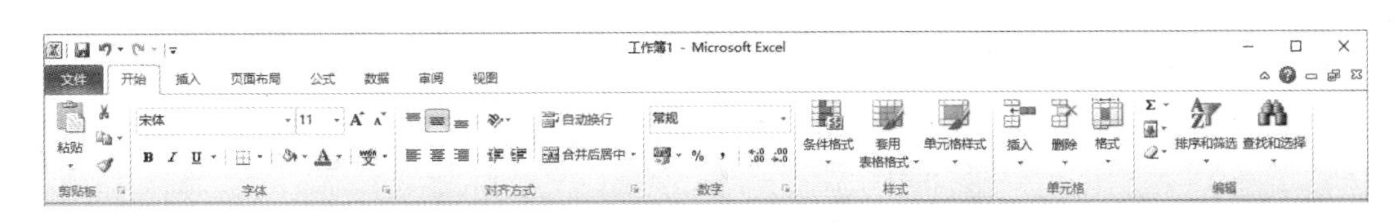

图 4.4　开始功能区

(2)插入功能区

插入功能区包括表格、插图、图表、迷你图、筛选器、链接、文本和符号八个组。对应 Excel 2010 中插入菜单的部分命令。在 Excel 2010 表格中插入各种对象,如图 4.5 所示。

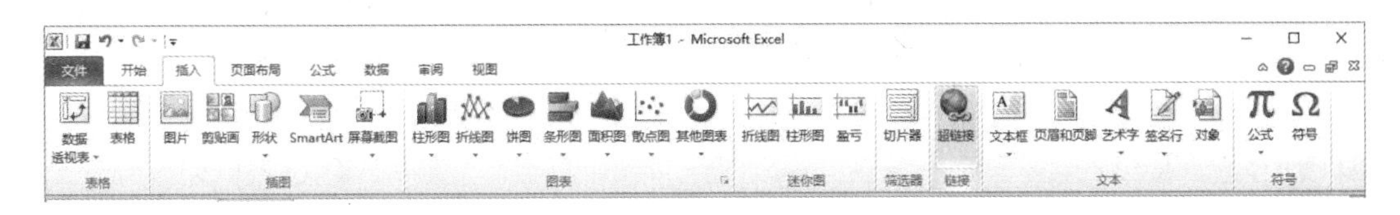

图 4.5　插入功能区

(3)页面布局功能区

页面布局功能区包括主题、页面设置、调整为合适大小、工作表选项、排列五个组,对应 Excel 2010 的页面设置菜单命令和格式菜单中的部分命令,用于帮助用户设置 Excel 2010 表格的页面样式,如图 4.6 所示。

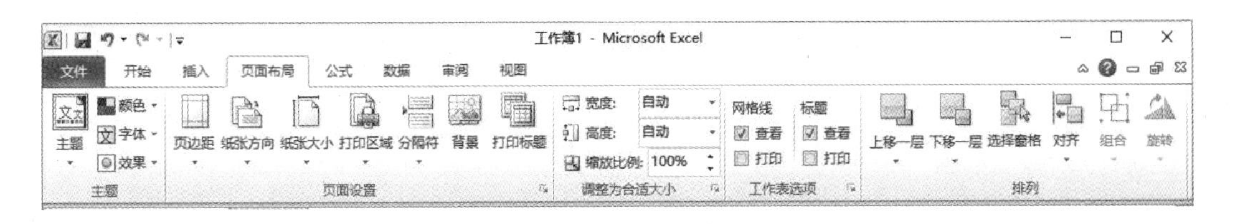

图 4.6　页面布局功能区

(4)公式功能区

公式功能区包括函数库、定义的名称、公式审核和计算四个组,用于实现在 Excel 2010 表格中进行各种数据计算,如图 4.7 所示。

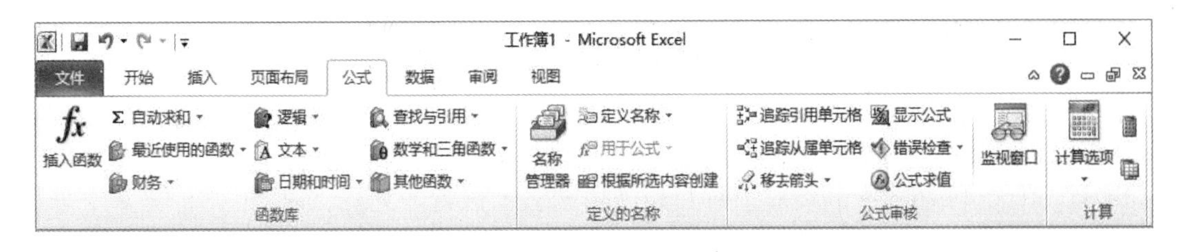

图 4.7　公式功能区

(5)数据功能区

数据功能区包括获取外部数据、连接、排序和筛选、数据工具和分级显示五个组,主要用于在 Excel 2010 表格中进行数据处理相关方面的操作,如图 4.8 所示。

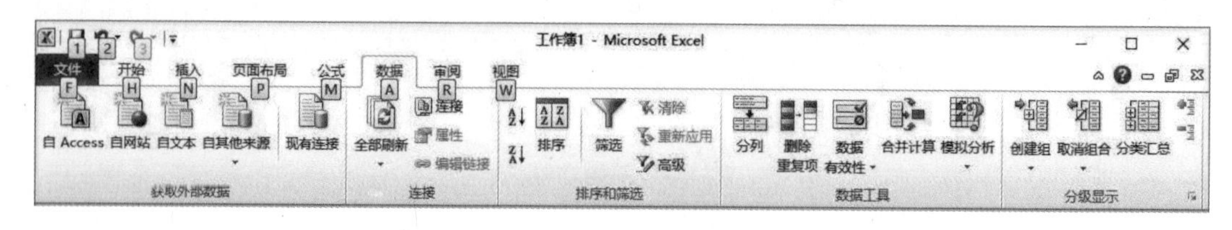

图 4.8　数据功能区

(6)审阅功能区

审阅功能区包括校对、中文简繁转换、语言、批注和更改五个组,主要用于对 Excel 2010 表格进行校对和修订等操作,适用于多人协作处理 Excel 2010 表格数据,如图 4.9 所示。

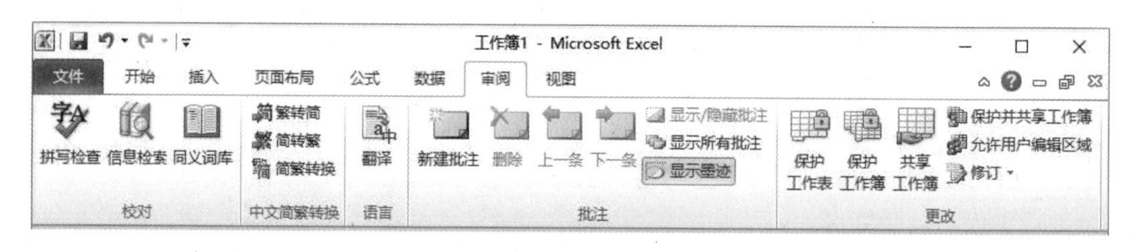

图 4.9　审阅功能区

(7)视图功能区

视图功能区,包括工作簿视图、显示、显示比例、窗口和宏五个组,主要用于帮助用户设置 Excel 2010 表格窗口的视图类型,以方便操作,如图 4.10 所示。

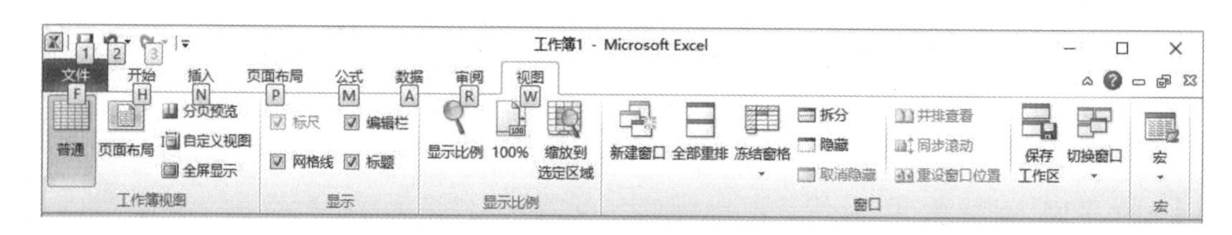

图 4.10　视图功能区

5. 工作表

工作表由工作表标签来标示和识别不同的工作表。单击某一工作表标签就选定了相应的工作表。被选定的工作表名变成黑底白字,以区分其他未被选定的工作表。

6. 工作表区与活动单元格

工作表区是指用于输入编辑存放数据的表格区域,它是制作表格和图表的工作界面。由 1 048 576 行和 16 384 列组成。每一列的顶端显示该列的列标,列标用大写英文字母表示:若是 A,B,C,…,Z,然后是 AA,AB,AC,…,AZ,以此类推。每行的左端是行号,行号范围是 1 – 1048576。

活动单元格是指当前选中或正在编辑的单元格,也称当前单元格,活动单元格的标志是四周有加粗的黑色边框。输入和修改的数据只能在活动单元格中进行。

7. 显示比例工具

显示比例工具,用于放大或者缩小工作表区域的显示。

8. 名称框和编辑栏

名称框,用于定义显示活动单元格的名称,若当前选中的是一个连续单元格区域,则名称框中显示的是所选定连续单元格区域中左上角第一个单元格的名称。

编辑栏用于显示编辑活动单元格中的内容和公式。编辑栏左端有“取消”“确定”和“插入函数”几个按钮。单击“取消”按钮可以取消编辑,单击“确定”按钮可以确定输入有效,单击“插入函数”按钮可以插入函数。

4.2　工作簿和工作表

4.2.1　工作簿

1. 工作簿

启动 Excel 2010 后系统将自动建立一个名为“工作簿 1”的文件,它就是一个工作簿。工作簿是计算和存储数据的文件。一个工作簿就是一个 Excel 文件。工作簿的默认扩展名为. xlsx。

2. 工作表

在我们打开的工作簿文档中可以看到它包括三张工作表。由此可见,工作簿文件是由一张或多张工作表组成的,默认情况下是三张工作表。

3. 单元格

在每张工作表中可以看到许多小方格,每个小方格就是一个单元格。单元格是组成工作表的基本单位。一个工作表中有 1 048 576 × 16 384 个单元格。单元格用它的列号加上行号来表示。如位于第一列第一行的单元格为 A1,位于 B 列 12 行的单元格为 B12。另外,我们也可以给单元格取一个名字,方法如下:用鼠标单击某单元格,在名称框可以看到它的名字。这个名字通常情况下是一个地址,也就是用列号、行号表示的一个单元格。这个地址,我们也可以用一个名字来代表它,这就是单元格的名字。注意给单元格命名时名称的第一个字符必须是字母或汉字。单元格名字最多可包含 255 个字符,可以包含大小写字符,但是名称中不能有空格,且不能与单元格引用相同,即不可以取类似 A2、B12 名字。对于有名字的单元格可以用它的名字来访问,也可以用它的地址来引用它。

4.2.2　工作簿的操作

1. 建立工作簿

启动一个 Excel 2010 后系统会自动打开一个名为“工作簿 1”的空白工作簿。光标自动定位在第一张工作表的第一个单元格位置,等待用户输入数据。如果需要,用户也可以创建新的工作簿,方法如下:

(1) 单击快速访问工具栏上的新建按钮或按“Ctrl” + “N”组合键。

(2) 单击文件选项卡中的新建命令打开“新建任务窗格”,然后根据需要可以建立空的工作簿,利用现有模板或者 Office. com 模板创建新的工作簿,如图 4. 11 所示。新建的工作簿名依次默认为工作簿1、工作簿2……以后在保存时,可以根据需要更改文件名。

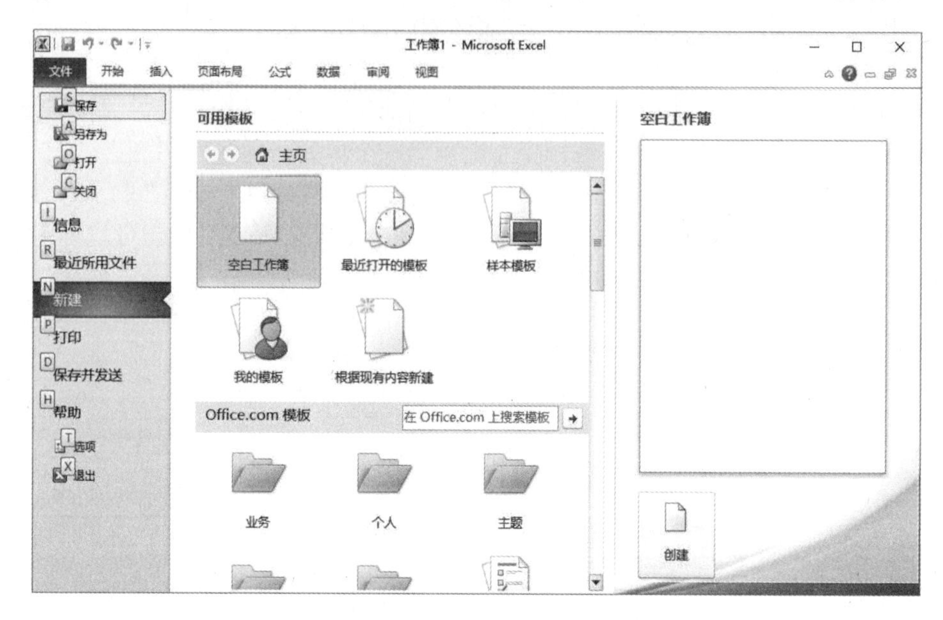

图4.11　新建工作簿

2. 打开已存在的工作簿

对于已经存在的工作簿文件,可以用以下方式打开:

(1)在文件选项卡中选择打开命令,或按"Ctrl"+"O"组合键;

(2)单击快速访问工具栏中的打开按钮;

(3)在文件选项卡中选择"最近使用文件"命令,在出现的列表中查找选择最近使用过的文件,双击即可打开。

3. 保存工作簿

保存工作簿是指将Excel 2010窗口中的工作簿文件保存在磁盘中,可分为四种方式:保存文件、按原名文件保存、换名保存和保存工作区。

(1)保存文件

保存新建文件时可以使用文件选项卡中的保存命令和另存为命令或按下"F12"功能键,也可以单击快速访问工具栏上的"保存"按钮,或按下"Ctrl"+"S"组合键进行保存。在第一次保存的时候系统总是打开另存为对话框,让用户选择文件保存的路径、文件类型和文件名称。

(2)保存工作区

有时我们会同时打开多个工作簿进行操作,但往往由于时间关系,不能及时完成手头工作。如果以后要继续对这些工作簿进行操作,此时可以把打开的所有工作簿保存为一个工作区文件*.xlw。这样,下次我们打开工作文件时就打开了上次所使用的工作簿和当时所操作的环境,从而避免了一个一个打开的麻烦,同时回到上次操作状态。所谓工作区,实际上就是一个用来编辑作业的操作环境。保存为工作区的方法是:打开"视图"选项卡,单击"窗口"组中的"保存工作区"按钮,如图4.12所示。打开保存工作区对话框。选择文件保存的路径,给出工作区文件的名称,单击保存按钮即可保存。打开工作区文件的操作方法与打开一个工作簿文件的方法一样。

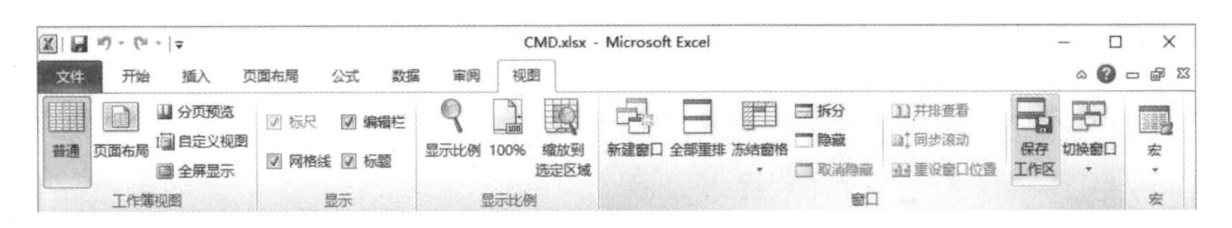

图 4.12　保存工作区

(3)关闭工作簿

如果工作簿不再需要进行修改可以将其关闭,此时放弃所占内存空间。关闭工作簿的方法是,单击“文件”按钮,选择关闭命令或按下“Ctrl” + “W”组合键,则关闭当前的工作簿文件。工作簿将消失,但不退出 Excel 2010 系统,用户还可以继续编辑和打开其他文件,也可以新建一个工作簿文件。

(4)自动保存工作簿

在用户编辑 Excel 2010 表格的过程中可能由于断电、系统不稳定、操作失误、Excel 程序崩溃等还没来得及保存文档,Excel 2010 就意外关闭了。Excel 2010 自动保存功能,就能很好地解决这个问题,这样用户就不用担心因上述原因而造成的编辑过程中的一个失误导致表格消失问题,具体操作步骤如下:

①打开工作簿文件,单击“文件”按钮,在弹出的下拉菜单中选择选项命令,如图 4.13 所示。

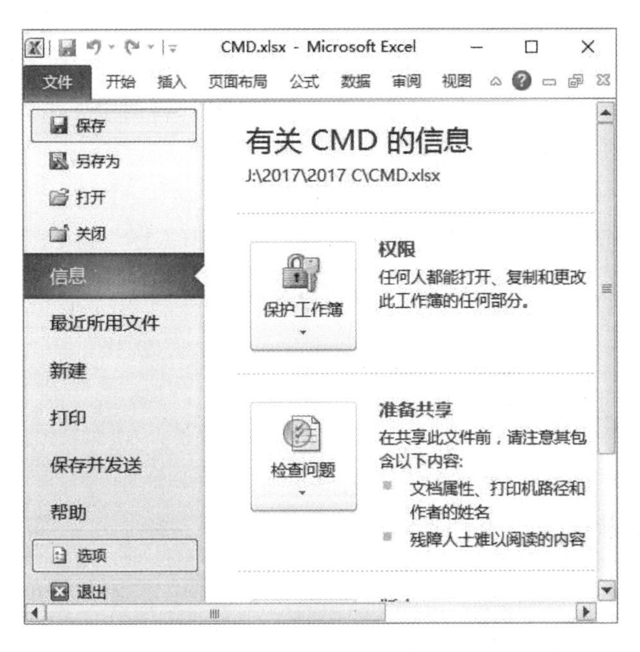

图 4.13　选择选项命令

②在弹出的“选项”对话框中选择“保存”选项卡。在保存工作簿区域中勾选 “如果我没保存就关闭,请保存上次自动保留的版本”复选框,在自动恢复文件位置的文本框中输入

文件要保存的位置。保存自动恢复信息时间间隔的复选框是默认勾选的,用户可以对信息保存的时间间隔进行设置。默认的时间是 10 min,如图 4.14 所示。

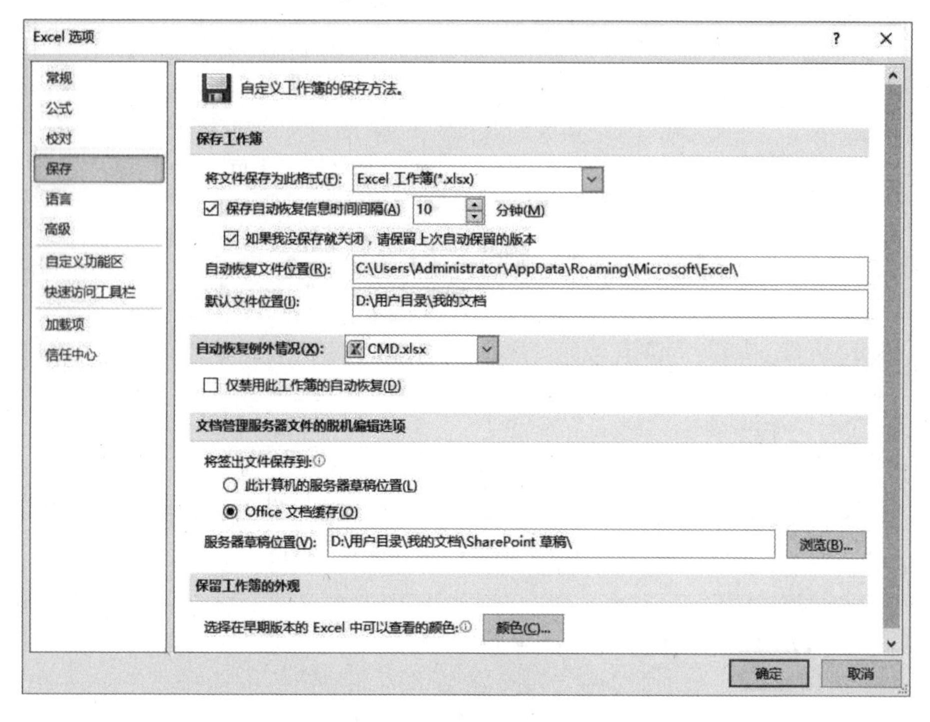

图 4.14　自动保存的设置

③单击“确定”按钮退出当前对话框。自动保存功能已完成设置并开启。

④在工作簿的编辑过程中, Excel 2010 会根据设置时间间隔自动保存当前工作簿的副本。

4. 保护工作簿

可以为工作簿设置密码以保护工作簿不被非法使用。保护工作簿采用密码的方式步骤如下:

(1)单击文件选项卡中的“另存为”命令,这时打开“另存为”对话框。

(2)单击对话框下方的工具按钮,在弹出的命令列表中执行常规选项命令,弹出如图 4.15 所示的“常规选项”对话框。在“打开权限密码”和“修改权限密码”框中输入所需密码。密码显示为几个连续的“ * ”,如果勾选生成备份文件复选框则可生成一个备份文件,最后单击“确定”按钮完成对工作簿文件的保护。

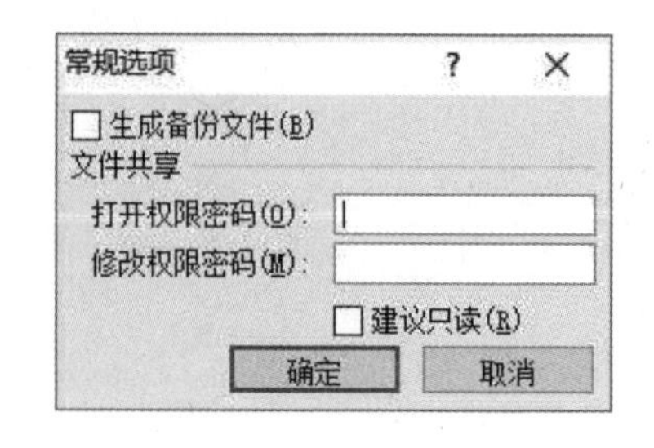

图 4.15　常规选项对话框

5. 数据输入

Excel 2010 启动之后,光标自动定位在第一个工作表的第一个 A1 单元格。单元格周围有黑色框,成为活动单元格,也称为当前单元格。

(1)单元格的选择

单击某单元格,光标就会移到这个单元格,使其变成活动单元格;此外,也可以使用键盘的方向键上、下、左、右来选择活动单元格。

(2)输入数据

选定活动单元格号就可以在单元格内输入数据。单元格内可以输入字符型、数值型、日期与时间型和逻辑型等多种类型的数据,也可以在单元格中输入批注信息及公式或者函数。

①输入字符

字符型数据是指由首字符为下画线、字母、汉字或其他符号组成的字符串。输入到单元格中以后,默认对齐方式为左对齐。

如果输入的字符数超过了该单元格宽度,仍可继续输入,表面上它会覆盖右侧单元格中的数据,而实际上仍属于本单元格内容。显示时,如果右侧单元格为空,当前输入的数据照原样显示,否则显示右侧单元格的内容。确认单元格输入的数据可以按输入键或单击其他单元格。

如果需要把一组数字当作字符型数据,例如电话号、身份证号,可在输入的数字前面加“'”或者“ = ”。输入后,前面添加的或者“ = ”,将会自动消失。

单元格内输入的内容需要分段时按“Alt” +“Enter”组合键。如果要在同一单元格中显示多行文本,请单击“开始”选项卡上“对齐方式”组中的“自动换行”按钮。

②输入数值

数值型数据是指像 123, - 456,7. 21E - 6 等表示数值的数据。在输入负数时,就可以用波浪线和圆括号开始,如 ~9 ,(9)。纯小数可以省略小数前面的 0,比如“0. 8”,可以输入“. 8”;也可以输入千分符,比如 “12,345”。在数值的尾部可以加入百分比符号,数值的前面也可以加入货币符号。

输入分数数值的时候要注意。一个纯分数输入时必须先以“0”开头,然后是空格键,再输入分数,比如“0 1/2”。否则,如果直接输入分数,系统会把它解释成时间与日期型数据。带分数输入时先输入整数,按下空格,然后再输入分数。

数值型数据在单元格中默认是右对齐的。

③输入日期与时间

输入日期的格式可以用 “/” 或者“ - ”分割,如年/月/日,或者月/日。输入时间的格式可以用冒号分割,如时:分:秒。

按下“Ctrl” +“ ;”组合键或按下“Ctrl” +“Shift” +“ ;”组合键,取当前系统日期和时间输入。输入的日期和时间,默认右对齐。

④输入逻辑值

可以直接输入逻辑值 True 和 False。一般是在单元格中进行数据之间的比较运算时,Excel 判断后自动产生的结果,居中显示。

⑤数据的取消输入

在数据的输入过程中,如果取消输入可按“ESC”键或单击编辑栏左侧的“取消”按钮。

4. 2. 3 快速输入数据

向工作表中输入数据,除了前面已经介绍的数据输入方法外,Excel 还提供了以下几种快速输入数据的方法。

1. 在连续区域内输入数据

选中要输入数据的区域,在每个单元格输入完后按“Tab”键或“Enter”键,光标会自动转到下一行或者下一列。

2. 输入相同单元格内容

按下“Ctrl”键不放,选择要输入相同数据内容的单元格,输入数据并按下“Ctrl” + “Enter”键,则刚才所选的单元格都将被填充同样的数据。

3. 自动填充

Excel 设置的自动填充功能。利用鼠标拖动填充柄和定义有序序列,用户可以方便的输入一些有规律的序列值,如 1,2,3。

选定填充数据的起始单元格,输入序列的初始值,如 1。如果要让序列按指定的步长值增长,再选定下一单元格,在其中输入第二个数值,如 3。然后选定这两个单元格,并移动鼠标指针到选定区域的右下角附近,这时指针变为黑十字填充柄,然后拖动填充柄至所需单元格,如图 4.16 所示。

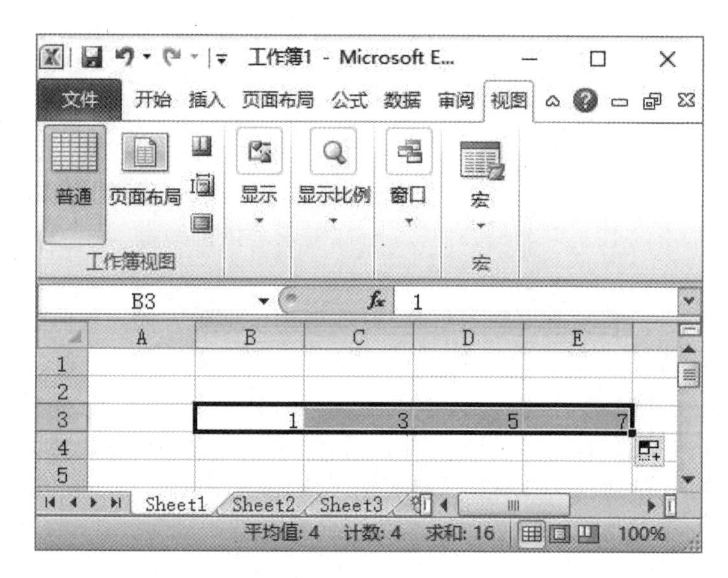

图 4.16　自动填充

自动填充完成后,观察工作区界面会发现,在自动填充最后一个单元格的右下角,出现一个自动填充选项图标。单击该图标,弹出自动填充选项列表框,用户可决定自动填充的选项。在拖动鼠标的同时,若按住“Ctrl”键,则将选定的这两个单元格的内容重复复制填充到后续单元格中。如果没有第二个单元格数据,则在拖动时将第一个单元格的数据重复填充,按住“Ctrl”键进行拖动将自动增减 1;也可以用鼠标右键拖动填充柄在出现的快捷菜单中选择“以序列方式填充”。

4. 使用填充命令输入数据

可以使用菜单命令进行自动填充,步骤如下:

(1)在序列中第一个单元格输入数据,如 4。

(2)选定序列所使用的单元格区域,如图 4.17 所示。

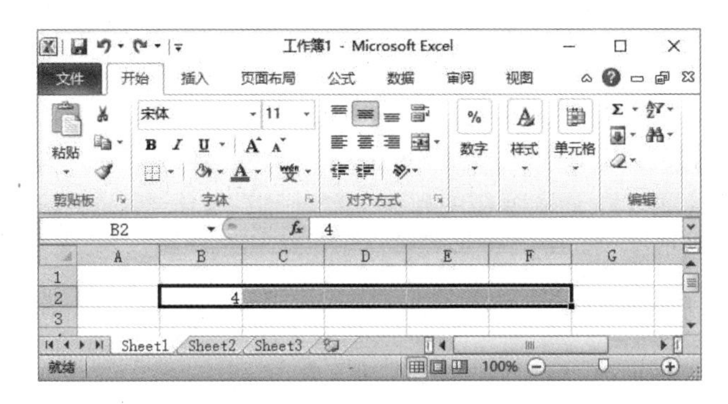

图 4.17　选定序列的单元格区域

(3)打开开始选项卡,单击编辑组中的“填充”按钮,在弹出的选项列表框中单击“序列”命令,打开如图 4.18 所示的序列对话框。

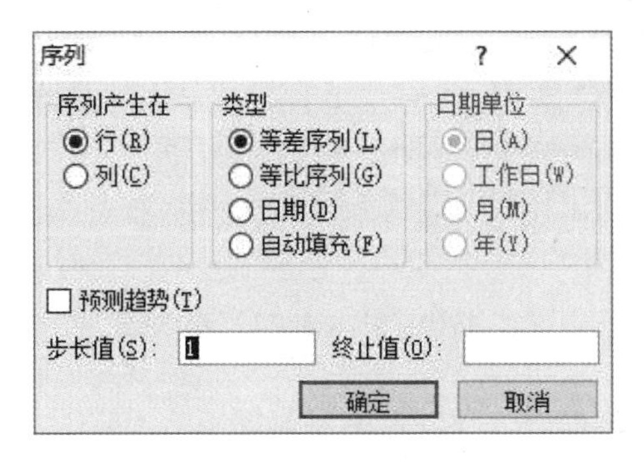

图 4.18　序列对话框

(4)在该对话框中选择“行”和“等差序列”两个选项。

(5)单击“确定”按钮,结果如图 4.19 所示。

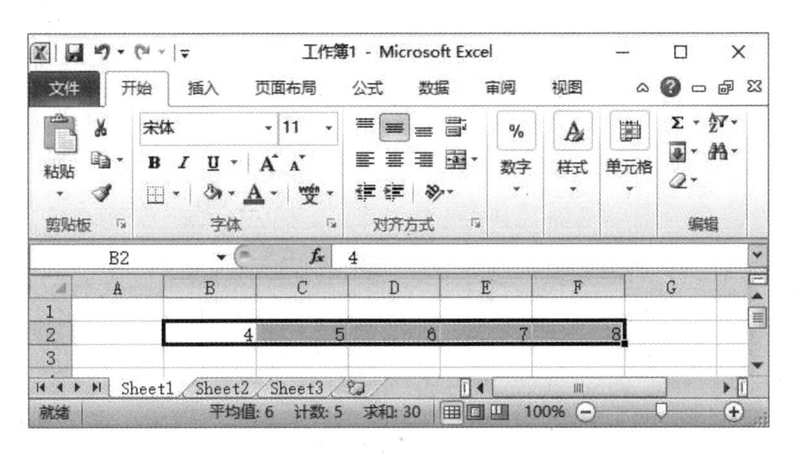

图 4.19　自动产生的序列

在填充命令列表中,如果选择了向上、向下、向左或向右,则把选定区域第一个单元格的数据复制到选定的其他单元格中。这样的结果可以当作单元格内容的复制。

5. 自定义序列

如果提供的序列不能满足需要,这时可以利用 Excel 2010 提供的自定义序列功能来建立所需要的序列。其步骤如下:

(1)单击“文件”按钮,在“选项”命令弹出的“Excel 选项”对话框(图 4.20)中,单击左侧窗格中的“高级”选项。在右侧窗格中找到“常规”组,单击“创建用于排序和填充序列的列表”处右侧的“编辑自定义列表”按钮,打开“自定义序列”对话框。

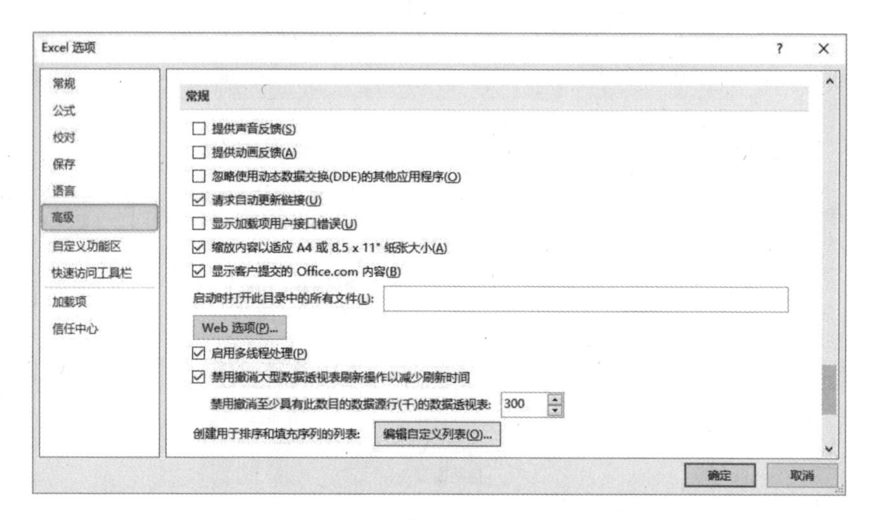

图 4.20 “Excel 选项”对话框

(2)在“输入序列”列表框中分别输入序列的每一项。单击“添加”按钮,将所定义的序列添加到“自定义序列”列表中。或者单击从单元格中导入序列,将它填入自定义序列列表中,如图 4.21 所示。

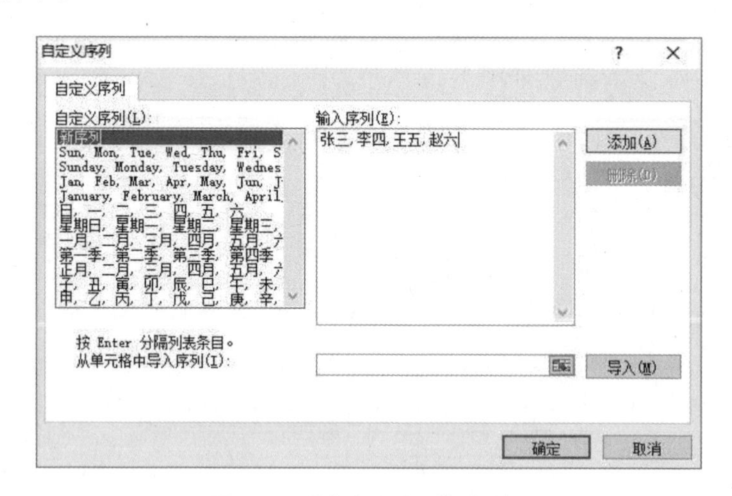

图 4.21 “自定义序列”对话框

(3)单击“确定”按钮。利用上述方法定义好自定义序列后,就可以利用填充柄和填充命令使用它了。如果用户在某单元格输入“张三”后,拖动填充柄可生成序列张三、李四、王五、赵六。

4.2.4　工作表操作

1. 单元格列与行的选择

选择单个单元格:单个单元格的选择就是激活该单元格,此时名称框显示该单元格的名称或地址。如图 4.22 所示。

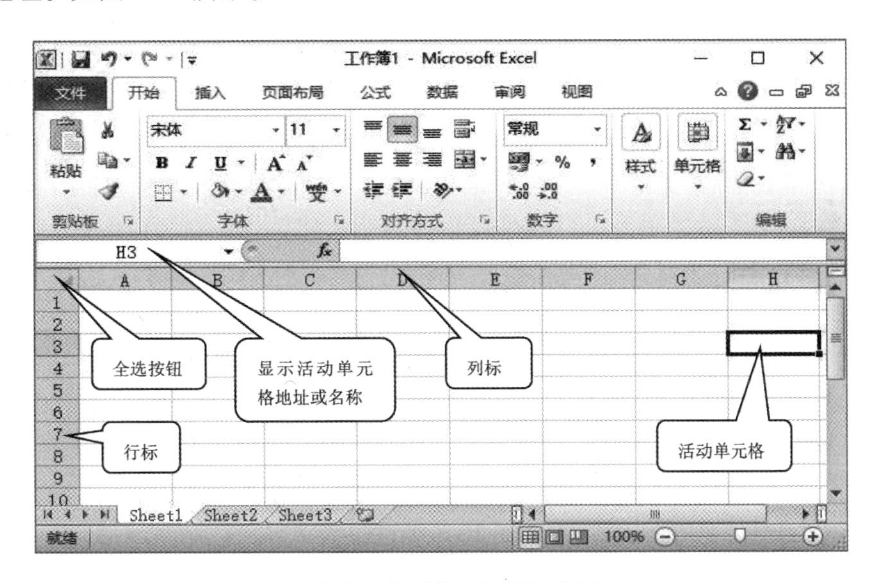

图 4.22　单元格列与行的选择

行和列的选择:对于行列的选择,只需单击行标头和列标头。如果选择连续的行或列,只需按下鼠标左键的同时,拖动行标头和列标头。

选择连续的列:选择一列,然后按"Shift"键,再单击其他列标头,即可选择连续的多列。如果按下"Ctrl"键,则可以选择不连续的多列。一行或多行的选择与列的选择方法一样。

2. 选择单元格区域

选择连续单元格区域时,可以按着鼠标左键拖动即可。或者单击区域的左上角单元格,在按"Shift"键的同时,再单击所选区域右下角的单元格,即可选择连续区域。此时名称框显示该区域左上角单元格的名称。选择不连续单元格区域时,可以结合"Ctrl"键,方法与上类似,不再赘述。

3. 选择整个工作表

单击工作表左上角行列交叉处的全选按钮,见图 4.22。或者按下"Ctrl" + "A"组合键。可以选中整个工作表。若要取消对单元格、单元格区域和整个工作表的选择。只需单击任意其他单元格。

4. 单元格内容编辑

活动单元格的内容可以删除或者修改。也可以直接输入新内容。删除内容时,选中单元格,按"Delete"键即可清除内容。

5. 移动与复制单元格

可以有以下几种方法,实现移动与复制单元格:

(1)用鼠标拖动:选定待移动内容的单元格或单元格区域。将鼠标指针指向选定区的边框上。此时鼠标指针变成十字向外双向箭头。直接拖动到目标位置放开左键,完成单元格移动。要实现复制,按着“Ctrl”键的同时拖放到目标位置,再放开左键。

(2)用菜单命令:选定待移动内容的单元格或单元格区域。单击编辑菜单中的剪切菜单命令和复制菜单命令。或在选定区上右击,在打开的快捷菜单中,单击剪切菜单命令或复制菜单命令。然后用鼠标单击目标位置。单击编辑菜单中的粘贴菜单命令。或者目的位置右击,在打开的快捷菜单中,单击粘贴菜单命令。

(3)用快捷键或常用工具栏实现:移动使用“Ctrl” +“x”组合键,复制使用“Ctrl” +“c”组合键。或者单击常用工具栏的剪切按钮和复制按钮,然后单击目标位置。或者单击常用工具栏的剪切按钮或复制按钮。然后单击目标位置,按快捷键“Ctrl” +“v”。或单击常用工具栏的粘贴按钮。

6. 选择性粘贴

Excel 2010 中一般的移动与复制,会将所选单元格区域中的内容格式,公式等全部进行移动和复制。有时我们想复制选择区域中的内容或者格式中的某一项,这时要使用选择性粘贴。步骤如下:

(1)选定要复制的区域;

(2)按快捷键“Ctrl” +“c”;

(3)单击目标位置;

(4)单击 “编辑”“选择性粘贴”菜单命令,或右击选择“选择性粘贴”,打开选择性粘贴对话框,选择相应的选项,单击确定按钮,如图 4.23 所示。

7. 行、列或单元格的插入和删除

(1)插入行

如果要插入一行,选定要插入位置的行或者单击其中任意单元格,要插入多行选定要插入新行下面的多行。

单击“开始”选项卡“单元格”组中的“插入”按钮,选择下拉列表中的“插入工作表行”菜单项,如图 4.24 所示。或在选定区上右击,在打开的快捷菜单中,单击“插入”都将在选定行的上方插入相同数目的行。

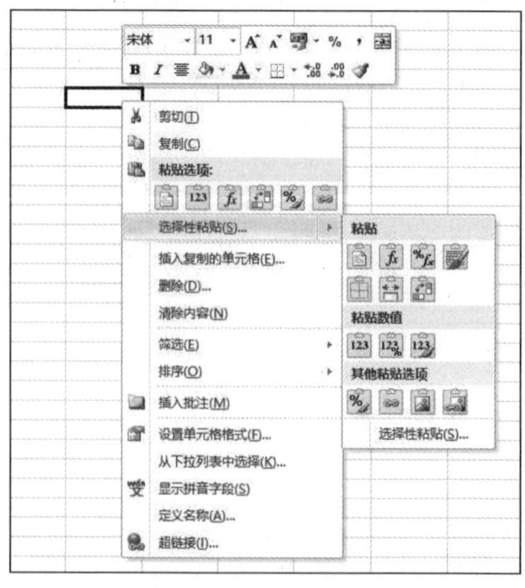

图 4.23 选择性粘贴

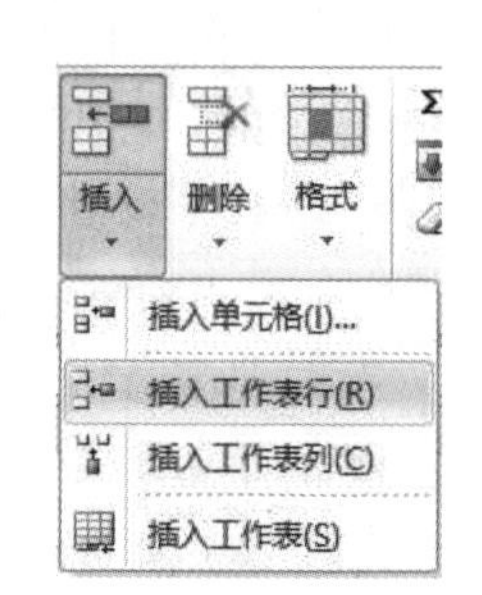

图 4.24 插入工作表行

(2)插入列

插入列的操作类似于插入行,不再赘述。

(3)插入单元格

选定要插入单元格的区域。选择“开始”“单元格”“插入”“插入单元格”菜单项。或在选定区域上右击,在打开的快捷菜单中,单击插入,打开如图 4.25 所示的插入单元格对话框。然后根据需要选择相应的选项,单击确定按钮。

(4)删除单元格

选择要删除的单元格或单元格区域。选择开始,单元格删除,删除单元格菜单项,或者右击选定区,在打开的快捷菜单中,单击删除,都可以打开如图 4.26 所示的删除单元格对话框,选择相应的选项,单击确定按钮。

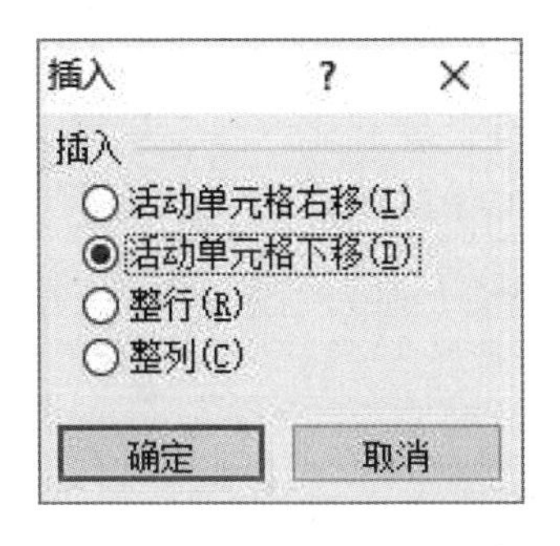

图 4.25　插入单元格对话框

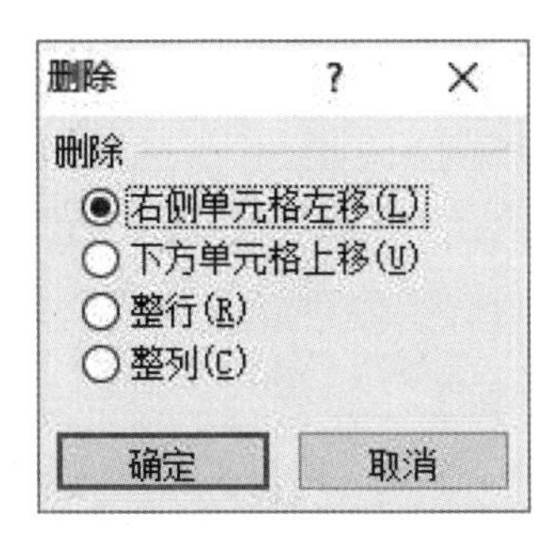

图 4.26　删除单元格对话框

(5)删除行

选定待删除的一行或多行,右击,在打开的快捷菜单中选择删除。

(6)删除列

选定在删除的一列和多列,右击,在打开的快捷菜单中选择删除。

4.3　公式和函数

4.3.1　公式

1. 建立和输入公式

对数据表中的数据进行分析处理的时候需要根据公式进行计算,单元格中存放公式计算的结果。如果是活动单元格,编辑栏中会显示相应的公式。

(1)输入公式

可以直接在单元格内输入公式,也可以在编辑栏输入公式。注意,输入公式以“=”或者“+”或者“-”开头。公式包含运算对象和运算符。运算对象可以是具体数据、单元格地址或者区域与函数等。运算符可以是算术运算符、文本链接运算符和比较运算符。要注意的是,运算符必须是在西文输入法状态下输入。

(2)编辑修改公式

公式的编辑修改和输入数据的编辑修改方式一样,在此不再赘述。

2. 运算符

Excel 2010 中的运算符,包括算术运算符文本链接运算符和比较运算符,如表 4.1 所示。

表 4.1　Excel 2010 运算符

运算符		含义	优先级
算术运算符	( )	括号	1
	-	取负号	2
	%	百分号	3
	^	乘方	4
	* /	乘和除	5
	+ -	加和减	6
文本链接	&	文本链接	7
比较运算符	=	等于	8
	<	小于	
	>	大于	
	<=	小于等于	
	>=	大于等于	
	< >	不等于	

(1)算术运算符

用于完成数学运算。

(2)文本链接运算符

用于连接两个字符串。其运算符只有一个"&"。如果 B3 单元格的内容是"中国",D4 单元格的内容是"人",则公式" = B3&D4"的结果是"中国人",如图 4.27 所示。

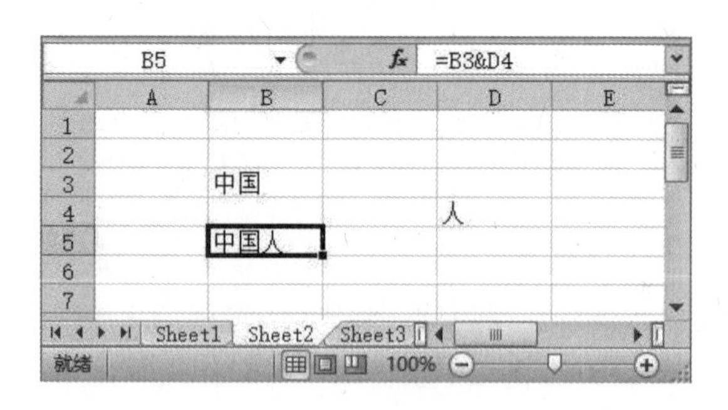

图 4.27　文本链接运算

(3)比较运算符

用于比较两个数的大小,结果为逻辑值真(TRUE)或假(FALSE)。

3. 复制公式

当工作表中使用很多相同的计算公式时,不必逐个输入。只需要输入第一个公式。其余的公式可以拖动此单元格的填充柄到其他单元格既可。例如,如果我们在 E3 单元格输入公式“ = B3 + C3 + D3”，就可以拖动 E3 单元格的填充柄到 F4 和 F5 单元格，则 E4 单元格的公式自动变为“ = B4 + C4 + D4”。如图 4.28 所示。

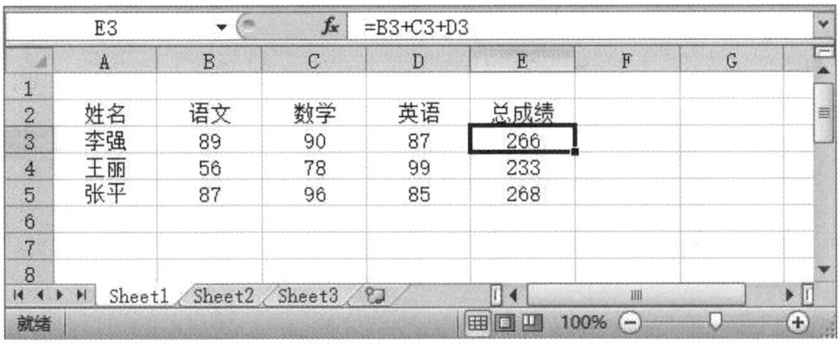

E3　f_x　=B3+C3+D3

	A	B	C	D	E	F	G
1							
2	姓名	语文	数学	英语	总成绩		
3	李强	89	90	87	266		
4	王丽	56	78	99	233		
5	张平	87	96	85	268		
6							
7							
8							

Sheet1　Sheet2　Sheet3

就绪　100%

图 4.28　复制公式

注意在刚才的复制过程中，单元格的地址表示方式称为相对引用。如果单元格地址 B3 表示为“ $B $3”，这种方式称为绝对引用。如果在 E3 单元格输入公式“ = $B $3 + C3 + D3”。那么此时复制的 E4 单元格的公式自动变为“ = $B $3 + C4 + D4”。也就是说，复制公式时，相对引用的单元格地址会发生相应的变化，绝对引用的单元格地址不会变。Excel 2010 也支持单元格地址混合引用。比如说行号采用相对引用，列号采用绝对引用，或者相反。

4.3.2　函数

函数是 Excel 2010 为我们提供的一些常用的数学、财务统计等学科的公式程序，我们只要会用即可。这些函数包括财务、日期与时间、数学与三角函数、统计、查找与引用、数据库、文本逻辑等。

函数的形式为：函数名（参数 1，参数 2，…）

其中参数可以是常量、单元格、单元格区域、公式或者其他函数。

1. 输入函数

可以在单元格里直接输入函数或者用插入函数对话框输入。

（1）直接输入函数

直接输入函数和输入公式的方法一样。例如：“ = SUM（C3，D3）”.

（2）用插入函数对话框输入

选中欲插入函数的单元格，单击编辑栏左侧的插入函数按钮。或者单击“公式”“插入函数”按钮，打开如图 4.29 所示的插入函数对话框。按照提示选择函数，给出相应的参数。

2. 常用函数

（1）sum 函数

该函数返回某一单元格区域中所有数字之和。格式为 sum（number1，number2，…）

其中 number1，number2，… 为 1 ~ 255 个需要求和的参数。例如，公式“ = B3 + C3 + D3”，可以表示为：sum（B3：D3）

（2）sumif 函数

该函数对，满足条件的单元格求和。格式为 sumif（range，criteria，sum_range，…）

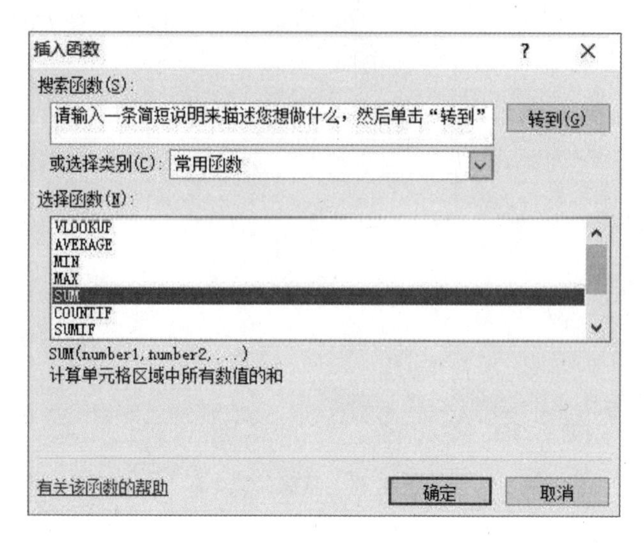

图 4.29　插入函数对话框

Range:表示被判断是否满足条件的单元格区域;Criteria:表示确定求和的条件;sum_range:表示需求和的单元格。如图 4.30 所示,D4 单元格函数为 = SUMIF(A1:D1,"＞2",A2:D2)。

D4　=SUMIF(A1:D1,">2",A2:D2)

	A	B	C	D	E	F
1	1	2	3	4		
2	5	6	7	8		
3						
4				15		
5						
6						

Sheet1　Sheet2　Sheet3　就绪　100%

图 4.30　Sumif 函数示例

(3)max/min 函数

找出最大值,或者最小值。函数格式为:max(number1, number2,…)。

(4)round 函数

将某数字按指定位数舍入。函数格式为:round(number, num_digits)。

Number:需要进行舍入的数字, num_digits:指定舍入的位数。如果大于零,则舍入到指定的小数位。等于零,则舍入到最接近的整数。如果小于零,在小数点左侧进行舍入。例如,round(3.67, 1)等于 3.7;round(－2.356,2) 等于－2.36;round(33.6,－1)等于 30。

(5)count 函数

该函数统计包含数字型数据的单元格个数。

(6)countif 函数

该函数统计给定区域内,满足条件的单元格数目。函数格式为 countif(range,criteria) range:要计算的单元格区域。Criteria:表示条件。例如,如果 A1:A4 中的内容,分别为 1,2,3,4。那么,countif(A1:A4,"＞2")值是 2。

(7)average 函数

该函数计算给定参数的算术平均值。函数格式为:average(number1, number2,…)。

(8)if 函数

该函数格式为: if(logical_test,, value_if_true ,value_if_false)。例如,if(B6 > =60,“及格”“不及格”), 如果 B6 单元格保存学生的成绩, 则该函数根据学生的成绩,给出 “及格”或者“不及格”的结果。该函数可以用嵌套来表示复杂的判断,最多可以有七层嵌套。如果 G2 单元格保存学生的成绩,学生成绩可以分为 A、B、C、D、E 五类。此时 if 函数可以写成如下形式:

IF(G2 >89.5,"A",IF(G2 >79.5," B",IF(G2 >69.5," C",IF(G2 >59.5,"D","E")))),如图 4.31 所示

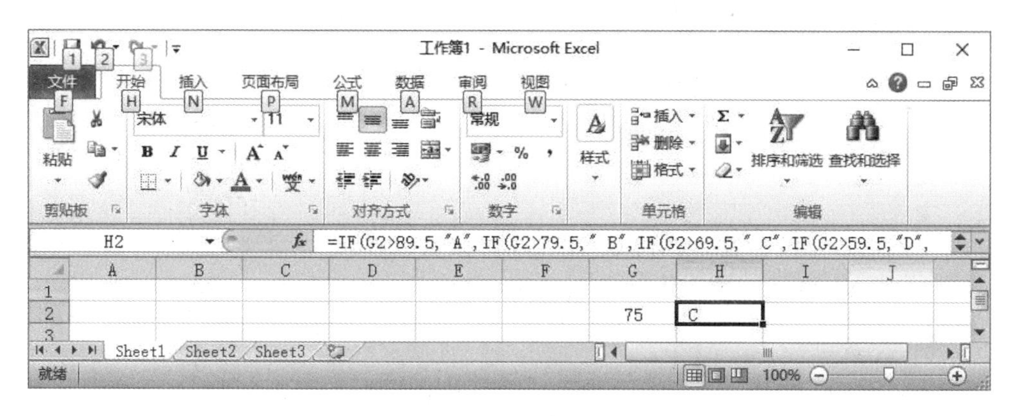

图 4.31 if 函数示例

(9)Vlookup 函数

该函数在指定单元格区域的第一列查找符合条件的数据, 并返回指定列对应的行数据。函数格式为: Vlookup(lookup_value, table_arraay, col_index_num, [range_lookup]),

lookup_value: 要在区域中的第一列搜索的值。

table_arraay:包含数据的单元格区域。

col_index_num: table_arraay 参数中必须返回的匹配值的列号。

range_lookup:表示一个逻辑值,该项可选。默认为 TRUE,表示精确查找。

例如,如图 4.32 所示,表 S2 里面保存学生的讨论的成绩。如果想把某学生的讨论成绩,添加到表 S1 里面去。注意成绩应该与相应的学号相对应。那么在表 S1 的 K2 单元格,就应输入下面的函数“ =VLOOKUP(A2,'S2'! $A $2: $C $250,3,0)”。其中:

C1 讨论

	A	B	C
1	学号		讨论
2	2015040101	100	6
3	2015040103	100	6
4	2015040107	100	6
5	2015040109	100	6
6	2015040110	100	6
7	2015040112	100	6
8	2015040113	100	6

图 4.32 表 S2 里面保存学生的讨论的成绩

A2:表示在区域里面的第一列搜索的值,这里是个学号“20150401”。

'S2'! $A $2: $C $250:工作表 S2 里面的区域。

3:表示在区域里搜索到匹配的值后取对应第 3 列的值。

0:表示近似匹配。

然后,把此单元格的函数复制到 k 列的其他单元格即可。结果如图 4.33 所示。注意,k3 单元格的值是“#N/A”,表示没有匹配到值。

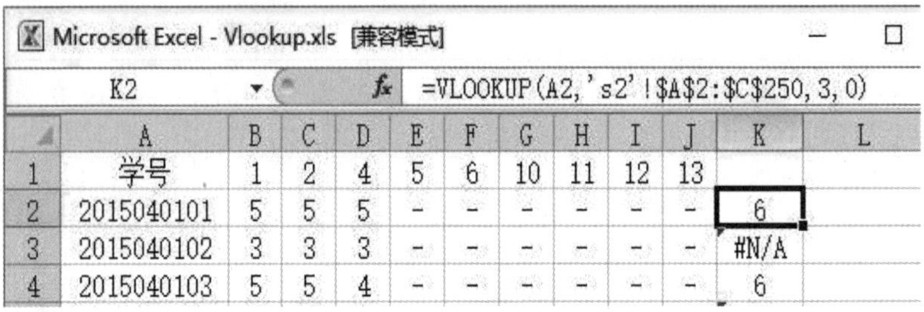

Microsoft Excel - Vlookup.xls [兼容模式]

K2 =VLOOKUP(A2,'s2'!$A$2:$C$250,3,0)

	A	B	C	D	E	F	G	H	I	J	K	L
1	学号	1	2	4	5	6	10	11	12	13		
2	2015040101	5	5	5	-	-	-	-	-	-	6	
3	2015040102	3	3	3	-	-	-	-	-	-	#N/A	
4	2015040103	5	5	4	-	-	-	-	-	-	6	

图 4.33 表 S1 学生的成绩

第 5 章　图表及数据管理

5.1　图　　表

Excel 2010 提供的图表能够把抽象的数字,和他们的变化规律以及发展趋势,用图表直观,而形象地展示出来。而且当工作表中的数据源发生变化时,该数据源在图表中对应的图形也会相应地自动更新。

5.1.1　图表概述

1. 图表类型

Excel 2010 提供的 11 种标准的图表类型。每种图表类型,又包含了若干个子类型。既有二维平面图表,也有三维立体图表。在"插入"选项卡的"图表"组,可以选择如下的图表类型。

(1)柱形图:人们常说的直方图,表示不同项目之间的比较结果,也可以用来对比数据在一段时间内的变化情况,如图 5. 1 所示。

(2)折线图:强调数据的发展趋势,折线图表示数据随时间而产生的变化情况,如图 5. 2 所示。

(3)饼图:强调总体与部分的关系。强调各组成部分在总体中所占的百分比,如图 5. 3 所示。

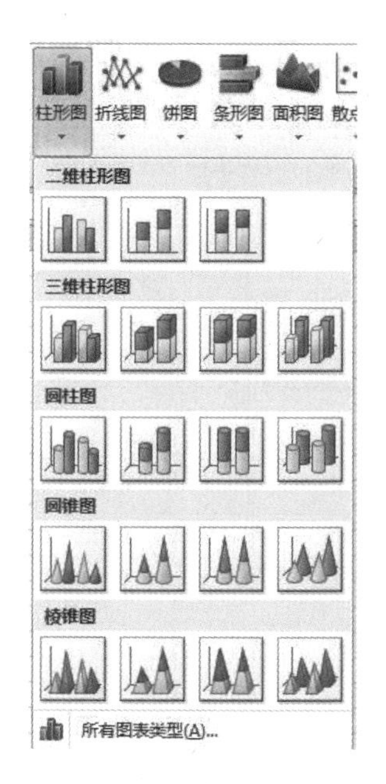

图 5.1　柱形图

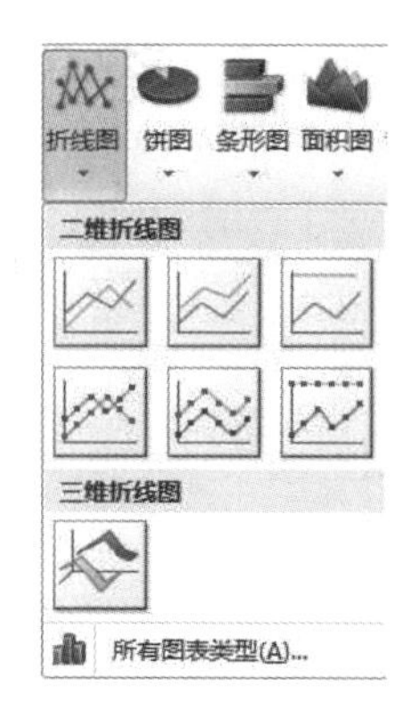

图 5.2　折线图

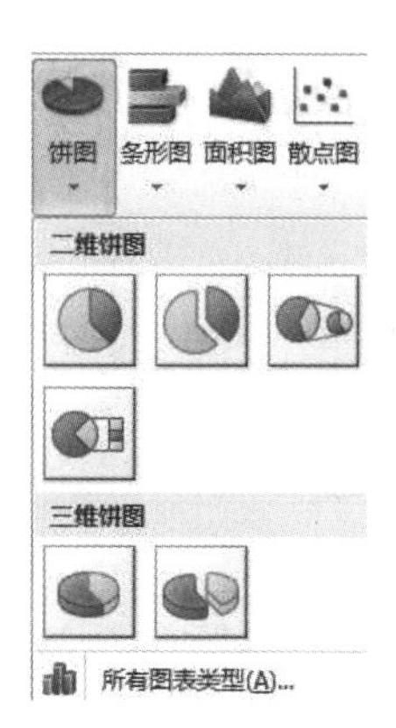

图 5.3　饼图

(4)条形图:显示各个项目之间的比较情况,纵轴表示分类横轴表示值。它主要强调各数据值之间的比较,并不太关心时间的变化情况,如图5.4所示。

(5)面积图:显示不同数据系列之间的对比关系,同时也显示各数据系列与整体的比例关系。尤其强调随时间的变化幅度,如图5.5所示。

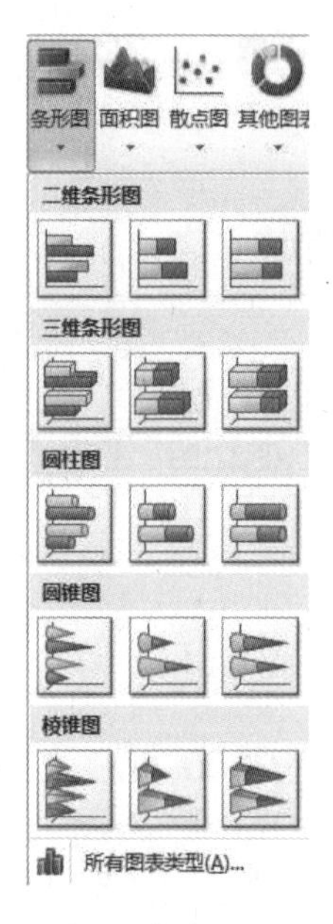

图5.4　条形图

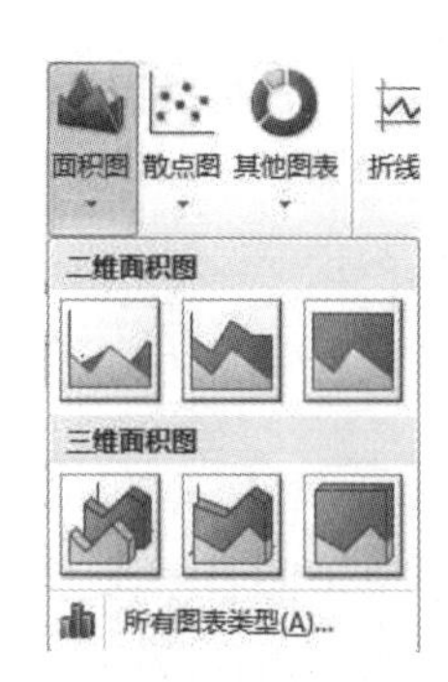

图5.5　面积图

根据图表与工作表之间的关系可以将图表分为嵌入图表和独立图表两类。嵌入图表插入到数据所在的工作表中。而独立图表单独存放在新工作表中。

2. 图表组成

(1)Excel 2010 中图表主要由图表区域及区域中的图表对象组成。图表由标题、图例、垂直轴、水平轴和数据系列等对象组成,如图5.6所示。

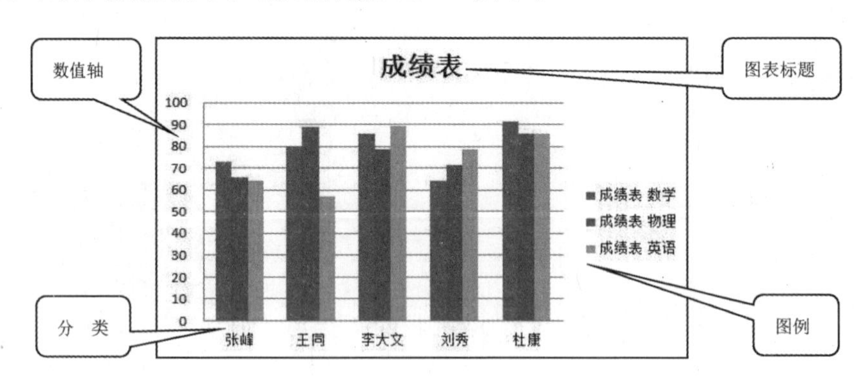

图5.6　图表

(2)图表标题:图表内容的说明文本。

(3)垂直轴:一般指图表的 Y 轴,用于表示数据值的大小,也称数值轴。

(4)水平轴:一般指图表的 X 轴,用于表示分类,也称分类轴。

图例：用于指明不同颜色的图形所代表的数据系列。

5.1.2　创建图表

使用 Excel 2010 创建图表，首先要在工作表中输入该图表的数据，只需选择该数据，并在选项区中选择要使用的图表类型即可。

选定的数据区域可以是连续的也可以是不连续的；若选定的区域不连续，第二个区域应和第一个区域所在的行或者所在的列具有相同的矩形。

例如，要创建关于学生数学和英语成绩的图表。首先要选中 A2：B7 和 D2：D7 这两个矩形区域（按住“Ctrl”键），如图 5.7 所示。再单击“插入”选项卡，选择“柱形图”“二维柱形图”，就会生成如图 5.8 所示的图表。

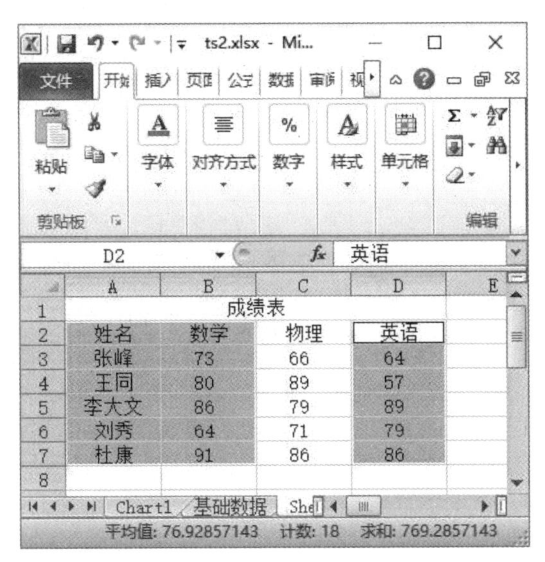

图 5.7　学生成绩表格区域的选择

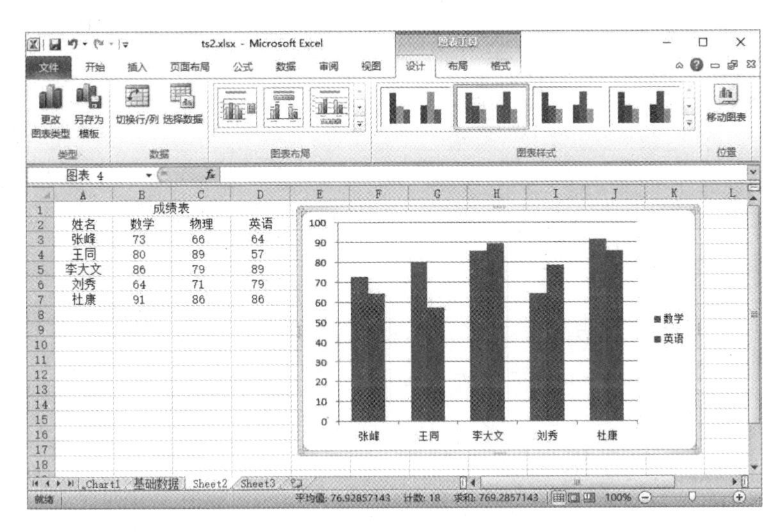

图 5.8　生成图表示例

5.1.3 图表设计

在工作表中创建图表并选定图表后，功能区会增加图表工具功能组，它包括三个选项卡“设计”“布局”“格式”。通过这三个选项卡可以对图表进行各种设置，编辑与美化操作。

1. 添加或修改图表坐标标题

(1)单击选中图表，选择“图表工具”“布局”选项卡“标签”组的“图表标题”命令，在弹出的下拉菜单中选择放置标题的方式为“图表上方”结合在图表中显示“图表标题”文本框。在此可以设置图表的标题，例如设置图表标题为“成绩表”。或者在“图表工具”中的“设计”选项卡里面的“图表布局”组中直接选择相应的布局进行设置。

(2)添加或修改坐标轴标题

单击选中图表，选择“图表工具”“布局”选项卡“标签”组的“坐标轴标题”命令，在弹出的下拉菜单中选择“主要横坐标轴标题”或者“主要纵坐标轴标题”命令，可以设置图表的坐标轴标题。例如设置“主要纵坐标轴标题”为“分数”，设置“主要横坐标轴标题”为“学生”，只要最终设计的图表如图 5.9 所示。

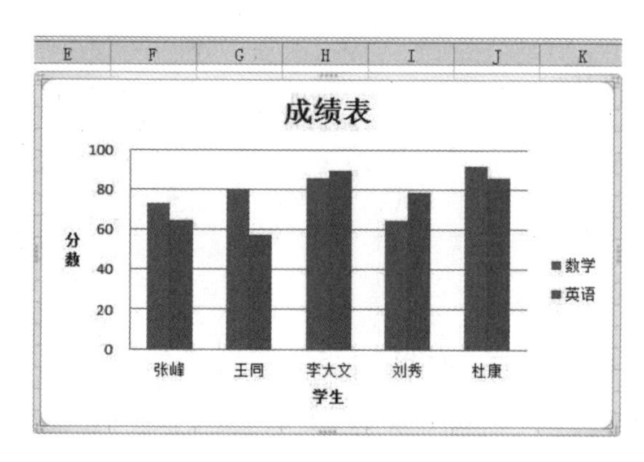

图 5.9 成绩表的图表

2. 显示或隐藏图例

Excel 2010 默认在创建图表时会显示图例。在图表创建完毕后隐藏图例或者更改图例位置的方法：单击选中图表，选择“图表工具”“布局”“图例”命令，设置所需选项即可。

3. 添加数据标签

单击选中图表，选择“图表工具”“布局”“数据标签”“数据标签内”命令，即可在柱形图的顶端显示对应的数据具体数值。

4. 图表布局

图表布局设置图表中对象的显示与分布方式。图表布局的调整方式如下：单击选中图表，选择“图表工具”“设计”下面的“图表布局”组选择希望的图表布局。

5. 图表样式

Excel 2010 提供了 48 种预定义图表样式。用户可为自己的图表选择自己喜欢的样式。设置样式的方法：单击选中图表，选择“图表工具”“设计”下面的“图表样式”组选择希望的图表样式，如图 5.10 所示。

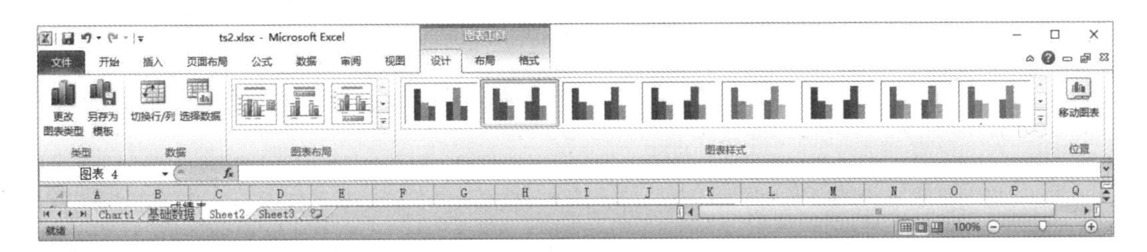

图 5.10　选择图表样式

5.2　数 据 管 理

Excel 2010 具有强大的数据管理功能。数据管理是指数据的排序，筛选，分类汇总统计和建立数据透视表等功能。数据的管理分析工作，是对数据清单进行的操作，主要是用“数据”选项卡中的各项命令来完成。

5.2.1　数据清单

数据清单是 Excel 2010 中一个包含列标题的连续数据区域。它有两部分构成：表结构和纯数据。表结构是数据清单的第一行，即列标题。Excel 2010 利用这些列标题进行数据的查找排序，以及筛选。每一行称为一条记录，每一列称为一个数据项或者字段；纯数据是数据清单中的数据部分，不允许有非法数据出现。数据清单实际上就是 Excel 2010 的数据库，数据清单的要求如下：

(1) 表结构位于数据清单的第一行，并且列标题的名称不能相同；

(2) 同一列中的数据类型应相同；

(3) 列标题与数据之间不能用空行分开，数据清单内也不允许有空行或者空列；

(4) 避免在一个工作表内建立多个数据清单。

5.2.2　数据排序

数据排序是指按照某一列或者行的数值进行排序。默认按列进行排序。方法如下：首先用鼠标拖动选中如图 5.11 所示的数据清单，然后选择“数据”“排序”打开如图 5.12 所示的排序对话框。如果要改成按行排序，单击选项按钮进行设置。如果只要对一个关键字进行排序，在主要关键字里面选择就可以。假如要添加次要关键字，则要单击添加条件按钮进行设置。当然，排序时可以对升序或者是降序进行设置，只要选择“排序”按钮旁边的相应按钮即可。

A1　fx　姓名

	A	B	C	D
1	姓名	数学	外语	物理
2	艾莉妮	92	93	88
3	维尔	78	94	79
4	季塔	86	97	87
5	艾萨	86	96	86
6	李米	88	90	81
7	马诺	77	90	74
8	乌拉	87	94	85
9	辛迪	84	95	83
10	马丽娅	92	97	91
11	帕克斯	93	90	85
12	晶晶	94	91	86
13	卡卡	90	83	76
14	迈德	83	87	75
15	杨乐	95	95	92
16	萨穆	89	87	79
17	安波	70	94	73

图 5.11　数据清单

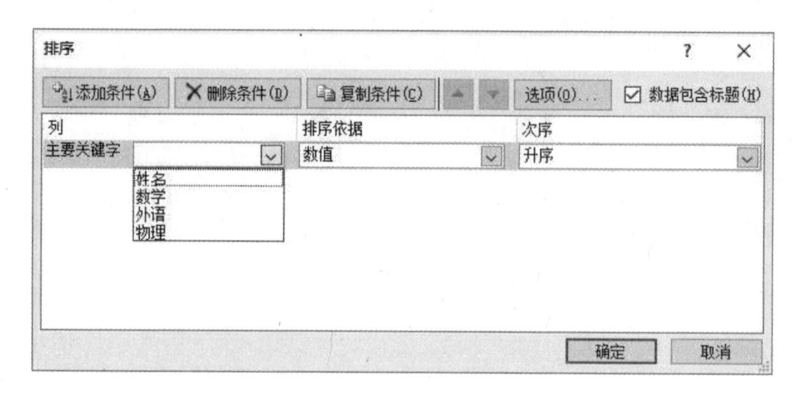

图 5.12　排序对话框

5.2.3　数据筛选

数据筛选功能可以把数据表中符合条件的记录筛选出来,不符合条件的记录暂时隐藏起来。

1. 自动筛选

假如要筛选出数学成绩大于 90 分的学生。操作如下:首先拖动选中如图 5.11 所示的数据清单,选择“数据”“排序和筛选”,这时可看到所有列标题的右侧都多了一个下三角按钮。单击“数学”标题右侧的三角按钮,在弹出的对话框中,选择“数字筛选”“大于”“90”即可。得到的筛选结果如图 5.13 所示。取消筛选结果,单击“清除”按钮即可。

	A	B	C	D
1	姓名	数学	外语	物理
2	艾莉妮	92	93	88
10	马丽娅	92	97	91
11	帕克斯	93	90	85
12	晶晶	94	91	86
15	杨乐	95	95	92

图 5.13　自动筛选

2. 自定义筛选

在上一个例子中,如果要筛选出数学分数在 80 到 90 分之间的学生,就要使用自定义筛选。方法同上,只不过在“数字筛选”的级联菜单中,选择“自定义筛选”,按提示设置即可。取消筛选结果,单击“清除”按钮即可。

3. 高级筛选

如果需要设置更复杂的筛选条件,就要使用高级筛选。此时,需要在数据清单之外,创建条件区域。如图 5.14 所示输入条件,表示筛选出数学大于 90 分,并且外语大于 94 分的学生。

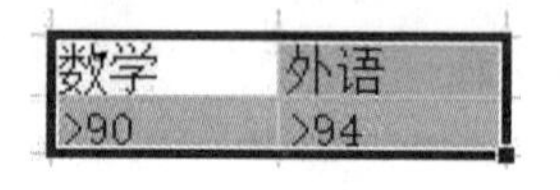

数学	外语
>90	>94

图 5.14　筛选条件设置

操作如下:单击“数据”“高级”按钮,弹出如图 5.15 所示高级筛选对话框。首先,单击列表区域右侧的折叠按钮。拖动鼠标,选择数据清单,再单击一下折叠按钮,确认列表区域的选择,再单击条件区域右侧的折叠按钮,用鼠标拖动选择刚才设置的条件区域,单击折叠按钮。最后单击确定按钮,筛选结果如图 5.16 所示。

图 5.15　高级筛选对话框

如果要筛选出数学大于 90 分或者外语大于 94 分的学生。条件区域要如图 5.17 所示输入条件。

A1　fx　姓名

	A	B	C	D
1	姓名	数学	外语	物理
10	马丽娅	92	97	91
15	杨乐	95	95	92

图 5.16　筛选结果

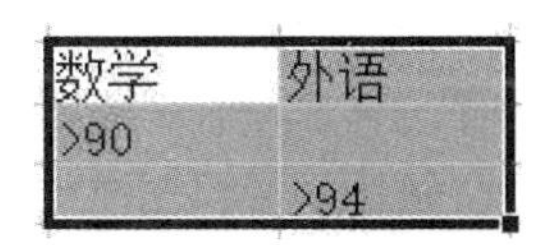

数学	外语
>90	
	>94

图 5.17　表示或的筛选条件设置

此时筛选结果如图 5.18 所示。

	A	B	C	D
1	姓名	数学	外语	物理
2	艾莉妮	92	93	88
3	维尔	78	94	79
4	季塔	86	97	87
5	艾萨	86	96	86
9	辛迪	84	95	83
10	马丽娅	92	97	91
11	帕克斯	93	90	85
12	晶晶	94	91	86
15	杨乐	95	95	92
18				

Sheet1　Sheet2　Shee

图 5.18　筛选结果

取消筛选结果,单击“清除”按钮即可。

5.2.4　分类汇总

Excel 2010 的分类汇总是将工作表数据按照某个字段(称为关键字段)进行分类,并且按类别进行数据汇总(求和、求平均值、求最大值、求最小值、计数等)。

对数据清单中某字段进行分类汇总,首先要按该字段进行排序。下面以如图 5.19 所示成绩表中按照性别分类统计物理平均成绩为例,介绍分类汇总。

	A	B	C	D	E	F
1	编号	姓名	性别	数学	外语	物理
2	1	艾莉妮	女	92	93	88
3	2	维尔	男	78	94	79
4	3	季塔	女	86	97	87
5	4	艾萨	男	86	96	86
9	5	辛迪	女	84	95	83
10	6	马丽娅	女	92	97	91
11	7	帕克斯	男	93	90	85
12	8	晶晶	女	94	91	86
15	9	杨乐	男	95	95	92

图 5.19　成绩表

(1)对数据清单,按性别字段进行排序结果如图 5.20 所示。

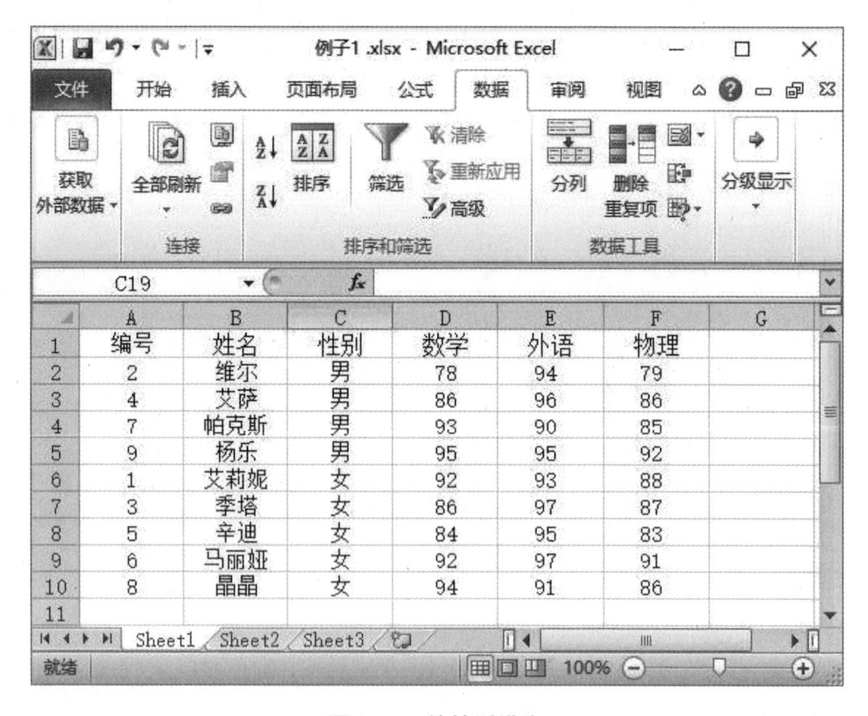

	A	B	C	D	E	F
1	编号	姓名	性别	数学	外语	物理
2	2	维尔	男	78	94	79
3	4	艾萨	男	86	96	86
4	7	帕克斯	男	93	90	85
5	9	杨乐	男	95	95	92
6	1	艾莉妮	女	92	93	88
7	3	季塔	女	86	97	87
8	5	辛迪	女	84	95	83
9	6	马丽娅	女	92	97	91
10	8	晶晶	女	94	91	86

图 5.20　按性别排序

(2)选择“数据”“分级显示”中的“分类汇总”,打开如图 5.21 所示的分类汇总对话框,“分类字段”选择“性别”,“汇总方式”选择“平均值”,“选定汇总项”中勾选“物理”即可,单击“确定”按钮。汇总结果如图 5.22 所示。

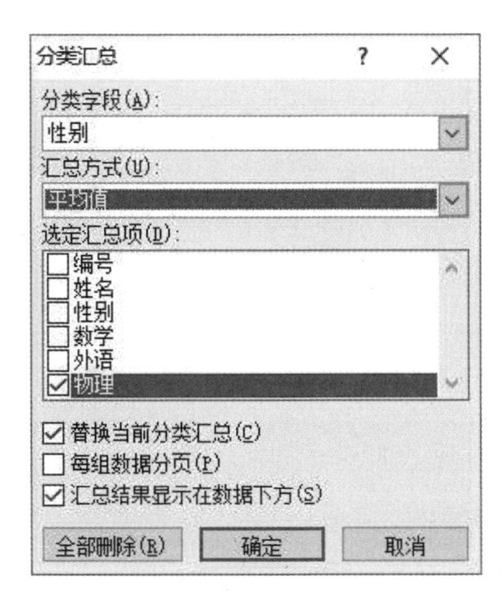

图 5.21　分类汇总对话框

	A	B	C	D	E	F
1	编号	姓名	性别	数学	外语	物理
2	2	维尔	男	78	94	79
3	4	艾萨	男	86	96	86
4	7	帕克斯	男	93	90	85
5	9	杨乐	男	95	95	92
6			男 平均值			85
7	1	艾莉妮	女	92	93	88
8	3	季塔	女	86	97	87
9	5	辛迪	女	84	95	83
10	6	马丽娅	女	92	97	91
11	8	晶晶	女	94	91	86
12			女 平均值			87
13			总计平均值			86

图 5.22　汇总结果

5.2.5　数据透视表

数据透视表可以从不同的角度对源数据清单进行统计分析。它比分类汇总提供了更灵活的分析方法。可以转换行和列,以查看对数据源的不同汇总结果。它可以将数据筛选、排序和分类汇总综合实现。体现了 Excel 的强大的数据处理功能。下面以图 5.23 所示的数据清单作为数据源来介绍如何创建数据透视表。

	A	B	C	D	E	F	G
1	部门	售货员	品牌	型号	单价	数量	销售额
2	销售一部	张丽	海尔	BCD-216SDN	1938	18	34884
3	销售二部	王辉	LG	GR-B2378JKD	1980	26	51480
4	销售一部	许颖	海信	BCD-619WT/Q	1499	30	44970
5	销售一部	张丽	TCL	BCD-118KA9	1299	20	25980
6	销售二部	李萍	容声	BCD-626WD11HP	2990	31	92690
7	销售二部	许颖	海尔	BCD-216SDN	1938	45	87210
8	销售二部	王辉	LG	GR-B2378JKD	2360	32	75520
9	销售一部	张丽	TCL	BCD-118KA9	1299	27	35073
10	销售二部	王辉	海尔	BCD-216SDN	1938	26	50388
11	销售二部	李萍	LG	GR-B2378JKD	1980	19	37620
12	销售二部	李萍	海信	BCD-619WT/Q	1499	30	44970
13	销售一部	许颖	容声	BCD-626WD11HP	2990	28	83720

图 5.23　冰箱销售表

1. 创建数据透视表

(1)单击数据源中的任意单元格,单击“插入”选项卡中“表格”组的“数据透视表”按钮,并选择“数据透视表”,打开如图 5.24 所示的“创建数据透视表” 对话框。

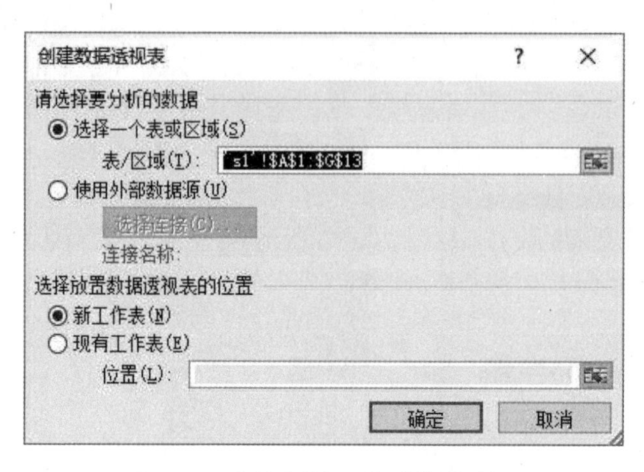

图 5.24 “创建数据透视表” 对话框

(2)在对话框的“选择一个表或者区域” 中选择数据源(默认为当前工作表为数据源,也可修改数据源。单击选中“使用外部数据源”单选按钮,导入数据源)。在“表/区域”编辑框中自动显示了工作表名称和单元格区域的引用。如果想修改引用区域,可以单击其右侧的区域选择按钮,然后在工作表中重新选择。

(3)在“选择放置数据透视表的位置” 中选择“新工作表”(将数据透视表放在新工作表当中),或者“现有工作表”(将数据透视表放在当前工作表的指定位置中),然后单击“确定”按钮。打开如图 5.25 左侧所示的空的数据透视表 1。此时 Excel 功能区自动显示“数据

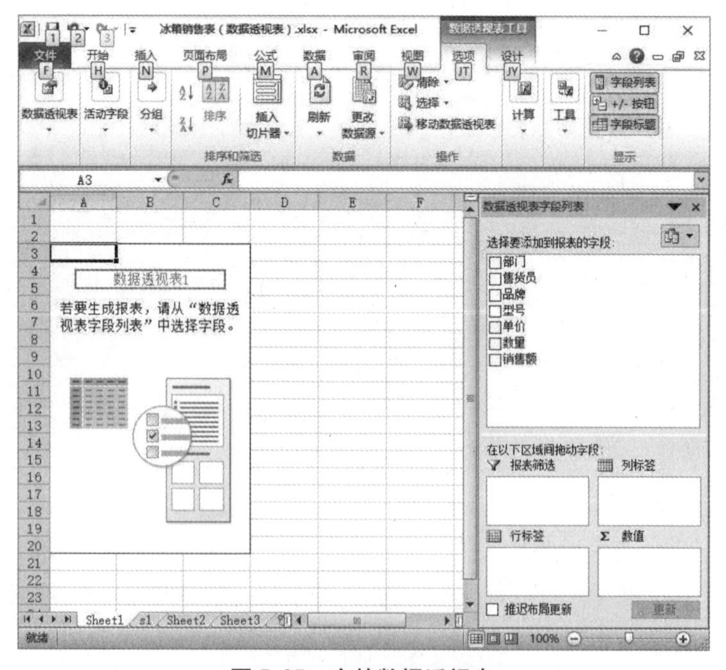

图 5.25 空的数据透视表

透视表工具”选项卡,包括两个子选项卡“分析”和“设计”。工作表编辑区的右侧将显示出“数据透视表字段列表”窗格,以便用户添加字段、创建布局和自定义数据透视表。如图 5.25 右侧所示。窗格下端的各项含义如下:

“报表筛选”:基于报表筛选中的选定项来筛选整个报表。

“列标签”:将字段显示为报表顶部的列。

“行标签”:将字段显示为报表侧面的行。

“数值”:显示需要汇总数值数据。

(4)在“数据透视表字段列表”窗格中,将所需字段拖到字段布局区域的相应位置。本例中,将“部门”字段拖到“报表筛选”区域,“售货员”字段拖到“行标签”区域,“品牌”字段拖到“列标签”区域,“销售额”字段拖到“数值”区域,如图 5.26 所示。然后在数据透视表外单击,即可创建数据透视表。此时右侧的“数据透视表字段列表”窗格会自动消失。

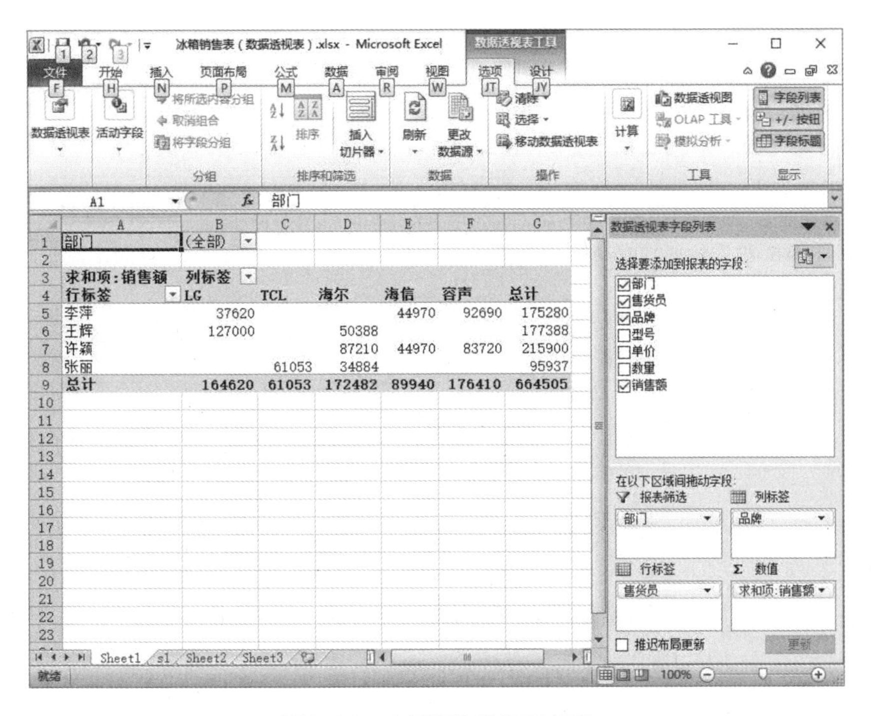

图 5.26　冰箱销售数据透视表

(5)分别单击数据透视表中“(全部)”“行标签”或者“列标签”右侧的筛选按钮,如图 5.27 所示(单击“列标签”的列表框),在展开的列表中选择或者取消选择需要单独汇总的记录。

2. 修改数据透视表

创建了数据透视表后,单击透视表区域的任意单元格,在窗口右侧会再次显示“数据透视表字段列表”窗格。可以在此窗格中更改字段。在字段布局区单击“报表筛选”“行标签”“列标签”或者“数值”右侧的下拉按钮,可从展开列表中选择“删除字段”项删除字段,如图 5.28 所示。还可以交换“报表筛选”“行标签”“列标签”和“数值”中的字段。对于添加到“数值”列表中的字段,可选择“值字段设置”选项,在打开的“值字段设置”对话框中,重新设置值字段的汇总方式。比如将“求和”修改为“平均值”,如图 5.29 所示。

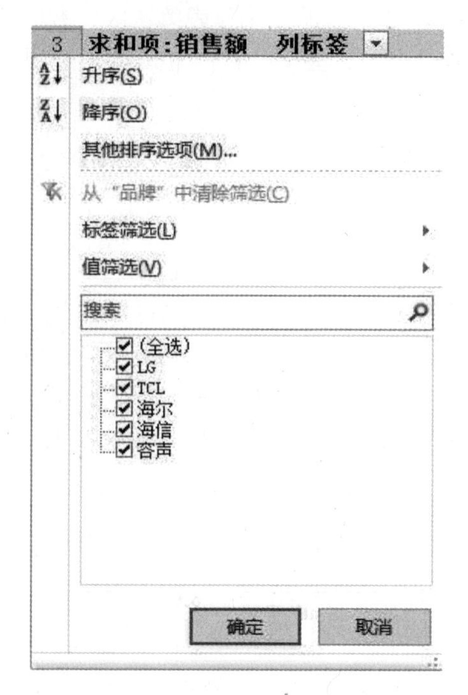

图 5.27 单击“列标签”的列表框

图 5.28 修改字段布局

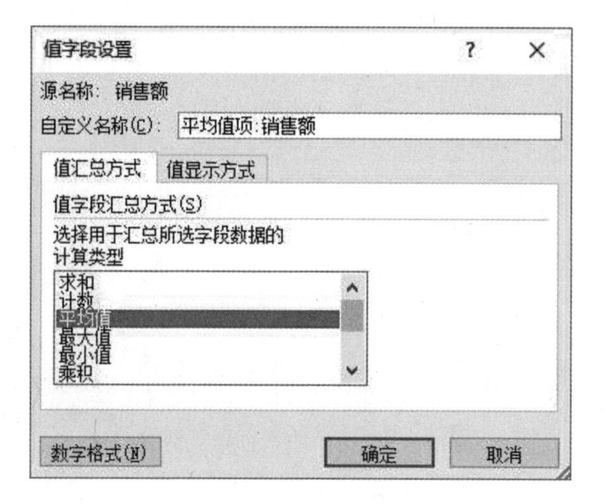

图 5.29 修改值字段汇总方式

第 6 章　PowerPoint 2010 基础

PowerPoint 2010 是微软推出的办公软件 Office 2010 的重要组件,利用它可以方便快捷的创建幻灯片,在幻灯片上输入文本添加各种图形对象,插入音频、视频加入各种特技效果。制作出形象生动,图文并茂,富有感染力的多媒体演示文稿。制作出来的演示文稿不仅可以通过打印机打印出来,制做成标准的幻灯片,在投影仪上显示,还可以直接在计算机上演示。它广泛地用于教学、会议、演讲、报告、商业展示等场合。

6.1　PowerPoint 2010 基本知识

6.1.1　启动和退出

1. 启动

启动 PowerPoint 2010 有几种不同的方式。启动方式与 Word 2010 的方法一样。常用的方法,有以下几种。

(1)从开始 Windows 菜单启动

单击开始按钮,打开开始菜单,单击所有程序,在打开的级联菜单中,打开 Microsoft office 下的 PowerPoint 2010 命令即可启动 PowerPoint 2010。

(2)使用桌面快捷方式

双击 PowerPoint 2010 桌面的快捷方式图标。

(3)双击已经创建的 PowerPoint 文档

双击计算机中存储的 PowerPoint 文档可直接启动 PowerPoint 2010 并打开文档。

2. 退出

退出 PowerPoint 2010 就是退出 Windows 的应用程序,所以退出 PowerPoint 2010 与退出 Word 2010 的方法一样,也有多种,常用的有以下几种:

(1)通过标题栏关闭按钮退出。

单击 PowerPoint 2010 窗口标题栏右上角的关闭按钮,退出 PowerPoint 2010 应用程序。

(2)通过文件选项卡关闭

单击文件选项卡里面的"文件",再单击"退出"按钮,退出 PowerPoint 2010 应用程序。

(3)通过标题栏右键快捷菜单,或者左上角控制图标的控制菜单关闭。

右击 PowerPoint 2010 标题栏,出现快捷菜单,再单击快捷菜单中的关闭命令或者单击左上角的控制图标。在控制菜单中,单击关闭命令,退出 PowerPoint 2010 应用程序。

(4)使用快捷键关闭

按键盘上的"Alt" + "F4"组合键关闭 PowerPoint 2010。

6.1.2 PowerPoint 2010 窗口界面

启动 PowerPoint 2010 后就会看到它的窗口界面。与 PowerPoint 2003 的相比做了很大改变。创建、演示和共享演示文稿更加简单而直观。PowerPoint 2010 的窗口界面主要包括标题栏、快速访问工具栏、文件按钮、功能区、幻灯片窗格、备注窗格、幻灯片选项卡、大纲选项卡等组成。如图 6.1 PowerPoint 2010 界面所示。

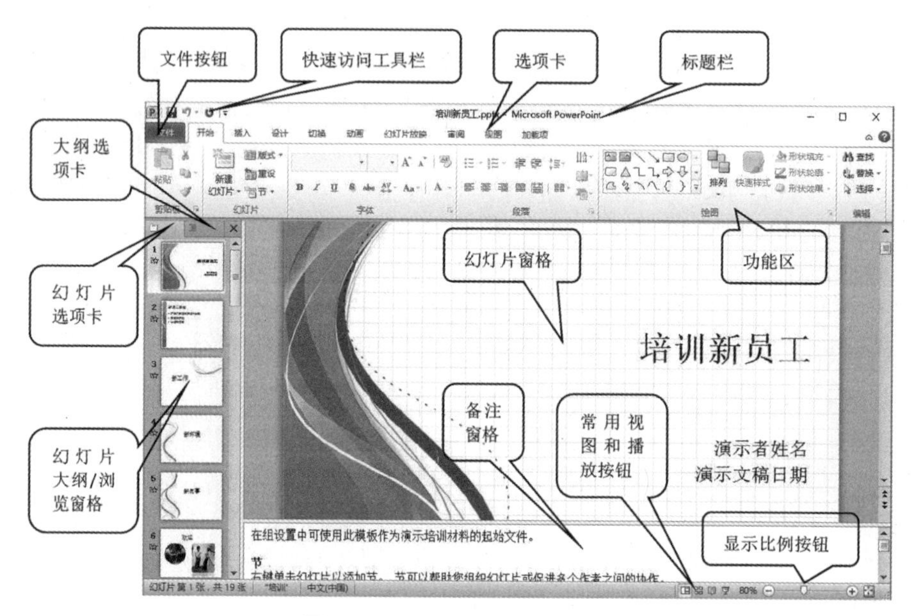

图 6.1 PowerPoint 2010 界面

1. “文件”按钮

“文件”按钮位于选项卡的左侧,单击该按钮打开的下拉菜单中包括“新建”“打开”“保存”和“打印”等基本命令。

2. 快速访问工具栏

快速访问工具栏位于窗口的顶部。使用它可以快速访问用户经常使用到的工具,比如“保存”“撤销”“恢复”。此外,你可以通过快速访问工具栏旁的下拉按钮,将下拉菜单中的工具添加到该工具栏中,方便用户使用,操作方法与 6.1.2 所述类似。

3. 选项卡

每个选项卡都包含一组相关的操作。不同的选项卡包含不同的功能区。PowerPoint 2010 新增了“切换”选项卡,用户可以方便快捷的设置幻灯片切换效果。

4. 功能区

功能区包含多种功能按钮,用户在幻灯片中执行的所有操作基本上都需要使用功能区中的功能按钮。

5. 幻灯片窗格

用于编辑分灯片的工作区域,用户可以在幻灯片窗格制作并查看幻灯片效果。

6. 备注窗格

用户可以在此窗格中添加幻灯片儿的备注信息,在普通视图下,备注窗格中只能添加文本内容。

7. “幻灯片”选项卡

用户可以在此选项卡下浏览所有的幻灯片缩略图，快速查看演示文稿中的任意一张幻灯片，对幻灯片进行添加、排列、复制、删除等操作。

8. “大纲”选项卡

此选项卡以大纲形式显示幻灯片的文本内容，用于查看演示文稿的大纲。

9. 显示比例按钮

显示的比例可以通过位于窗口右下角的显示比例按钮来进行控制，可以放大或者缩小窗口，也可以使幻灯片适应当前窗口显示。

6.1.3　视图

PowerPoint 2010 视图包括演示文稿视图、母版视图和幻灯片放映视图几类。视图是用于编辑、打印和放映演示文稿的视图。演示文稿视图包括普通视图、幻灯片浏览视图、备注页视图和阅读视图。母版视图，包括幻灯片母版、讲义母版、备注母版三种视图。下面主要介绍一下常用视图。

1. 普通视图

普通视图是默认的视图模式。是主要的编辑视图。用于编辑幻灯片文本及在幻灯片中插入各种对象，设计模板样式，设置动画效果，浏览文本信息等。普通视图由三个窗格组成，即大纲窗格、幻灯片窗格和备注窗格。

(1)幻灯片窗格

单击幻灯片选项卡，显示幻灯片窗格，如图 6.2 所示。左侧栏里显示不同的幻灯片，选择一个幻灯片，在右侧的窗格里可以显示编辑幻灯片。

图 6.2　幻灯片窗格

(2)大纲窗格

单击大纲选项卡，显示大纲窗格，如图 6.3 所示。左侧栏里显示演示文稿的大纲和标题结构，可以方便编辑和修改幻灯片的文本内容，如图 6.4 所示。

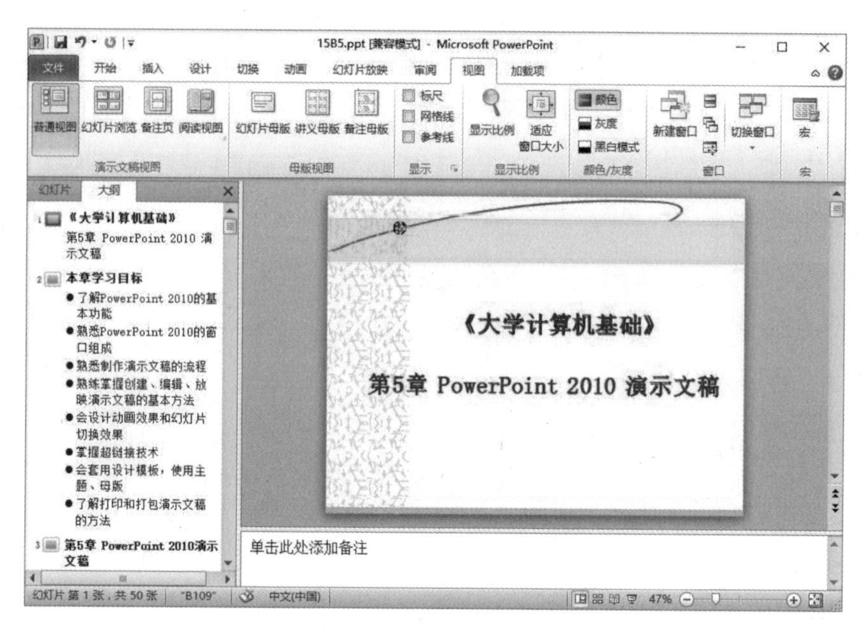

图 6.3 大纲窗格

(3)备注窗格

备注窗格中,可以输入要应用于当前幻灯片的说明和补充,以后可以将备注打印出来,并在放映演示文稿时进行参考。

2. 幻灯片浏览视图

在浏览视图模式下所有的幻灯片都以缩略图方式显示如图 6.4 所示。此时可以从整体上浏览所有幻灯片的效果,并可方便的添加、删除、移动幻灯片,进行幻灯片的切换设置。如果想编辑修改某张幻灯片,可以双击幻灯片切换到普通视图进行编辑修改。

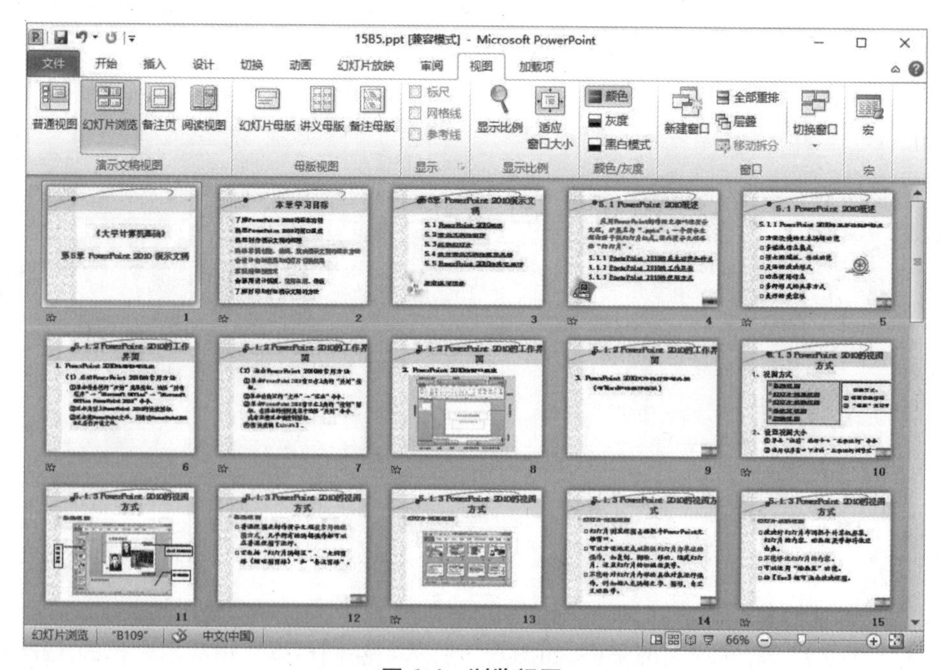

图 6.4 浏览视图

3. 备注页视图

有时一些描述性的内容不易放在幻灯片中播放给观众,这样的内容只能放在备注中。在备注页视图中上半部分是幻灯片的缩略图,下半部分是文本预留区,在文本预留区内可以添加备注信息或者添加与幻灯片相关的说明文字,如图 6.5 所示。备注页中的对象,只能在备注页中显示,可以通过打印备注页打印出来,但不能在普通视图模式下显示。

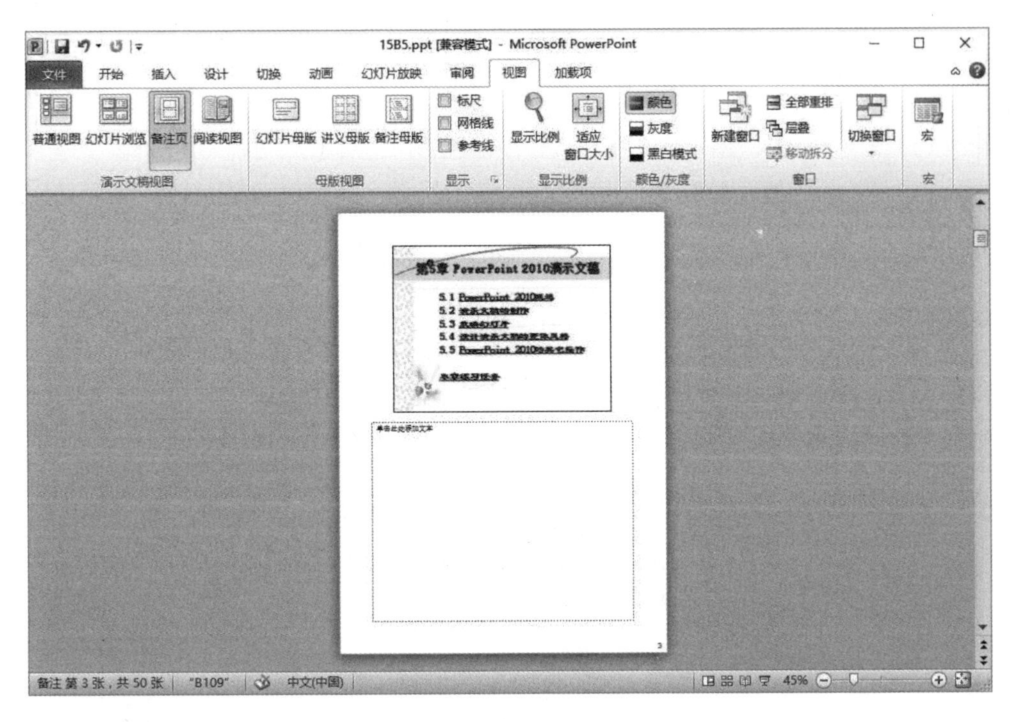

图 6.5　备注页视图

4. 阅读视图

在阅读视图窗口中,用户可以按上下左和右四个方向移动键中的任意一个,以非全屏的幻灯片放映视图查看演示文稿,如图 6.6 所示。按下“Esc”键,结束阅读视图回到前一个视图方式中。

5. 幻灯片放映视图

在创建演示文稿的任何时候都可通过单击“幻灯片放映”按钮(位于屏幕右下角,或者按下“F5”键)来启动幻灯片放映和浏览演示文稿,如图 6.7 所示。按“Esc”键可退出放映视图。幻灯片放映视图,可用于向观众放映演示文稿,此时演示文稿会占据整个计算机屏幕。这与观众在大屏幕上看到的演示文稿完全一样。可以看到图形、计时、电影、动画效果和切换效果在实际演示中的具体效果。

6. 母版视图

母版视图包括幻灯片母版、讲义母版、备注母版三种视图,它们是存储有关演示文稿信息的主要幻灯片。其中包括背景、颜色、字体、效果、占位符大小和位置,如图 6.8 所示。使用模板视图的一个主要优点在于,在幻灯片模板、备注模板或者讲义模板上,可以对与演示文稿关联的,每个幻灯片备注页和讲义的样式进行全局更改。

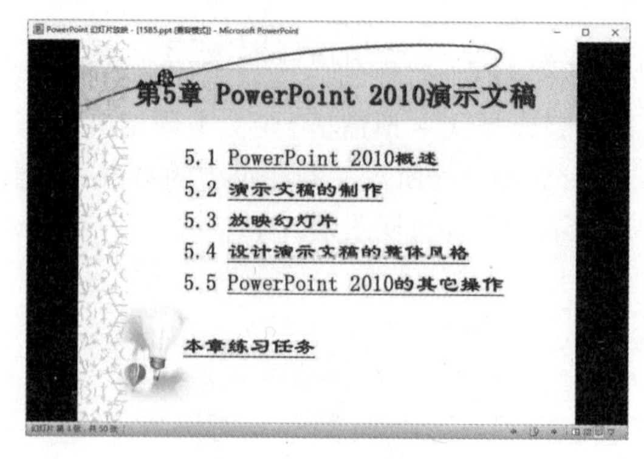

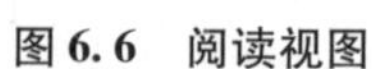
图 6.6 阅读视图

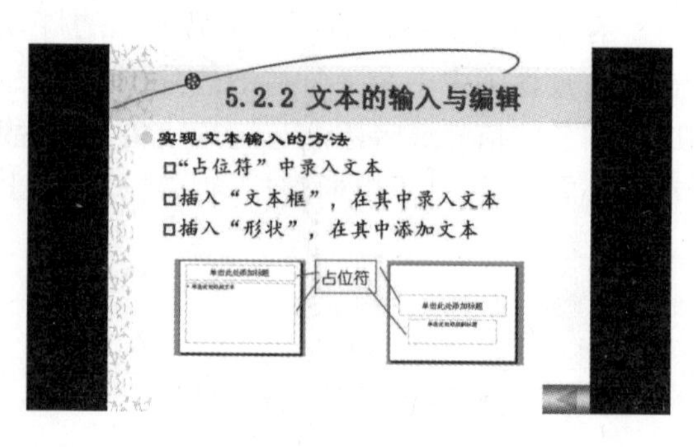

图 6.7 幻灯片放映视图

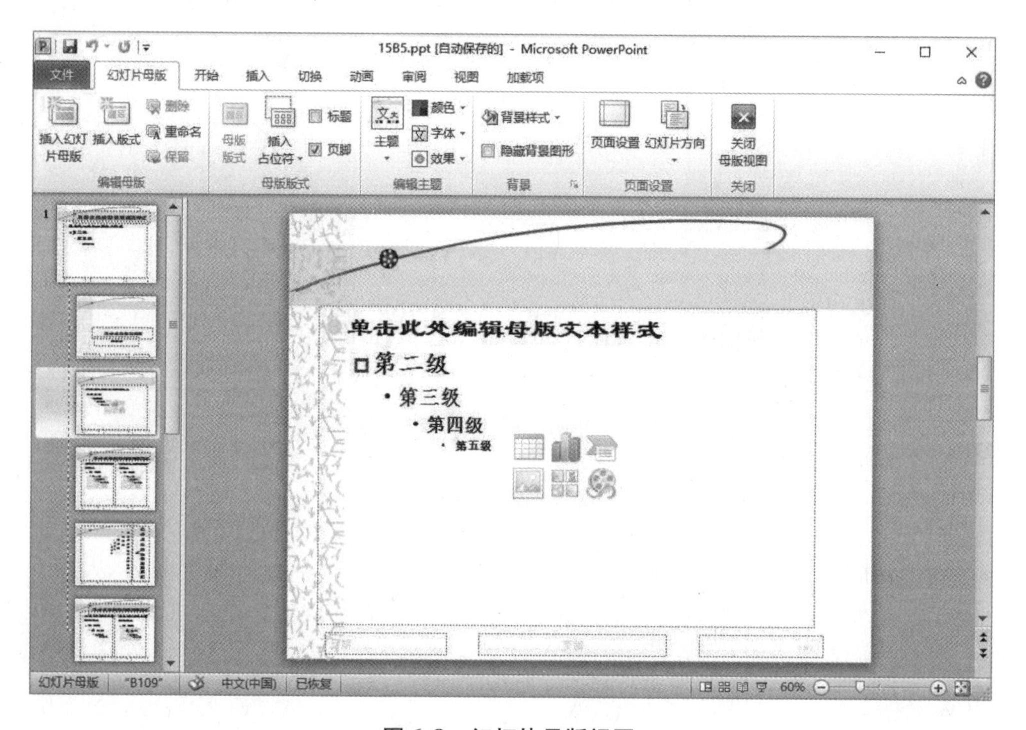

图 6.8 幻灯片母版视图

以上视图中的普通视图、幻灯片浏览视图、阅读视图和幻灯片放映视图已做成按钮放在屏幕右下角显示比例工具的左侧,方便用户使用。

6.2 PowerPoint 2010 基本操作

PowerPoint 2010 的幻灯片文件称为演示文稿,它的默认扩展名是. pptx。幻灯片的制作过程包括:创建演示文档、选择模板(或者自定义模板)、选择版式、输入文本及其他对象(表格、图片、音频、视频等)、动画设计、切换效果设置、预览检查,最后是打包发送。下面分别介绍。

6.2.1　创建演示文稿

1. 创建空白演示文稿

启动 PowerPoint 2010 后,系统自动创建了一个名为“演示文稿 1” 的空白演示文稿。单击“文件”按钮,在打开的菜单中选择“新建”命令,打开如图 6.9 所示窗口,单击“可用模板和主题” 中的“空白演示文稿”图标,再单击“创建”按钮即可创建一个空白演示文稿。

2. 使用样板模板创建演示文稿

模板是演示文稿的一种,或者说是特殊的演示文稿。它为演示文稿中的幻灯片,规定了统一的版式、主题,有设置好的幻灯片切换方式、动画甚至内容等。对于初学者来说,应用样板模板可快速生成风格统一的演示文稿。如果用户想创建包含幻灯片母版版式和主题的幻灯片,可以使用样本模板来创建演示文稿。这样可轻松地创建美观、具有统一设计风格的演示文稿。方法如下:

选择“文件”“新建”命令,在打开如图 6.9 所示的窗口中,单击“可用模板和主题” 中的“样本模板”图标,打开如图 6.10 所示的窗口,选择自己所需的样本模板,再单击“创建”按钮即可创建一个新的演示文稿。

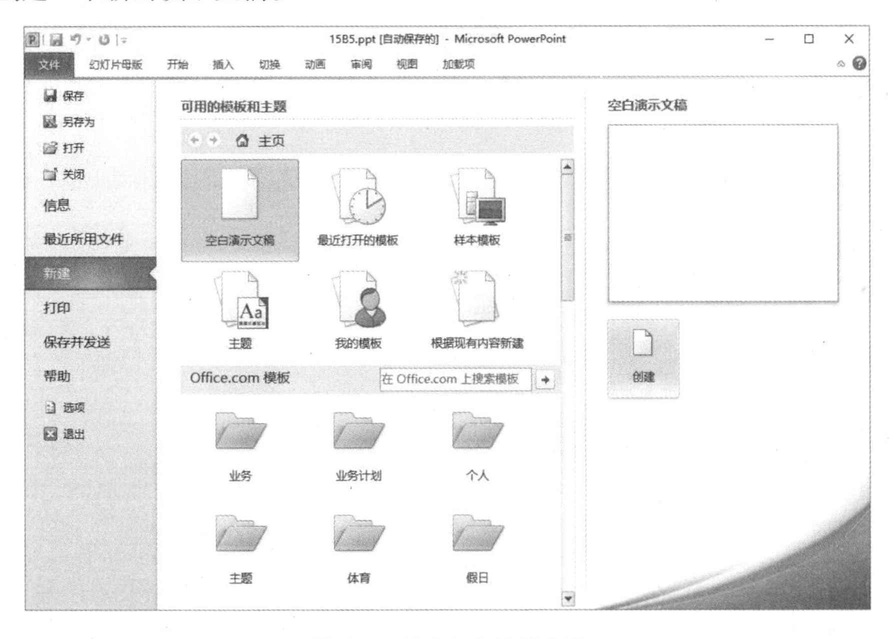

图 6.9　创建空白演示文稿

3. 根据现有内容创建演示文稿

如果想依据现有演示文稿的模板,创建一个新的演示文稿,可以选择“根据现有内容新建”, 方法如下:

(1)选择“文件”“新建”命令,在打开如图 6.9 所示的窗口;

(2)单击“可用模板和主题” 中的“根据现有内容新建”图标,打开如图 6.11 所示的“根据现有演示文稿新建” 对话框;

(3)选择自己已有的演示文稿,再单击“创建”按钮即可创建一个新的演示文稿。如图 6.12 所示。

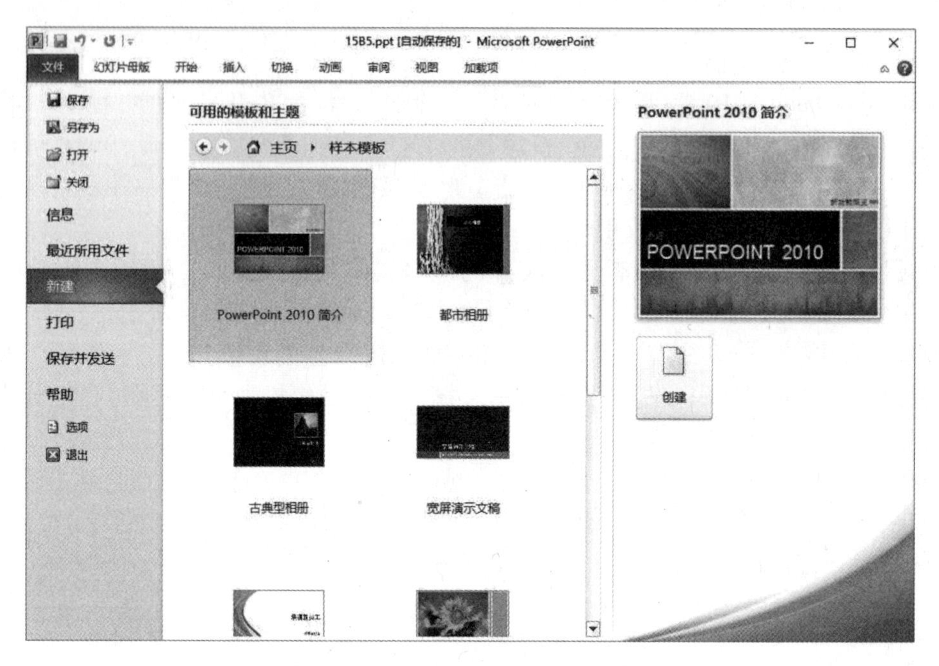

图 6.10　使用样板模板创建演示文稿

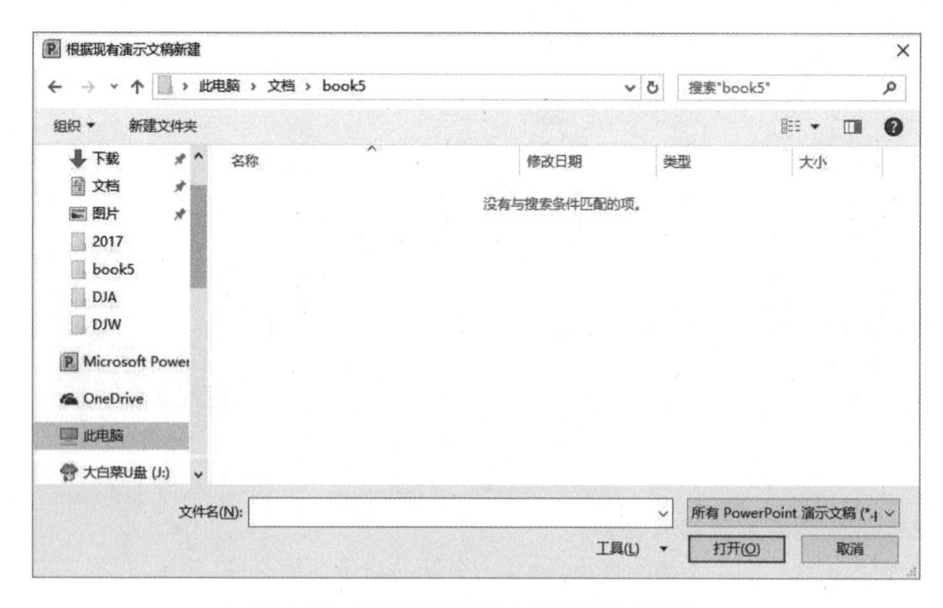

图 6.11　“根据现有演示文稿新建”对话框

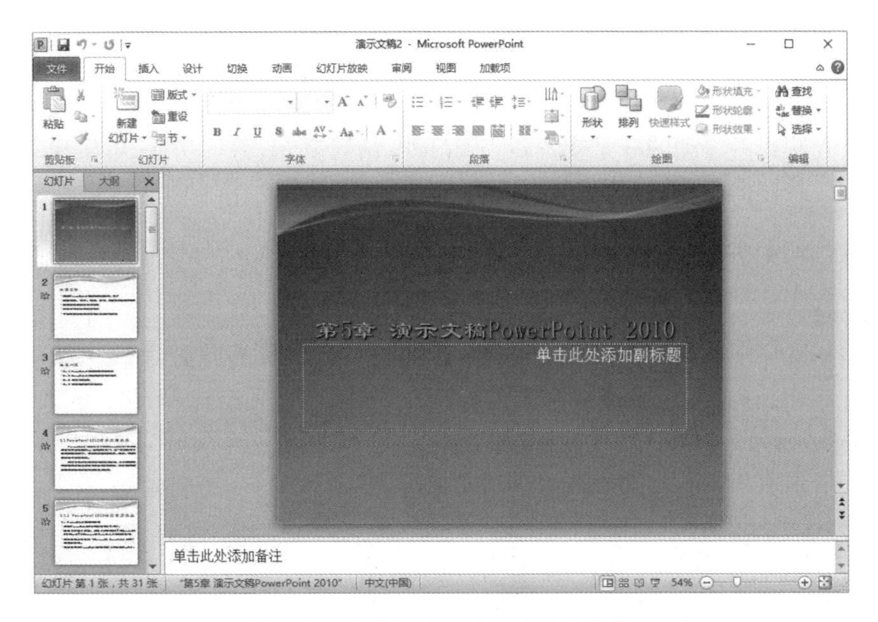

图 6.12　根据现有内容新建演示文稿

6.2.2　幻灯片基本操作

幻灯片的基本操作包括选择、查找、添加、删除、移动和复制。这些操作，通常要在普通视图和幻灯片浏览视图下进行。

1. 选择幻灯片

(1)对幻灯片进行操作之前必须先选择。

(2)选择一张幻灯片：单击要选择的幻灯片即可。

(3)选择连续的多张幻灯片，按“Shift”键。

(4)选择多张不连续的幻灯片，按“Ctrl”键。

(5)全部选择按“Ctrl” + “A”键，详细操作不再赘述。

取消被选择的幻灯片，单击被选择的幻灯片以外的区域即可。

2. 查找幻灯片

在幻灯片视图或者幻灯片浏览视图下，利用垂直滚动条或者按键“PgDn” 或者“PgUp”快速选定所需幻灯片。

3. 添加新幻灯片

在演示文稿里用户可根据需要添加新幻灯片，方法如下：

(1)选择所要插入幻灯片的位置按下回车键，“标题和内容”幻灯片。

(2)选择所要插入幻灯片的位置，在该幻灯片上右击，从弹出的快捷菜单中选择“新建幻灯片”。

(3)在普通视图模式下，单击“开始”“新建幻灯片”命令上半部分图标，即可在当前幻灯片的后面添加系统设定的“标题和内容”幻灯片。或者，单击“开始”“新建幻灯片”命令下半部分图标，再选择具体的幻灯片版式。

4. 删除幻灯片

选中要删除的幻灯片,按“Delete”键。或者右击要删除的幻灯片,在快捷菜单中选择删除幻灯片。

5. 复制或者移动幻灯片

选中要复制或者移动的一张或者多张幻灯片,结合复制、剪切功能,可实现幻灯片的复制或者移动。具体操作,不再赘述。

6.2.3 幻灯片文本的输入、编辑及格式化

1. 文本输入

当我们新建一个演示文稿后,可以看到,在打开的幻灯片中,有一些用虚线框起来的矩形区域,这就是所谓的占位符。通常有“单击此处添加标题”或者“单击此处添加文本”之类的提示语,如图 6.13 所示。用鼠标单击,可以在占位符里面添加需要的内容。如果要在没有占位符的地方添加文字,就要插入文本框。插入文本框的方法是:选择“插入”“文本框”,然后再进一步选择“横排文本框”或者是“竖排文本框”,最后要在插入文本框的地方,用鼠标拖动出一个矩形区域来即可。

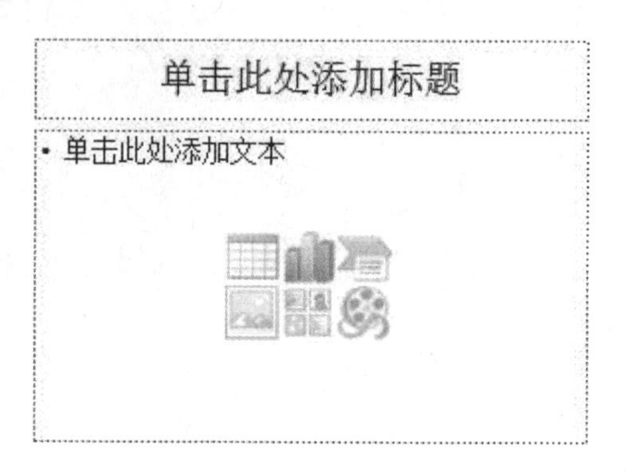

图 6.13 占位符

2. 文本编辑

在 PowerPoint 2010 中对文本进行插入、删除、复制和移动等操作与 Word 操作方法类似,在此不再赘述。

3. 文本格式化

文本格式化指的是对字体、字形、字号、颜色及效果等的设置。这些操作都可以使用“开始”功能区中的“字体”和“段落”(项目符号、编号、对齐方式、转换为 SmartArt 等)等功能组的相关按钮实现。

6.2.4 多媒体对象的编辑

多媒体对象指的是图形、图片、音频和视频。对多媒体对象的操作是通过“插入”功能区的相应按钮实现的。“插入”功能区包括“表格”“图像”和“插图”等组。其中,“图像”组包括“图片”“剪贴画”“屏幕截图”“相册”等;“插图”组包括“形状”“艺术字”“图表”等。对上述对象的编辑方法与 Word 类似,在此不再赘述。下面介绍对音频、视频的编辑。

1. 音频的插入与编辑

用户可以将自己喜欢的音乐插入到幻灯片中,也可以利用剪辑管理器中现有的声音文件。

(1)插入剪贴画音频

选择“插入”选项卡“媒体”组的“音频”下部按钮,在打开的下拉列表框中单击“剪贴画音频”,在窗口右侧打开剪贴画任务窗格。在列表框中选择音频文件,幻灯片中将出现一个音频图标,音频图标下有“音频播放”工具栏,如图 6.14 所示。

图 6.14　插入剪贴画音频

(2)插入来自文件中的音频

选择“插入”选项卡“媒体”组的“音频”下部按钮，在打开的下拉列表框中单击“文件中的音频”，打开如图 6.15 所示的插入音频对话框。在电脑上找到要插入的音频文件即可。或者选择“插入”选项卡“媒体”组的“音频”上部按钮，会直接打开如图 6.15 所示的插入音频对话框。插入音频文件后，幻灯片上会出现如图 6.14 所示的音频图标和“音频播放”工具栏。功能区会出现编辑音频的工具按钮，如图 6.16 所示。用户可以方便地对音频文件进行设置。如果需要删除幻灯片中的音频，删除音频图标即可。

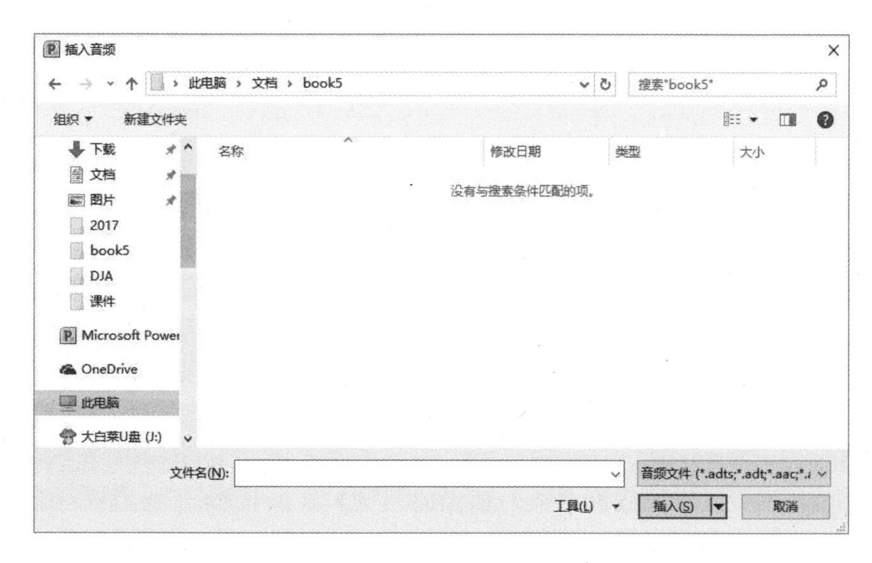

图 6.15　插入音频对话框

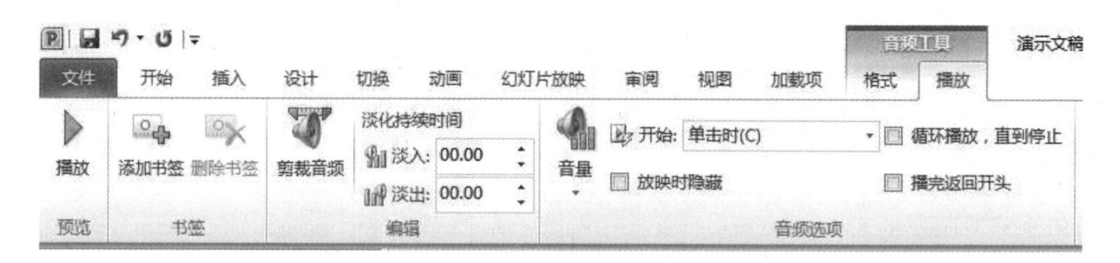

图 6.16　音频工具按钮

(3)插入录制音频

选择“插入”选项卡“媒体”组的“音频”下部按钮,在打开的下拉列表框中单击“录制音频”,打开如图 6.17 所示的录音对话框。单击“录制”按钮就可以开始录制音频。

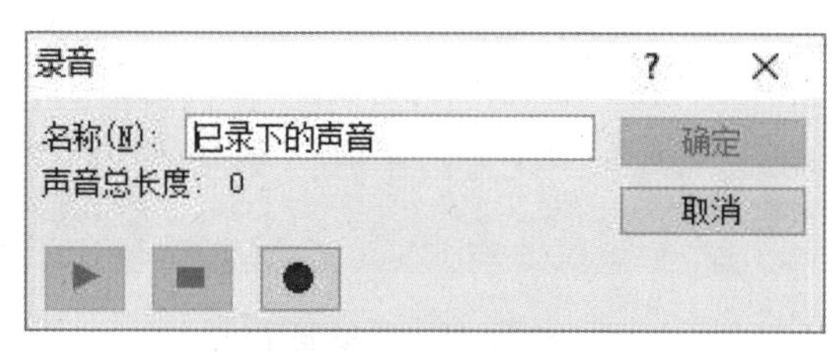

图 6.17　录音对话框

(4)编辑音频文件

插入音频文件后,可以对音频文件进行裁剪、添加书签、设置音频文件的淡化持续时间、音量大小、循环播放以及显示方式等。

需要对音频进行裁剪时,选中“音频”图标,单击“音频工具”“播放”选项卡中的“裁剪音频”按钮,弹出如图 6.18 所示的裁剪音频对话框。可以利用此裁剪音频对话框,结合播放/暂停键,对音频进行裁剪。

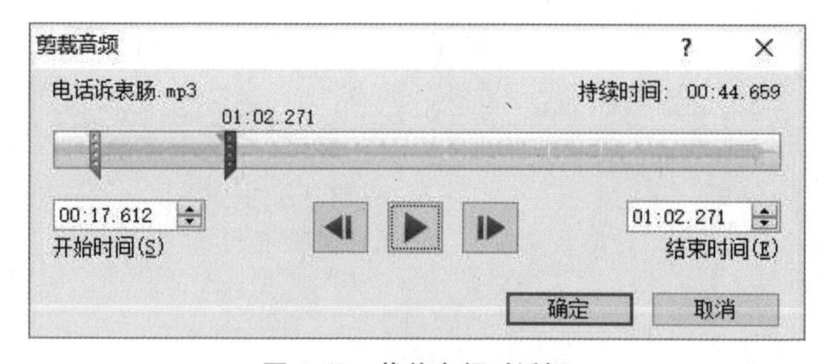

图 6.18　裁剪音频对话框

添加书签指的是在音频的特殊位置做出标记,方便对播放内容的快速定位。单击音频工具中的播放选项卡中的播放按钮,或者单击幻灯片中的播放按钮。当播放到需要添加书签的位置时,单击“音频工具”中的“播放”选项卡的“添加书签”按钮,即可在当前播放位置添加一个书签标记。也可以添加多个书签标记。当不需要书签时,选中它,单击“音频工具”中的“播放”选项卡的“删除书签”按钮,即可将选中书签删除。

音频文件的淡化持续时间、音量大小、循环播放以及显示方式等,都可以在“音频工具”中的“播放”选项卡中设置。

2. 视频的插入与编辑

在幻灯片中除了可以插入音频以外,还可以插入视频。视频的来源有三种:文件中的视频、来自网站的视频和剪贴画视频。

(1)插入视频

插入文件中的视频,选择“插入”选项卡“媒体”组的“视频”下部按钮,在打开的下拉列表框中单击“文件中的视频”,打开如图 6.19 所示的插入视频文件对话框。在电脑上找到要插入的视频文件即可。或者选择“插入”选项卡“媒体”组的“视频”上部按钮,会直接打开如图 6.19 所示的插入视频文件对话框。插入视频文件后,幻灯片上会出现如图 6.20 所示的播放框和“视频播放”工具栏。功能区会出现编辑视频的工具按钮,如图 6.21 所示。用户可以方便地对视频文件进行设置。如果需要删除幻灯片中的视频,删除视频图标即可。

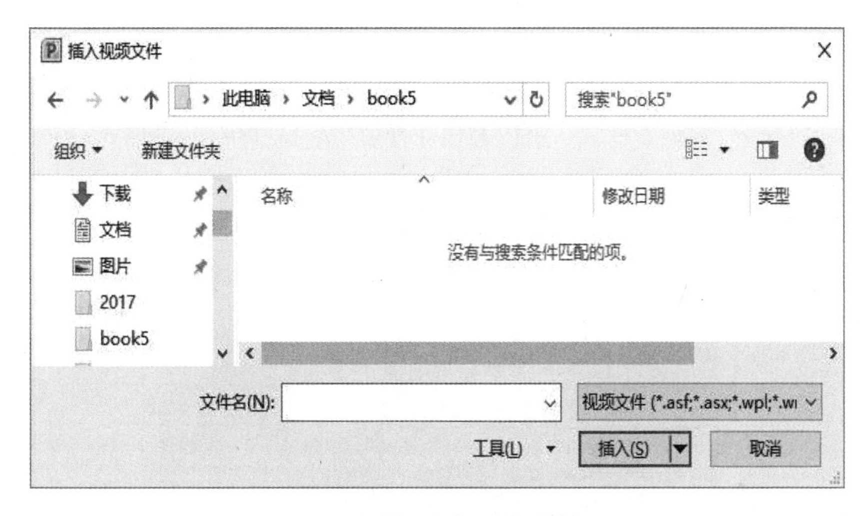

图 6.19　插入视频文件对话框

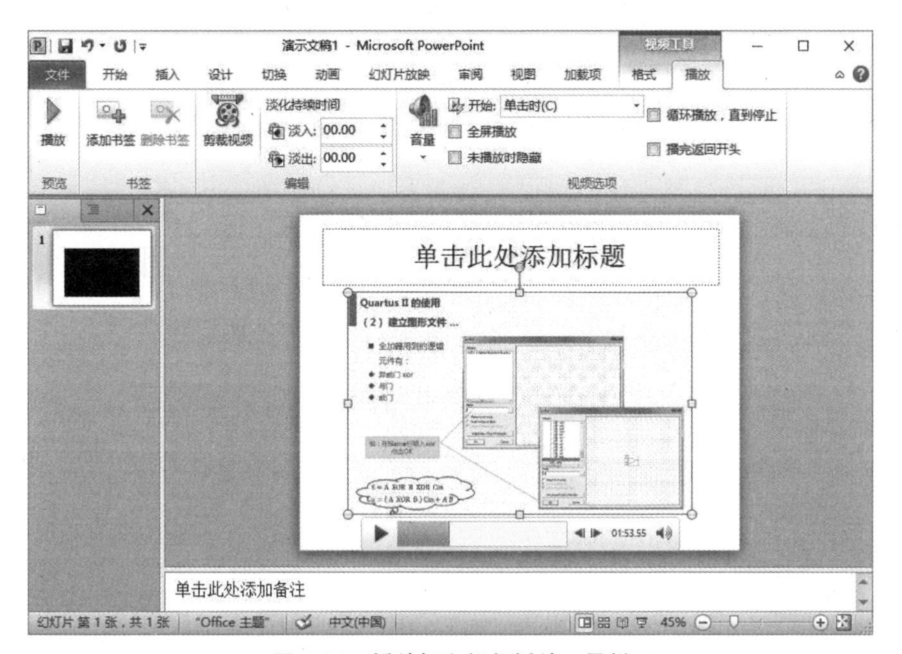

图 6.20　播放框和视频播放工具栏

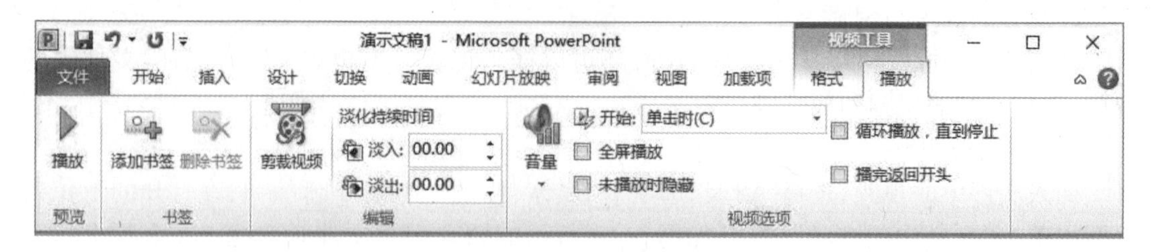

图 6.21　视频的工具按钮

插入来自网站的视频或者插入剪贴画视频时，选择“插入”选项卡“媒体”组的“视频”下部按钮，在打开的下拉列表框中相应的选项即可，具体操作不再详述。

(2)编辑视频文件

插入幻灯片中的视频文件，如同音频文件一样，可以根据需要进行裁剪。需要对视频进行裁剪时，选中“视频”图标，单击“视频工具”“播放”选项卡中的“裁剪视频”按钮，弹出如图 6.22 所示的裁剪视频对话框。可以利用此裁剪视频对话框，结合播放/暂停键，对视频进行裁剪。

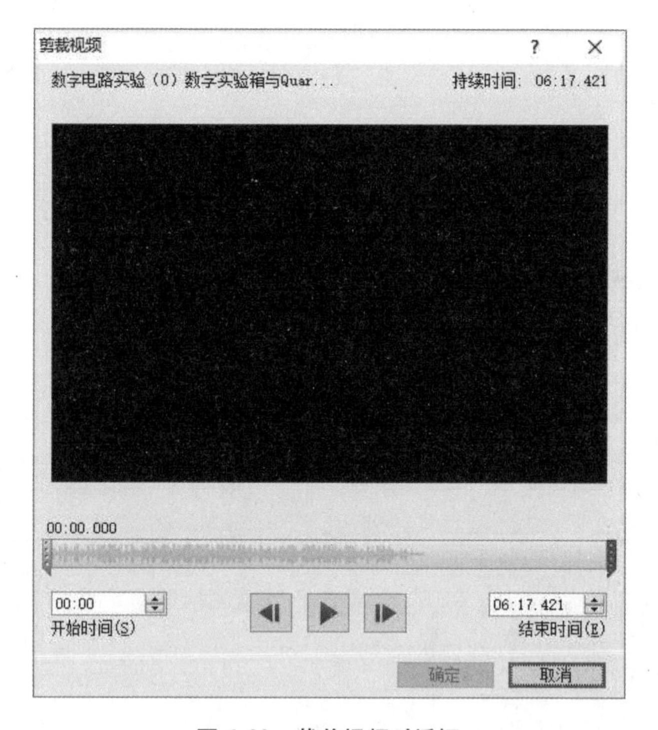

图 6.22　裁剪视频对话框

视频文件中同样可以添加书签。添加书签的操作，同音频文件中一样，在此不再赘述。

(3)压缩媒体文件

视频文件通常会占用很大的存储空间。因此，整个演示文稿也会占用相当大的存储空间。这样的演示文稿不方便存储，也不方便传输。因此，有必要对视频文件进行压缩。压缩的方法：选中插入的视频文件，单击“文件”按钮，打开的下拉菜单中可以看到“信息”命令里的“压缩媒体”按钮，如图 6.23 所示。单击 “压缩媒体”按钮，打开的下拉菜单中可以看的有三种压缩媒体选择:“演示文稿质量”“互联网质量”和“低质量”,如图 6.24 所示。根据需要选择一种压缩方式,按照提示操作即可。

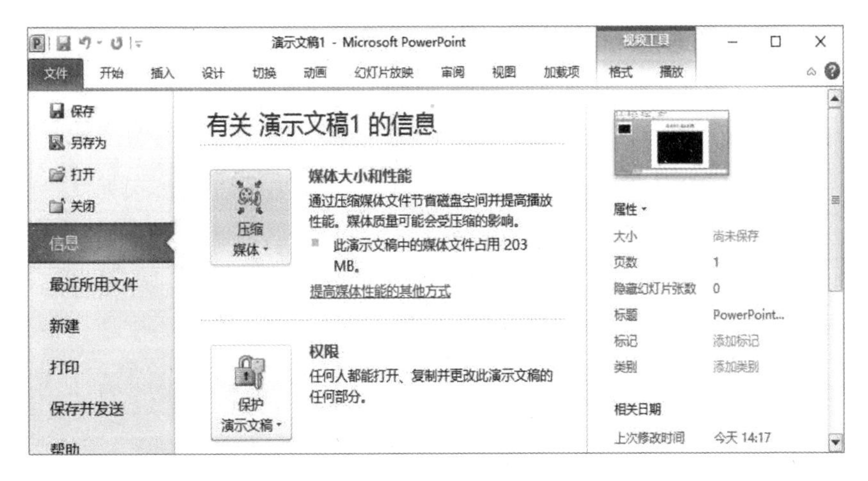

图 6.23　“信息”命令里的“压缩媒体”按钮

6.2.5　幻灯片整体框架

图 6.24　压缩媒体按钮的选项

幻灯片的整体框架,决定了演示文稿的外观。为了制作美观大方的演示文稿,必须要充分利用 PowerPoint 2010 提供的模板,或者使用主题、母版等对演示文稿进行个性化的设置。对演示文稿的外观设计是制作演示文稿的一个很重要的工作内容。

模板是演示文稿的一种,或者说是特殊的演示文稿。它为演示文稿中的幻灯片,规定了统一的版式、主题,有设置好的幻灯片切换方式、动画等内容。PowerPoint 2010 提供了很多现成的模板供用户选用。使用现有模板的方法,在前面 6.2.1 有介绍。用户也可以根据自己的需要,修改现有的模板或者创建新的模板。创建的模板可以保存为模板文件,方便以后使用。模板文件的扩展名为 . potx。

如果对系统提供的模板不满意,用户可以自己对演示文稿的外观进行设计。外观设计包括幻灯片主题的应用、幻灯片背景的设置、幻灯片母版的使用,等等。通过这些设置以使幻灯片的外观达到个性化的效果。

1. 主题的使用

主题是一组统一的设计元素。包括背景、字体、字号、颜色和图形效果等内容。利用设计主题,可快速对演示文稿进行外观效果的设置, 在实际应用时可以根据需要直接使用已有的主题,也可以在应用了某主题后再对主题颜色、主题字体和主题中的某个效果进行调整。主题使用时,用户可以在创建新演示文稿时直接使用系统提供的主题,也可以在创建好演示文稿后再更改使用的主题。

(1)新建幻灯片时应用主题

新建幻灯片时,单击“文件”下拉菜单里的“新建”命令,此时可以选择“可用模板和主题”中的“主题”或者选择“office. com 模板”中的“主题”,按提示操作即可。

(2)修改已有幻灯片的主题

在已经打开的幻灯片中,单击“设计”功能区,选择“主题”组里面的一种主题,如果不满意,还可以利用右侧的“颜色”“字体”或者“效果”按钮,进行修改。

2. 背景设置

选中某种主题时背景样式会发生相应的变化。如果要修改某种主题的背景,可以对背景进行修改。修改背景的方法是:在已经打开的幻灯片中,单击“设计”功能区,选择“背景”组里面的“背景样式”按钮,打开如图 6. 25 如图所示的背景样式下拉列表。选择相应的背景样式。如果需要修改背景的格式,单击“设置背景格式”按钮,打开如图 6. 26 所示的“设置背景格式”对话框。按照提示,进行修改即可。修改的背景,可以只用于某一张幻灯片,也可以应用于所有幻灯片。

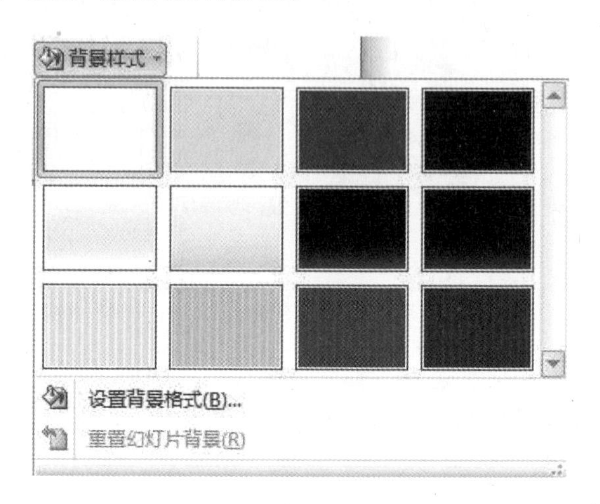

图 6. 25 “背景样式”列表

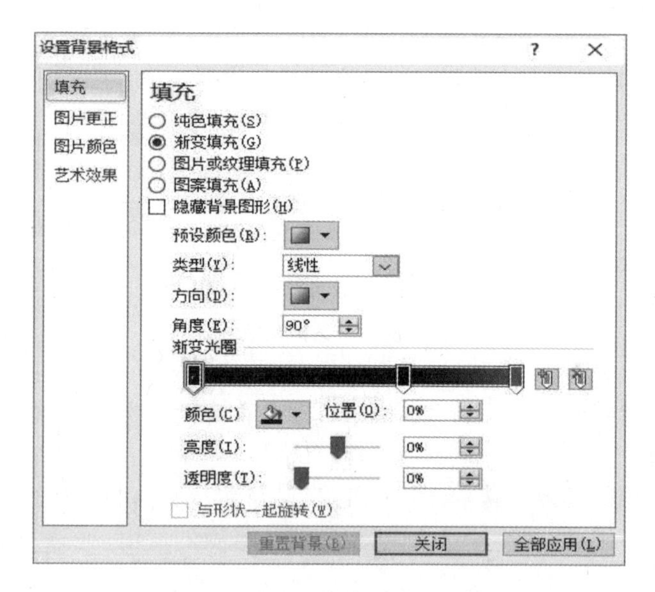

图 6. 26 “设置背景格式”对话框

3. 母版设置

幻灯片的外观进行设计的另外一个重要工具就是母版。模板记录了演示文稿中所有幻灯片的信息。利用母版可以设置演示文稿中幻灯片的统一格式,包括各级标题样式、文本样式、项目符号样式、图片、动作按钮、背景图案、颜色、页脚等。PowerPoint 2010 为我们提供了幻灯片母版、讲义母版和备注母版三种母版。

4. 幻灯片母版

母版规定了演示文稿(幻灯片、讲义及备注)的文本、背景、日期及页码格式。母版体现了演示文稿的外观,包含了演示文稿中的共有信息。每个演示文稿提供了一个母版集合,包括:幻灯片母版、标题母版、讲义母版、备注母版等母版集合。用户可以修改已有的幻灯片母版或者为空白演示文稿重新设计幻灯片的母版。对幻灯片母版的设置,要选择“视图”“母版视图”中的“幻灯片母版”进行设置,如图 6.27 所示。

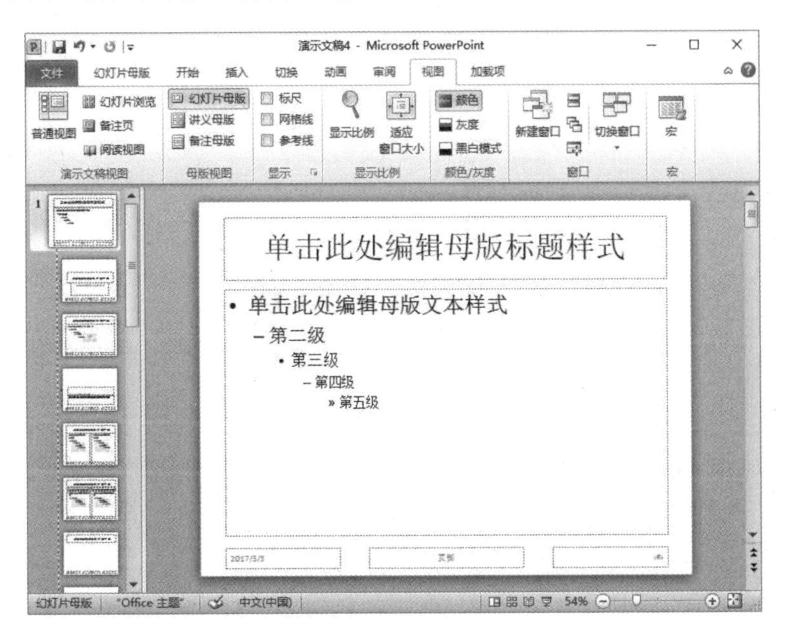

图 6.27　“幻灯片母版”视图

在“幻灯片母版”视图的左侧窗格,显示幻灯片母版的缩略图。右侧的编辑窗格中,显示幻灯片母版的版式。主要包括标题、对象、日期、页脚和数字等占位符。用户可以在标题或者对象的占位符中,编辑或者修改标题或文本样式,比如字符格式、段落格式、项目符号和编号等。对“幻灯片母版” 视图下方的日期、页脚和数字等区域的编辑,可以通过“插入”选项卡“文本”组中的“页眉和页脚”进行设置。“页眉和页脚”设置的对话框如图 6.28 所示。

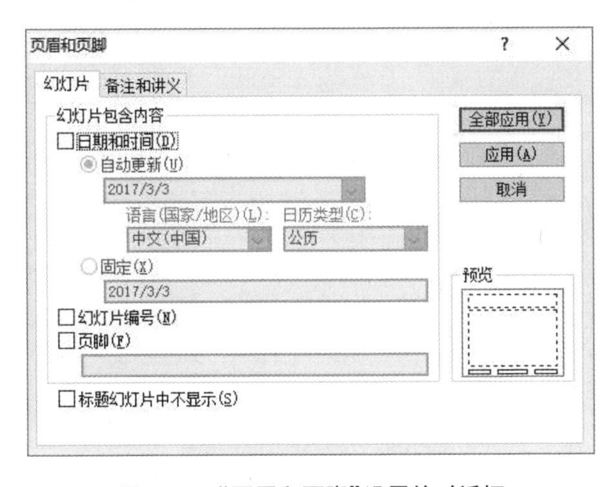

图 6.28　“页眉和页脚”设置的对话框

(2)讲义母版

讲义母版提供在一张打印纸上同时打印1,2,3,4,6,9张幻灯片的讲义版面布局选择设置和“页眉与页脚”的默认样式。讲义母版是用来控制打印讲义时的格式。可以选择“视图”“母版视图”组中的“讲义母版”按钮,打开如图6.29所示的“讲义母版”视图,按相应的按钮进行设置即可。

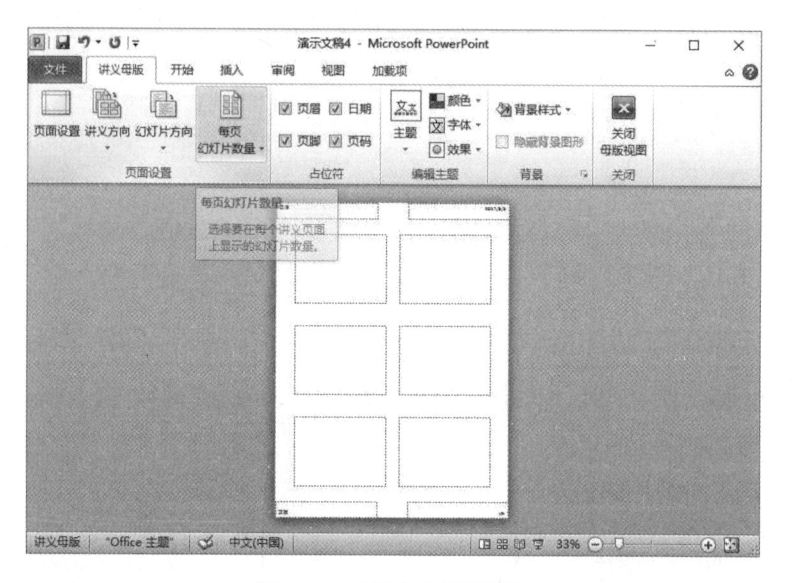

图6.29 “讲义母版”视图

(3)备注母版

向各幻灯片添加备注文本的默认样式。对备注页幻灯片的格式控制,需要使用备注母版。选择“视图”“母版视图”组中的“备注母版”按钮,打开如图6.30所示的“备注母版”视图,按相应的按钮进行设置即可。

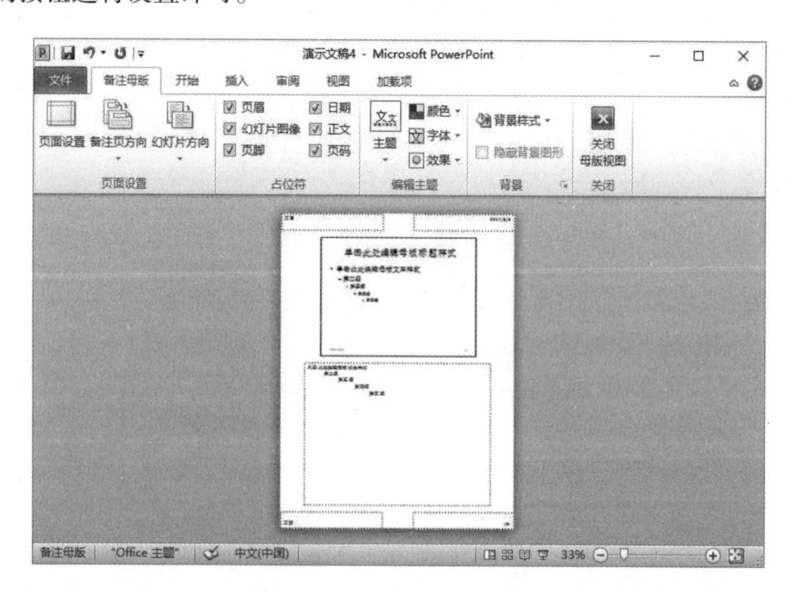

图6.30 “备注母版”视图

第 7 章　动画设置与幻灯片放映

7.1　动 画 设 置

为了增加演示效果，利用 PowerPoint 2010 提供的动画功能，就可以动态地显示文本、图片、音频、视频等对象。动画指的是同一张幻灯片上的对象动态显示时出现的顺序和效果。

7.1.1　动画效果设置

对幻灯片动画效果的设置，可以利用系统提供的预设动画方案。首先，选中幻灯片中某个要设置动画的对象。然后单击选中“动画”选项卡。当鼠标指针指向某一种按钮时，就会显示相应的动画效果。选择其中的一种动画效果（如“飞入”）后，可以利用右侧的效果选项按钮对效果的选项进行设置。如果对现有的效果不太满意，可以利用“动画”选项卡右侧的“高级动画”组或者“计时”组进行进一步设置。设置过程中，可通过“预览”按钮，查看设置的动画效果。下面以图 7.1 所示的幻灯片为例，介绍动画的设置过程。本例中有三个对象，可以设置动画。第一个是文本“欢迎”，第二个是圆形的图片，第三个是方形图片。

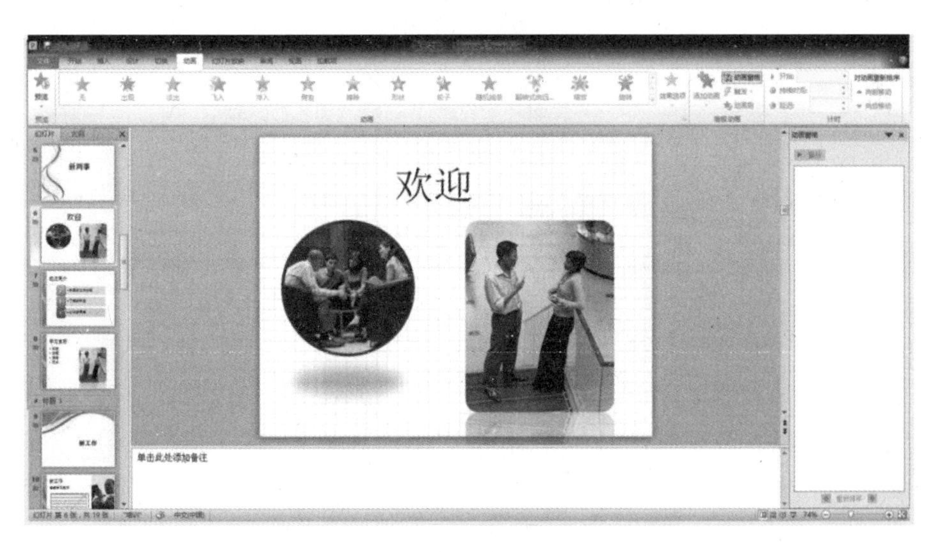

图 7.1　要设置动画的幻灯片

1. 选择动画样式

在幻灯片中，选择要设置动画的对象。本例中，首先选择第一个动画对象“欢迎”文本。单击“动画”打开动画选项卡。在“动画样式” 组中选择“飞入”，当鼠标指针指向“飞入”按钮时，就会显示“飞入”的效果，如图 7.2 所示。

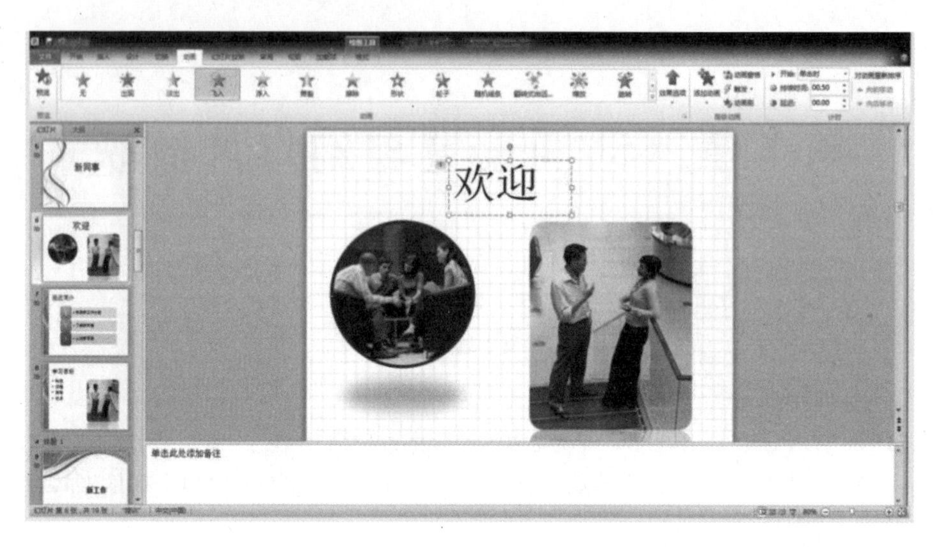

图 7.2　选择动画样式“飞入”

2. 设置效果选项

单击右侧的“效果选项”按钮,可以,对“飞入”效果下的选项进行设置。此例中,可以对飞入的方向进行设置。默认方向是“自底部”,也可以选择其他方向“自左下部”“自左侧”等,如图 7.3 所示。不同的动画样式有不同的效果选项,有的甚至没有效果选项。

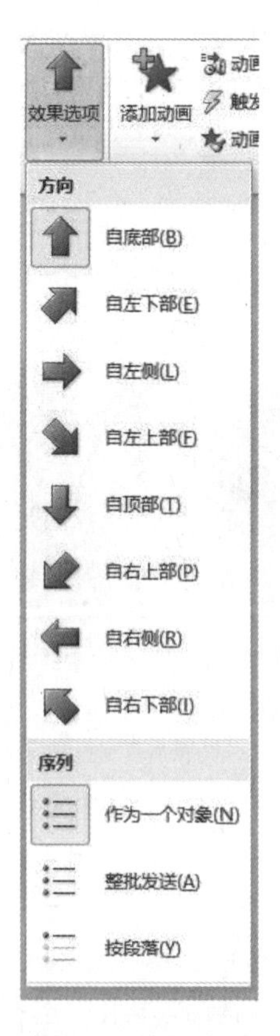

图 7.3　效果选项

设置完后，可以单击左侧的“预览”按钮查看动画的效果。不满意的话，可以进行修改。比如，如果觉得“飞入”的时间太快（默认是0.5 s），可以在右侧的“计时”组，修改“持续时间”为1 s。

第一幅动画设置完后可以设置第二幅动画。选中圆形图片作为第二幅动画，单击“动画样式组”中的“翻转式由远及近” 按钮，设置第二幅动画为此种效果。

3. 使用动画刷

在“动画”选项卡的“高级动画”组中，有个“动画刷”按钮，其功能类似于Word里面的“格式刷”。使用“动画刷”按钮，可以将设置好的动画效果复制到其他对象上。例如，将本例中的方形图片，设置成和第一个“欢迎”文本一样的动画效果，首先选中“欢迎”对象，单击“动画刷”按钮，可以看到此时鼠标指针变成一个与“格式刷”一样的刷子形状，移动鼠标指针到方形图片上，单击一下即可。此时方形图片就设置成和“欢迎”文本一样的效果动画了。

4. 调整播放顺序

单击“动画”选项卡中“高级动画”组中的“动画窗格”按钮，在打开的动画窗格列表框中显示了当前幻灯片中各对象的动画播放顺序，如图7.4所示，选中列表框中的动画标签。上下拖动即可改变其播放顺序。也可以通过动画窗格下面的重新排序按钮调整播放顺序。

5. 修改播放方式

在动画窗格中，单击选中对象的动画标签右侧的下拉按钮，可以打开如图7.5所示的下拉菜单，可以对开始（单击开始、从上一项开始或者从上一项之后开始）、效果选项、计时等播放方式进行设置。

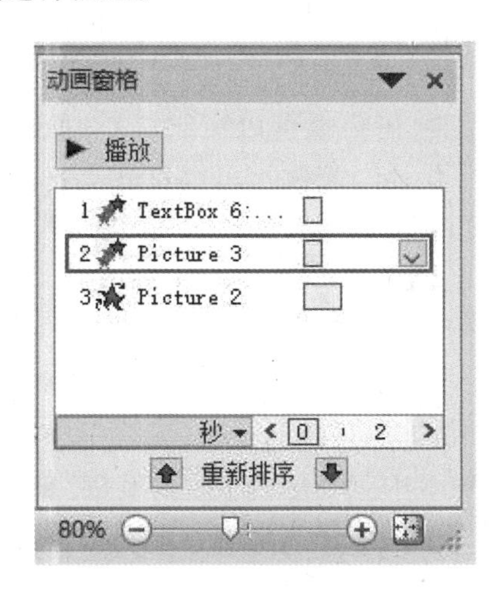

图7.4 调整播放顺序

图7.5 修改播放方式

6. 删除动画

要删除某个对象的动画效果，可以在“图7.5修改播放方式”中选择“删除”；或者选中要删除动画的对象，单击“动画”打开动画选项卡。在“动画样式” 组中选择“无”按钮，即可将当前对象的动画效果删除。

7.1.2 设置幻灯片切换效果

演示文稿是由许多张幻灯片组成的。幻灯片放映时，每张幻灯片显示和消失时，可以

设置其切换的动画效果,PowerPoint 2010 提供了许多音效来增强切换效果。设置幻灯片切换效果的方法如下:

(1)选中要设置切换效果的幻灯片,单击“切换”选项卡,在“切换到此幻灯片”组中选择所需效果,查看更多的切换样式,可以单击切换样式右下角的“其他”按钮,打开如图 7.6 所示的“切换样式”下拉列表。

(2)单击“切换到此幻灯片”组右侧的“效果选项”按钮,对此效果下的选项进行设置。

(3)在“计时”组中对声音、持续时间、换片方式等进行设置。如果要将此切换效果,应用于所有幻灯片,单击“全部应用”按钮即可。

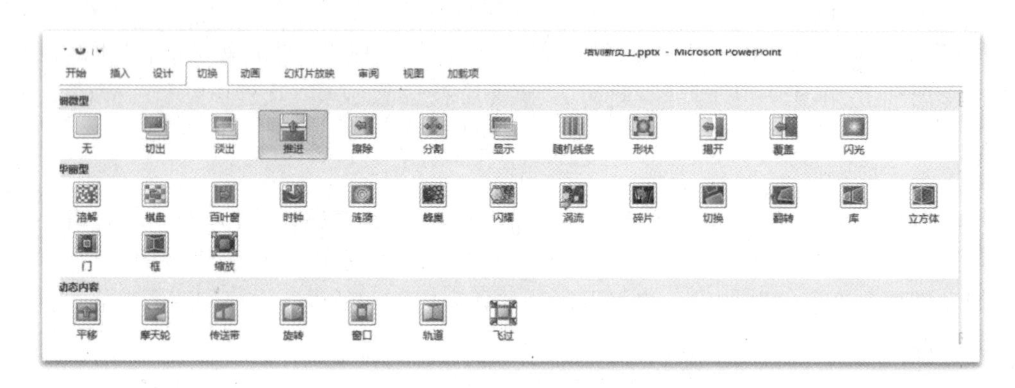

图 7.6 “切换样式”下拉列表

7.1.3 设置超链接

演示文稿播放时,通常按顺序播放。如果需要,用户也可以在幻灯片中添加超链接。在放映时可以通过超链接跳转到任意一张幻灯片。通过超链接可以打开文档、邮件、互联网网页或者是应用程序。下面介绍超链接的设置。

1. 创建超链接

幻灯片里的对象(文本、图片、音频、视频、表格内容等等)都可以用来创建超链接。超链接创建完成后,文本会添加下画线,字体颜色也会改为预设的颜色。幻灯片放映时,单击超链接可跳转到所链接的对象。创建超链接的方法如下:

选中要插入超链接的对象。单击“插入”选项卡中“链接”组的“超链接”按钮,弹出如图 7.7 所示的插入超链接对话框。如果要插入的超链接是指向演示文稿中的某一张幻灯片,选择左侧“链接到”列表中的“本文档中的位置” 按钮,然后选择超链接指向的幻灯片,单击“确定”按钮,如图 7.8 所示。也可以单击插入超链接对话框中的“书签”按钮,进行如图 7.8 所示的设置。

2. 动作设置

动作设置可以用来创建超链接的对象,也可以用来设置动作。选择用来设置动作的对象,单击“插入”选项卡中“链接”组的“动作”按钮,弹出如图 7.9 所示的动作设置对话框,里面有几个单选项。如果选择“超链接到”,能够实现和刚才一样的超链接设置。如果选择“运行程序”,可以启动一个应用程序。动作触发的方式可以有“单击鼠标”或者“鼠标移过”两种选择。

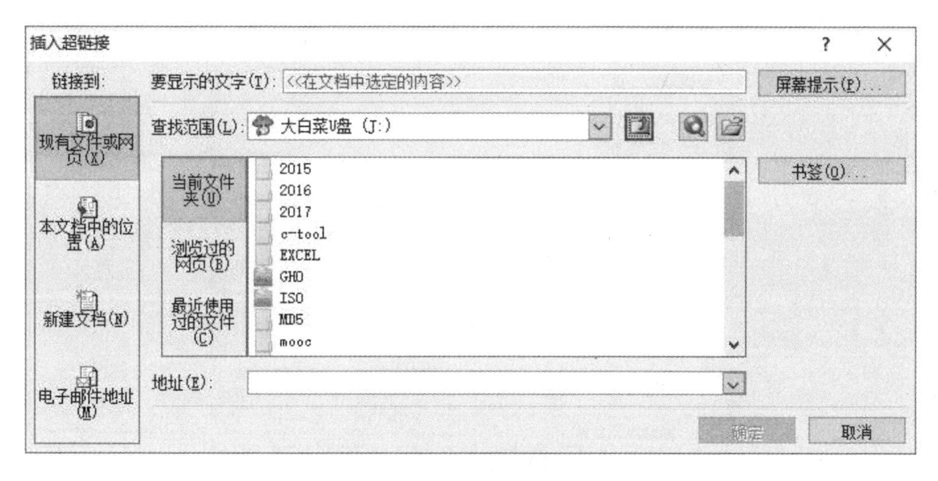

图 7.7　插入超链接对话框

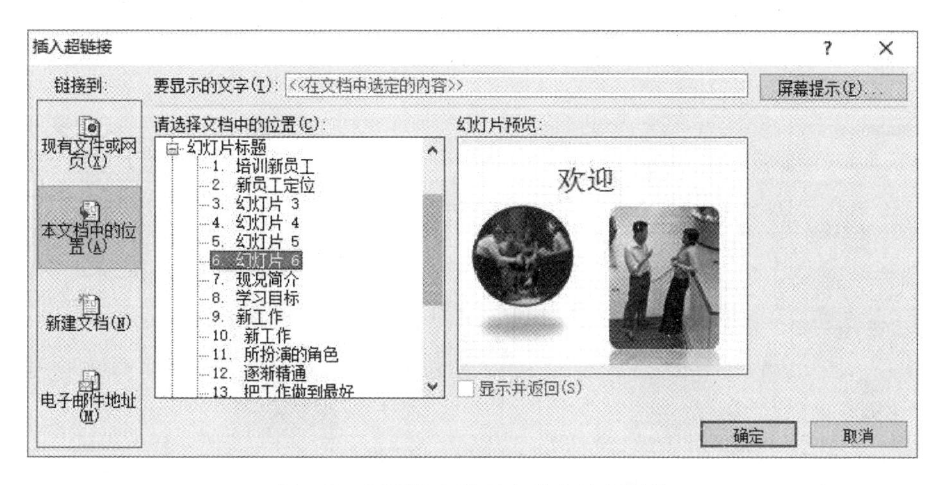

图 7.8　设置指向演示文稿内的超链接

3. 动作按钮

PowerPoint 2010 可以在幻灯片中插入一个“动作按钮”对象，以此设置超链接或者启动一个应用程序。方法如下：在某张打开的幻灯片中，单击“插入”选项卡中“插图”组的“形状”按钮，在弹出的下拉列表框中，选择下部的“动作按钮”组中的一个，然后在幻灯片中拖动放置此动 作按钮。拖动完成后，弹出如图 7.9 所示的动作设置对话框，可以选择“超链接到”或者选择“运行程序”，之后的设置方法如前所述。

4. 编辑和删除超链接

用户如果想修改某个对象的超链接，首先选中该对象，单击“插入”选项卡中“链接”组的“超链接”按钮，弹出如图 7.10 所示的编辑超链接对话框，在此可以修改超链接。或者右击，在弹出的快捷菜单中选择“编辑超链接”，可以在弹出的编辑超链接对话框进行修改。

用户如果想删除超链接，可以在图 7.10 所示的编辑超链接对话框中单击“删除链接”实现。或者右击，在弹出的快捷菜单中选择“取消超链接”，可以达到删除超链接的目的。

动作设置
单击鼠标 鼠标移过
单击鼠标时的动作
无动作(N)
超链接到(H):
下一张幻灯片
运行程序(R):
浏览(B)...
运行宏(M):
对象动作(A):
播放声音(P):
[无声音]
单击时突出显示(C)
确定 取消

图 7.9　动作设置对话框

图 7.10　编辑超链接对话框

7.2　幻灯片放映

演示文稿制作的目的就是为了演示。演示就是放映。PowerPoint 2010 提供了多种演示文稿的放映方式。用户可以根据需要选择不同的放映方式。PowerPoint 2010 还提供了发布幻灯片的功能。

7.2.1　演示文稿放映方式的设置

演示文稿可以有很多种放映方式选择。放映方式的设置如下:打开要放映的演示文稿,单击“幻灯片放映”选项卡中“设置”组的“设置幻灯片放映”按钮,弹出如图 7.11 所示的“设置放映方式”对话框。在对话框中可以选择“放映类型”。放映类型中有三个单选项。

“演讲者放映(全屏幕)”是默认的放映方式,在该方式下演讲者具有全部的权限。放映时可以保留幻灯片设置的所有内容和效果。

“观众自行浏览(窗口)”方式与演讲者放映类似,只是以窗口的方式放映演示文稿。一些功能受限,比如不能使用绘图笔添加标等。如果是在展会上并且允许观众互动的话,可以选择这种方式。设置成这种类型后,在播放时观众可以使用右下角的播放工具来控制它的播放,并能编辑、复制幻灯片。

“在展台浏览(全屏幕)”放映方式中,可以全屏幕的方式放映当前的那一张幻灯片。除了鼠标单击超链接,跳转到其他幻灯片,或者按“Esc”键退出此种方式,其余的任何播放控制都不起作用。

设置完放映类型后,可以继续对“放映选项”“放映幻灯片”以及“换片方式”进行设置,最后单击“确定”按钮,关闭“设置放映方式”对话框,完成设置。

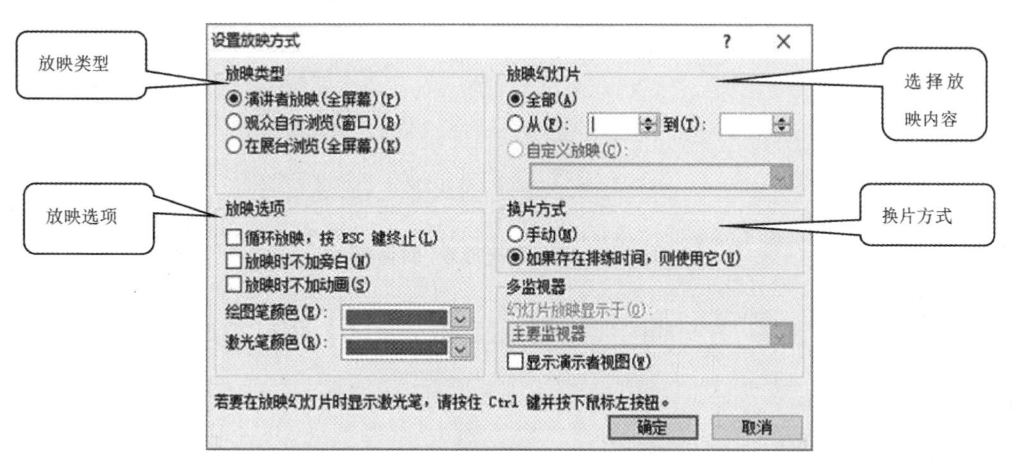

图 7.11　“设置放映方式”对话框

返回幻灯片编辑窗口后,在“幻灯片放映”选项卡中单击“开始放映幻灯片”组的“从头开始”或者“从当前幻灯片开始”按钮,即可开始放映幻灯片。或者在视图切换按钮中,如图 7.12 所示,单击最右侧的放映按钮,也可以开始放映。

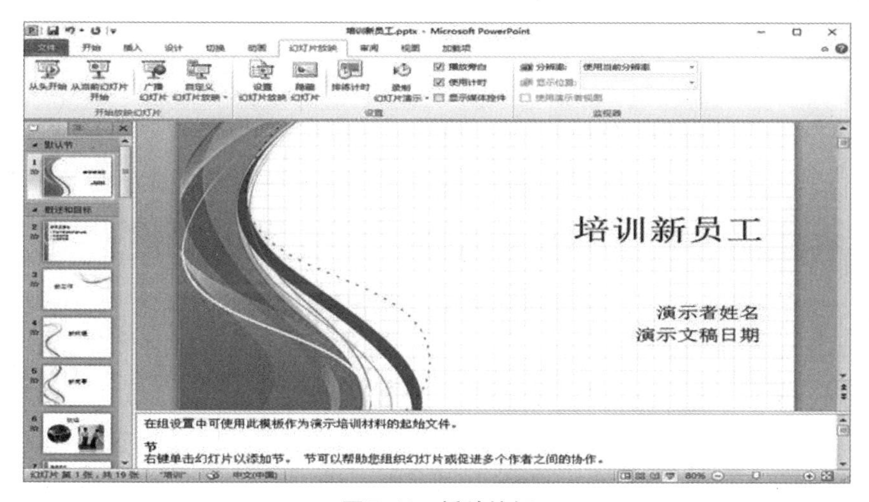

图 7.12　播放按钮

如果要停止放映,可以按“Esc”键或者在右击弹出的快捷菜单中选择“结束放映”。

7.2.2 自定义放映幻灯片

同一份演示文稿通常要放映给不同场合的观众看。可能有些内容,不适用于某些场合的观众。这时可根据需要选择适合的幻灯片进行放映。自定义放映幻灯片的设置方法如下:

(1)单击“幻灯片放映”选项卡“开始放映幻灯片”组中的“自定义幻灯片放映”按钮,打开如图 7.13 所示的“自定义放映”对话框。

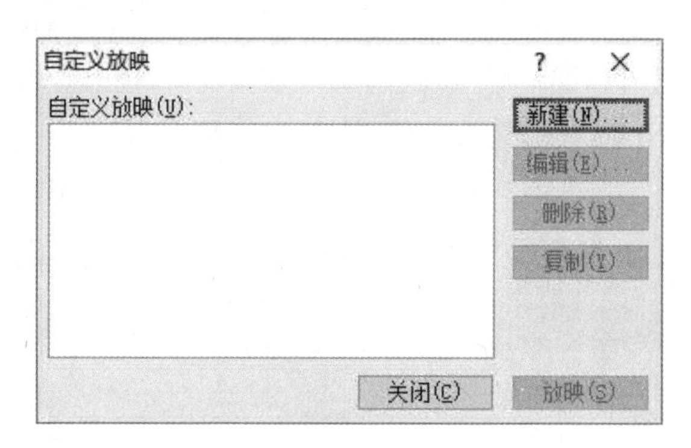

图 7.13 “自定义放映”对话框

(2)单击“新建”按钮,打开如图 7.14 所示的“定义自定义放映”对话框。

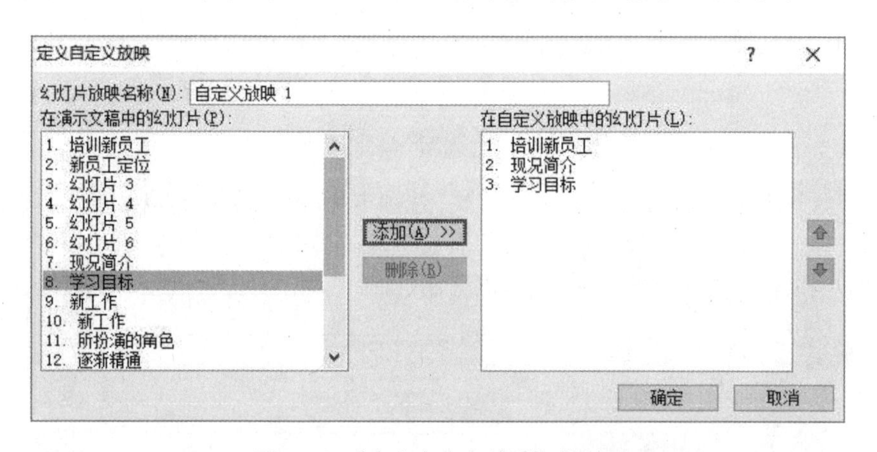

图 7.14 “定义自定义放映”对话框

(3)在“幻灯片放映名称”框中输入自定义放映幻灯片的名字,或者使用系统默认的名字“自定义放映 1”。

(4)在左侧的“在演示文稿中的幻灯片”列表框中,选择某一张所需的幻灯片。再单击“添加”按钮,把它添加到右侧的“在自定义放映中的幻灯片”列表框中。

(5)重复步骤(4),直至将所需要的幻灯片依次加入右侧的“在自定义放映中的幻灯片”列表框中。

(6)如果想在右侧的“在自定义放映中的幻灯片”列表框中删除某一张幻灯片,单击选中它,再单击“删除”按钮即可(只是从自定义的新建幻灯片中删除该幻灯片),如图 7.15

所示。

(7)在右侧的“在自定义放映中的幻灯片”列表框中,也可以调整某一张幻灯片的播放顺序。方法是选中某张幻灯片,使用右侧的“上”“下”按钮调整播放顺序。如图7.15所示。

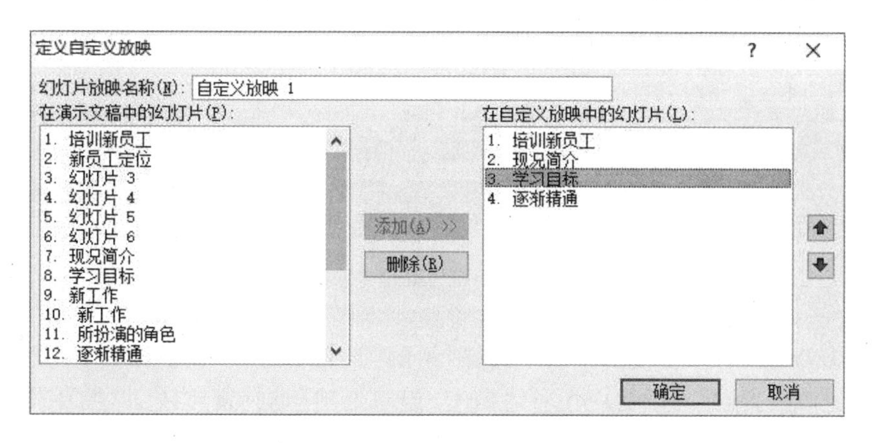

图7.15 删除或调整幻灯片的顺序

(8)将所需要的幻灯片选择完毕后,单击“确定”按钮,会弹出如图7.16所示的“自定义放映”对话框。此时可以单击“编辑”按钮,重新对该自定义幻灯片进行编辑。单击“删除”按钮,则将此自定义幻灯片删除。单击“复制”按钮,则将此自定义幻灯片复制一份。单击“放映”按钮,开始放映此自定义幻灯片。单击“关闭”按钮,则结束此次自定义幻灯片编辑。单击“新建”按钮,则将开始新建另外一个自定义幻灯片。

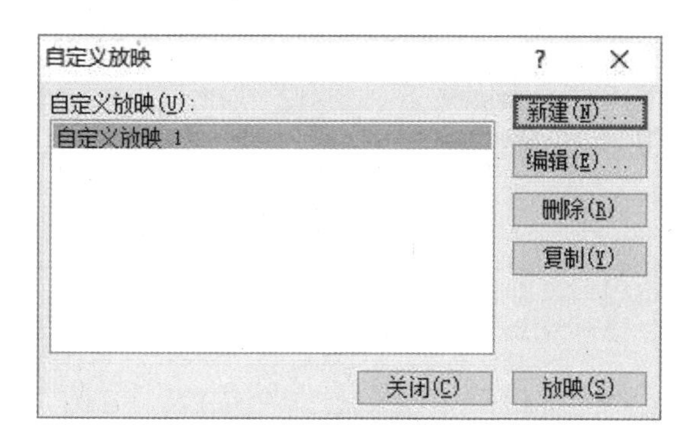

图7.16 自定义放映对话框

(9)为此自定义幻灯片设置放映方式。单击“幻灯片放映”选项卡中“设置”组的“设置幻灯片放映”按钮,弹出如图7.11所示的“设置放映方式”对话框。在对话框中放映内容部分此时可以选择“自定义放映”单选按钮,并在其下拉列表框中选择刚才设置好的“自定义放映1”,然后单击“确定”即可。

(10)单击“文件”选项卡的“保存”按钮保存演示文稿,结束此次自定义放映设置。

7.2.3 自动循环放映幻灯片

在有些场合需要自动循环播放幻灯片。此时就要将幻灯片设置成自动循环播放的方式。设置的方法如下:

(1)打开需要自动循环播放的幻灯片,单击“切换”选项卡的“切换到此幻灯片”组中的某一种切换效果,比如“淡出”,如图7.17所示。

(2)单击“切换”选项卡的“计时”组中的“设置自动换片时间”,设置为3 s,然后单击“全部应用”按钮,如图7.17所示。

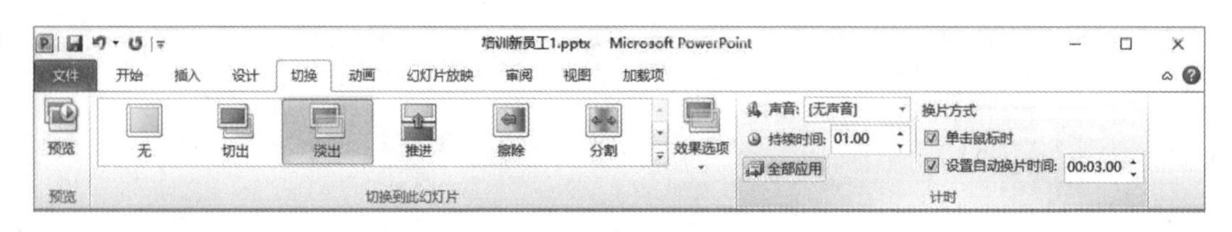

图7.17 设置切换效果和自动换片时间

(3)单击“幻灯片放映”选项卡中“设置”组的“设置幻灯片放映”按钮,弹出如图7.11所示的“设置放映方式”对话框。在对话框中“放映选项”选择复选按钮“循环放映”,如图7.18所示。

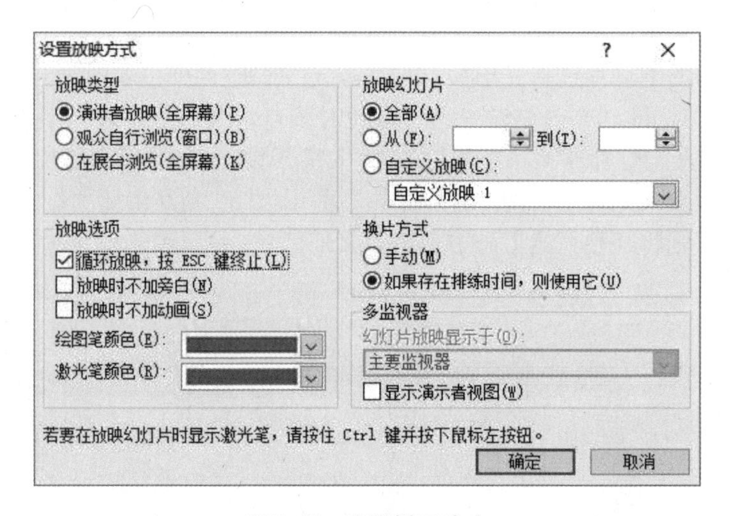

图7.18 设置循环放映

(4)单击“确定”按钮,返回到幻灯片编辑窗口。放映幻灯片时,就会自动循环播放。按下“ESC”键盘则停止播放。

7.3 幻灯片的打印和打包

演示文稿制作完成后,可以将它打印出来或者打包复制到其他电脑上使用。

7.3.1 打印演示文稿

演示文稿根据需要可以将它打印在纸上,或者打印在投影胶片上,通过幻灯机进行放映。在打印之前需要进行相应的设置。

1. 页面设置

在打开的幻灯片中,单击“设计”选项卡的“页面设置”组的“页面设置”按钮,打开如图 7.19 所示的页面设置对话框。

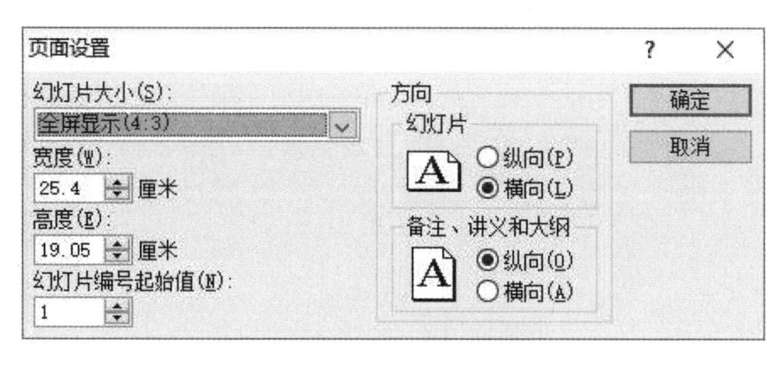

图 7.19　页面设置对话框

(1)设置幻灯片大小:根据打印目的的不同(打印到纸上,或者是胶片),在下拉列表框中选择相应的选项。

(2)设置幻灯片编号起始值:打印在第一张幻灯片上的起始编号。

(3)设置“幻灯片”“备注、讲义和大纲”的打印方向:可以根据需要分别选择纵向或者是横向。

(4)最后单击“确定”按钮,结束页面设置。

2. 设置打印选项

单击“文件”,在打开的下拉菜单中单击“打印”,打开如图 7.20 所示的对话框。在此可用下述方法,对打印选项进行设置。

图 7.20　设置打印选项

(1)选择要使用的打印机:在“打印机”的下拉菜单中进行选择。

(2)设置打印范围:在“打印全部幻灯片”按钮的下拉列表框里选择“打印全部幻灯片”“打印当前幻灯片”或者是“自定义范围”。

(3)设置版式:在“整页幻灯片”按钮的下拉列表框里选择“打印版式”或者是“讲义”,如图 7.21 所示。

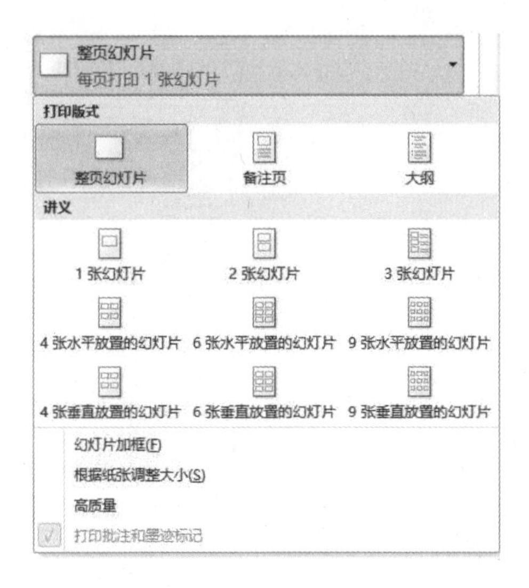

图 7.21　设置版式

(4)打印顺序:如果是打印多份,在“调整”按钮的下拉列表框里选择不同的顺序。

(5)设置颜色:在“颜色”按钮的下拉列表框里选择“彩色”“灰度”或者是“纯黑白”。

(6)选择打印份数,最后单击“打印”按钮。

7.3.2　打包演示文稿与解包播放

1. 打包演示文稿

当用户将演示文稿拿到其他计算机上播放时,如果该计算机没有安装 PowerPoint 或者没有演示文稿所使用的音频、视频文件,或者没有演示文稿所使用的 TrueType 字体,它将不能正常播放。此时,需要使用 PowerPoint 2010 所提供的“将演示文稿打包成 CD” 功能,将所需文件打包到文件夹或者 CD,复制到其他计算机上。这样,其他计算机就可以正常播放所创建的演示文稿。

文稿打包的操作方法如下:

(1)单击并打开“文件”下拉菜单,选择“保存并发送”里面的“将演示文稿打包成 CD”,此时会打开如图 7.22 所示的窗口。

(2)单击“打包成 CD” 按钮,打开如图 7.23 所示的“打包成 CD”对话框。

(3)在“将 CD 命名为”框中输入打包文稿的名字。

(4)单击“选项”按钮,在打开的如图 7.24 所示的“选项”对话框中设置是否将“链接的文件”或者“嵌入的 TrueType 字体”显示在“要复制的文件”列表中。

(5)使用“添加”按钮,将所要打包的所有文件添加进来,如果不小心添加了不该添加的文件可以用“删除”按钮来删除。

图 7.22　将演示文稿打包成 CD

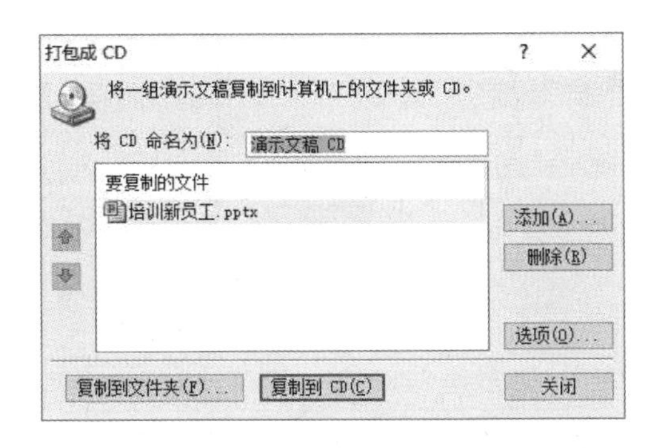

图 7.23　“打包成 CD”对话框

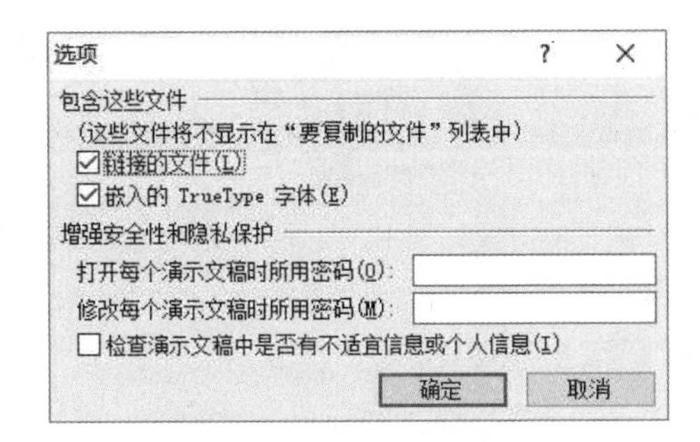

图 7.24　“选项”对话框

(6)最后单击“复制到文件夹”按钮,打开如图 7.25 所示的“复制到文件夹”对话框,将打包的所有文件复制到某个文件夹中;或者单击“复制到 CD ”按钮,将所有的打包文件复制到 CD 中,此时应保证计算机连接有相应的刻录设备。

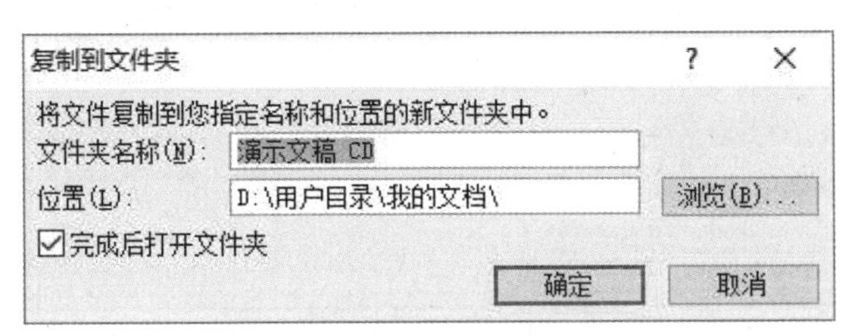

图 7.25　“复制到文件夹”对话框

打包的演示文稿,除了包含所有的打包文件外,还包含 autorun. inf 文件和一个 PresentationPackage 子文件夹,如图 7.26 所示。

2. 打包演示文稿的解包播放

将打包的演示文稿拿到其他计算机上使用时,如果该计算机上安装有 PowerPoint 软件,可以直接放映演示文稿。否则,需要从互联网上下载 PowerPoint Viewer 播放器软件,才能正

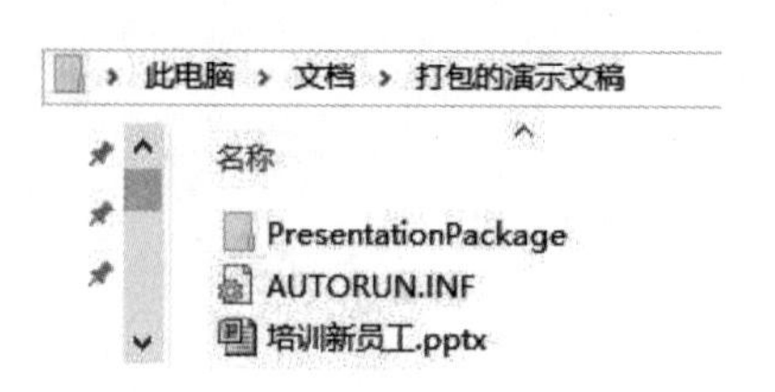

图 7.26　打包的演示文稿

常播放演示文稿。下载 PowerPoint Viewer 软件的方法如下：

(1)打开打包的子文件夹 PresentationPackage。

(2)双击 PresentationPackage. html 网页文件,在打开的网页中单击“Download Viewer”按钮,如图 7.27 所示。

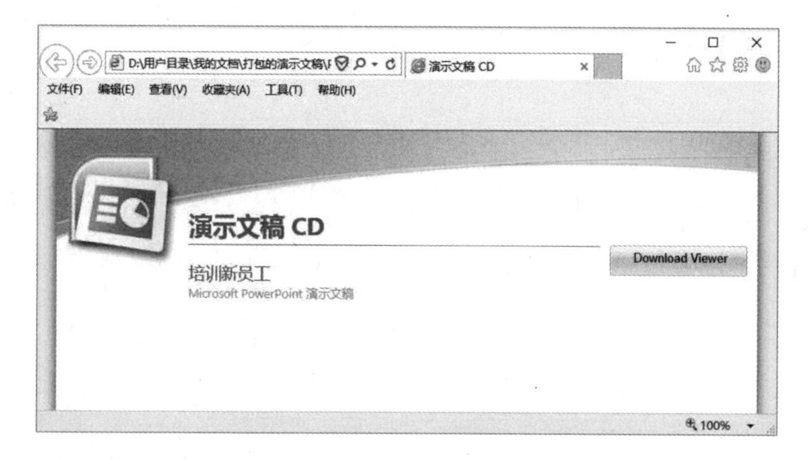

图 7.27　下载 PowerPoint Viewer 软件

(3)在新打开的网页中选择 PowerPoint Viewer 的语言版本,然后单击“下载”按钮,此时网站还会建议下载一些其他的相关软件,在此选择“不用啦,谢谢,请继续” 按钮。

(4)按照提示将 PowerPoint Viewer 软件保存到电脑上并安装。

(5)安装完毕后启动 PowerPoint Viewer 软件。在电脑上找到打包的文件夹打开,如图 7.28 所示。

图 7.28　打开演示文稿

双击打开要播放的演示文稿文件。现在就可以在电脑上用 PowerPoint Viewer 软件播放演示文稿了,如图 7.29 所示。如果是打包到 CD 上,插入光盘后就会自动播放。

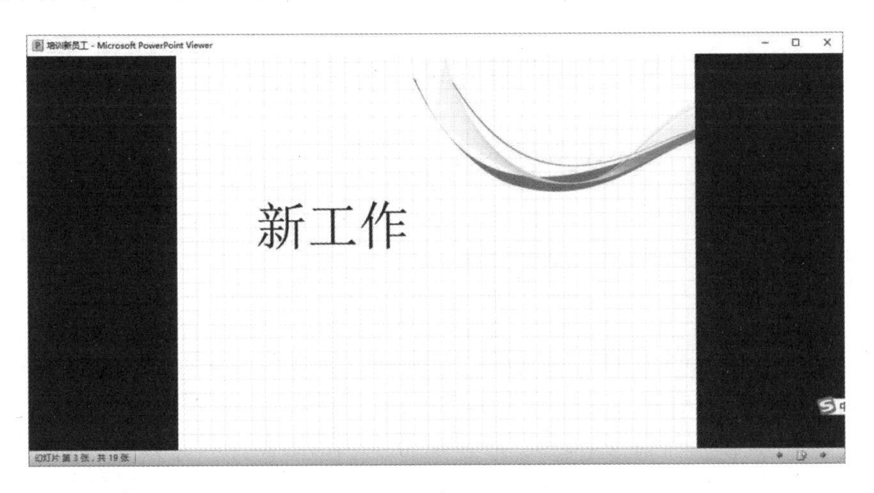

图 7.29　用 PowerPoint Viewer 软件播放演示文稿

附录A　Office综合应用实例

A1　Word实例

Word是美国的Microsoft(微软)公司的Office系列软件中的一个成员,是目前功能最强大的字处理软件之一,它具有强大的编辑、排版功能,可以编辑文字、图形、图像、声音、动画,还可以插入其他软件制作的资料,也可以用Word软件提供的绘图工具进行图形制作,编辑艺术字,数学公式等,能够满足用户的各种文档处理要求,实现"所见即所得"的效果,使用Word模板能够快速地创建各种业务文档,提高工作效率,能满足人们的日常办公的需求。

下面通过几个Word案例介绍文字编辑软件Word的功能,学生通过完成案例,能快速提高利用计算机进行文档编辑的能力。

实例A1:文档的排版1

1. 应用知识点

(1)熟练掌握文档的创建和保存。

(2)熟练掌握文档格式、段落格式的设置。

(3)熟练掌握分栏设置。

(4)熟练掌握剪贴画、形状、艺术字、文本框、表格等元素的设置以及与文字间的环绕方式的设置。

(5)熟练掌握组合形状的方法。

(6)熟练掌握页面边框的设置。

2. 案例内容

按要求完成下列文字的输入及文字和段落的格式化设置,并保存在当前目录下,文件名称为"实例1.docx"。目标文档如图A1所示。

(1)录入下列文字,小四,宋体。

梦开始的地方

他是我最好的朋友之一。我们四个兄弟,也是同一间屋子的室友。老大学计算机,网名大胖;老二是帅哥瘦猴,每次聚会总是吸引不少女生的目光;小高在我们四个中排行老三,但是最高,学中文,爱写散文,话不多,但有哲理的话总是从他那里冒出来。我像是个毫无特色的人,除了喜欢做实验。

我们很认真地聊过理想,那时候,觉得老师是最大的,将来如果能当老师,一定很威风神气,没有小朋友敢欺负。我童年时也梦想过当科学家和老师,高中的时候选了理科,因为喜欢做实验的感觉。那种感觉,好像事情的每一步,你都看得见,都能掌控,而且,错了还可以重来。生活若是能像试管那样透明就好了,可惜不然,许多时候,我们无法控制生活,所

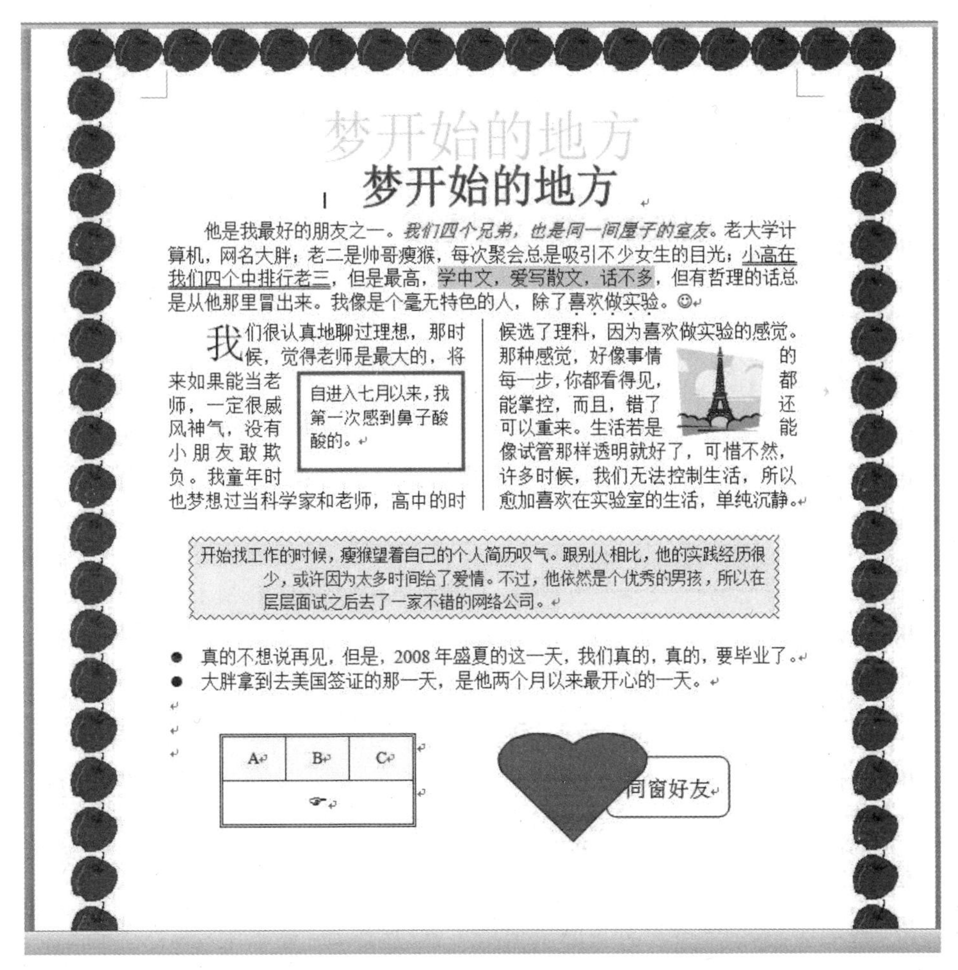

梦开始的地方

他是我最好的朋友之一。我们四个兄弟，也是同一间屋子的室友。老大学计算机，网名大胖；老二是帅哥瘦猴，每次聚会总是吸引不少女生的目光；小高在我们四个中排行老三，但是最高，学中文，爱写散文，话不多，但有哲理的话总是从他那里冒出来。我像是个毫无特色的人，除了喜欢做实验。☺

我们很认真地聊过理想，那时候，觉得老师是最大的，将来如果能当老师，一定很威风神气，没有小朋友敢欺负。我童年时也梦想过当科学家和老师，高中的时候选了理科，因为喜欢做实验的感觉。那种感觉，好像事情的每一步，你都看得见，都能掌控，而且，错了还可以重来。生活若是能像试管那样透明就好了，可惜不然，许多时候，我们无法控制生活，所以愈加喜欢在实验室的生活，单纯沉静。

自进入七月以来，我第一次感到鼻子酸酸的。

开始找工作的时候，瘦猴望着自己的个人简历叹气。跟别人相比，他的实践经历很少，或许因为太多时间给了爱情。不过，他依然是个优秀的男孩，所以在层层面试之后去了一家不错的网络公司。

- 真的不想说再见，但是，2008 年盛夏的这一天，我们真的，真的，要毕业了。
- 大胖拿到去美国签证的那一天，是他两个月以来最开心的一天。

A	B	C
☛		

同窗好友

图 A1 实例 1 样张

以愈加喜欢在实验室的生活，单纯沉静。

开始找工作的时候，瘦猴望着自己的个人简历叹气。跟别人相比，他的实践经历很少，或许因为太多时间给了爱情。不过，他依然是个优秀的男孩，所以在层层面试之后去了一家不错的网络公司。

真的不想说再见，但是，2005 年盛夏的这一天，我们真的，真的，要毕业了。

大胖拿到去美国签证的那一天，是他两个月以来最开心的一天。

（2）将标题“梦开始的地方”设置为艺术字（艺术字样式任选），并将艺术字放置在文档的顶部，“居中”。

（3）将第 1 段“他是我最好的……喜欢做实验。”中的文字“我们四个兄弟，也是同一间屋子的室友”字形设置为：倾斜，颜色：红色。

（4）将文字“小高在我们四个中排行老三”加“双下画线”，下画线颜色为“深红”。

（5）将文字“学中文，爱写散文，话不多”设置底纹。

（6）将文字“喜欢做实验”加“着重号”，在段落末尾插入一个特殊符号。

（7）将第 2 段“我们很……单纯沉静。”分 2 栏，加“分隔线”。

（8）将第 2 段设置“首字下沉，下沉 2 行”。

(9)将第3段“开始找工作……网络公司”设置为:段前艰间距:1行,段后间距:1行。

(10)将第3段加边框:“方框”,线型:“波浪线”,颜色:“紫罗兰”,加底纹,颜色“浅绿”。

(11)将第3段设置为“悬挂缩进”,缩进“4字符”,

(12)将第3段设置为段落左缩进“2字符”,右缩进“2字符”。

(13)将最后2段添加项目符号。

(14)插入一个横排文本框,文本框中的内容为“自进入七月以来,我第一次感到鼻子酸酸的。”

(15)设置文本框的边框线条颜色为“绿色”,粗细:“2.25磅”。

(16)设置文本框的环绕方式为:四周环绕。

(17)插入一任意剪贴画,设置为“紧密环绕”。

(18)插入一“圆角矩形”的形状,“圆角矩形”中的文字为“同窗好友”。

(19)插入另一形状,“心形”,设置填充颜色为:“红色”。

(20)组合这2个形状。

(21)插入一个2行3列的表格。

(22)设置表格行高为“1厘米”,列宽为“1.5厘米”。

(23)合并表格第2行3个单元格为1个单元格。

(24)表格第一行输入A,B,C,第2行插入符号。

(25)设置表格外侧边框为:双线,蓝色,第一行底纹颜色为:“浅黄”。

(26)设置页面艺术型边框,效果如图A1所示。

3.操作提示

设置页面边框的方法是,在“开始|段落”下,点击“边框和底纹”按钮,在出现的下拉菜单中选择“边框和底纹” 命令,打开如图A2所示的“边框和底纹”对话框,在对话框中选择“页面边框”选项卡,本例需要设置页面艺术型边框,所以在“艺术型”框中选择需要的艺术型边框,单击“确定”即可。

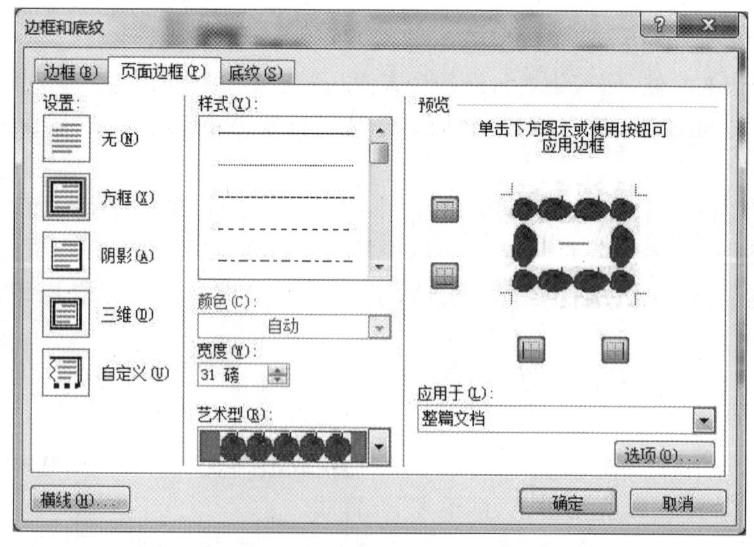

图A2 “边框和底纹”对话框

实例 A2：文档的排版 2

1. 应用知识点

(1)熟练掌握文档格式、段落格式的设置

(2)熟练掌握页眉、页脚、页码的设置

(3)熟练掌握文本的选取、查找和替换

(4)熟练掌握表格的设置，以及表格单元格的合并

(5)熟练掌握表格特殊斜线表头的设置

2. 案例内容

按要求完成下列文字的输入及文字和段落的格式化设置。目标文档如图 A3 所示。

Microsoft Office 系列教材

Word 的发展史

如果您在过去的 25 年里用过 Microsoft Word，你就会发现 Microsoft Word 是文字处理世界里的王者。多年以来，Microsoft Word 一直是微软公司办公软件的重要一员。今天 Microsoft Word 的王者地位已经不可动摇，而一些公众则认为，文字处理软件市场已经不存在。

1983 年 10 月，微软公司推出首款文字处理程序，但该程序非常不稳定，而且难以操作，直到 5 年后，微软才将其推向市场。即便如此，word 还是迅速占领市场。但在 word 成长的过程中，一直伴随着争议与批评。

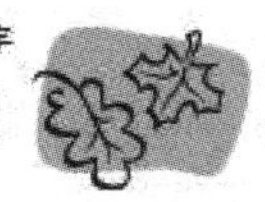

那么 Microsoft Word 如何在 25 年间从暴发户迅速成长为软件世界绝对的王者呢？在 word 之前世界上首款 WYSIWYG 文字处理器是 BRAVO。1974 年，Charles Simonyi 和 Butler Lampson 在施乐的帕洛阿尔托研究中心发明了具有革命性的机器—Xerox Alto。Alto 是世界上第一台个人电脑，它充分融合了鼠标和图形用户界面。尽管施……未对 Alto 进行商业开发，但一……，Alto 还影响了个人电脑及操……统。当然 Alto 也对 Microsoft Word 起到了很大的作用。

课程表

星期/节次/课时		一	二	三	四	五
上午	1-2 节	计算机基础	英语精读	电路	英语口语	C 语言
	3-4 节		高等数学	英语口语	数字逻辑	
下午	5-6 节	计算机实验		电路实验		体育
	7-8 节				政治	

2017-4-4　　I

图 A3　实例 2 样张

输入如下文字：

如果您在过去的25年里用过Microsoft Word，你就会发现Microsoft Word是文字处理世界里的王者。多年以来，Microsoft Word一直是微软公司办公软件的重要一员。今天Microsoft Word的王者地位已经不可动摇。而一些公众则认为，文字处理软件市场已经不存在。

1983年10月，微软公司推出首款文字处理程序。但该程序非常不稳定，而且难以操作。直到5年后，微软才将其推向市场。即便如此，Word还是迅速占领市场。但在Word成长的过程中，一直伴随着争议与批评。

那么Microsoft Word如何在25年间从暴发户迅速成长为软件世界绝对的王者呢？在Word之前世界上首款WYSIWYG文字处理器是BRAVO，1974年，Charles Simonyi和Butler Lampson在施乐的帕洛阿尔托研究中心发明了具有革命性的机器—Xerox Alto。Alto是世界上第一台个人电脑，它充分融合了鼠标和图形用户界面。尽管施乐从未对Alto进行商业开发，但一直到今天，Alto还影响了个人电脑及操作系统。当然Alto也对Microsoft Word起到了很大的作用。

要求：

1. 添加标题"Word的发展史"，将标题设置为"标题3"，居中。
2. 将正文设置为中文"宋体"，西文"Times New Roman"，字号为小四。
3. 将标题中的"Word"字体设为三号、红色、加粗、加着重号并且使位置提升6磅。
4. "发展史"的字符间距加宽6磅。
5. 将标题加上3磅的橙色阴影边框。
6. 每一段都设置首行缩进2字符。
7. 将第一段的段前加1行，段后加0.5行。
8. 其余各段都段前和段后加0.5行。
9. 在第二段的合适位置插入任意一款季节类的剪贴画。
10. 剪贴画设为紧密型环绕，并缩减到合适的位置。
11. 将最后一段分栏，分两栏，栏间距2字符，加分割线。
12. 最后一段的首字下沉两行，据正文0.2。
13. 插入如图所示的笑脸。
14. 将笑脸填充为黄色。
15. 将表格的标题设为宋体、小二、加粗。
16. 插入表格。
17. 插入如图所示的斜线表头。
18. 第一行加如图底纹。
19. "上午"和"下午"竖向显示。
20. 如图中的位置分别加双线和虚线。
21. 表中所有数据（表头除外）对齐方式全部设为水平和垂直居中。
22. 加页眉"Microsoft Office系列教材"。
23. 页眉设置为"Times New Roman"，五号。
24. 加页脚为当前日期。
25. 插入页码，采用格式为"Ⅰ Ⅱ Ⅲ……"，位置在中间、下方。
26. 利用替换功能将文中"Microsoft Word"加着重号。

3. 操作提示

插入具有多条斜线的斜线表头的方法是，首先加宽行，以能容纳多个文字，然后光标定位在第一个单元格，选择“插入”选项卡，在“插图”功能区选择“形状”按钮，点击“直线”按钮，在单元格中画两条如图 A3 所示的直线，然后在“文本”功能区，点击“文本框”按钮，在需要添加文字处，鼠标拖动画出文本框，在文本框里添加文字，然后右击文本框，在快捷菜单中选择“置于底层|置于底层”，并在如图 A4 所示的“绘图工具|格式”选项卡下，点击“形状样式”功能区中的“形状轮廓”按钮，在下拉菜单中选择“无轮廓”选项，即可去掉文字外面的框。

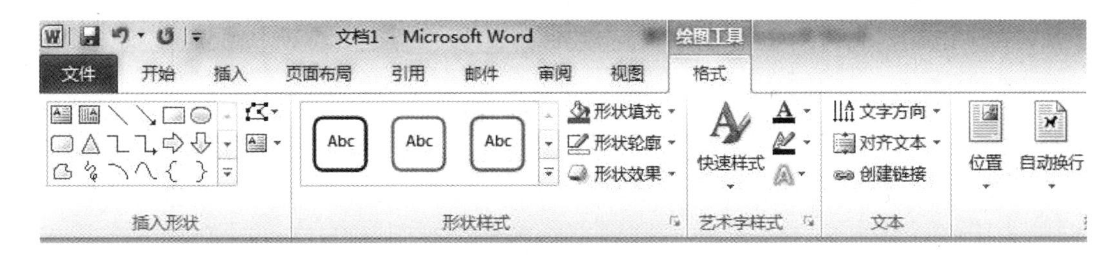

图 A4　选择“形状轮廓”

实例 A3：表格的使用 1

1. 应用知识点

（1）熟练掌握表格的创建。

（2）熟练掌握表格的单元格的合并，表格的单元格中文字的竖排方式的设置。

2. 案例内容

按要求完成个人简历表格的编辑排版。

（1）输入标题“个人简历”。

（2）插入一个 5 列 7 行的表格。

（3）设置标题为宋体一号字，字符间距加宽 10 磅。

（4）按照图 A5 所示，进行表格的合并与拆分。

（5）输入相应文字，文字设置为宋体 4 号字，加粗，单元格对齐方式选择“水平居中”。

3. 操作提示

输入竖排文字方法是，首先在表格中输入“工作经验”并选中，右击鼠标，在快捷菜单中选择“文字方向”，如图 A6 所示，选择图中所框的竖排文字方向即可。

实例 A4：表格的使用 2

1. 应用知识点

（1）熟练掌握表格的设置以及斜线表头的设置

（2）熟练掌握表格增加行、列的方法

（3）熟练掌握表格的单元格的合并与拆分

2. 案例内容

按要求完成课程表的编辑排版。

（1）插入一个 6 列 5 行的表格。

个　人　简　历

姓　　名		性　　别		
出生年月		民　　族		
政治面貌		身体状况		
毕业学校		学　　历		
专　　业		电　　话		
工作经验				
自我评价				

图 A5　实例 A3 样张

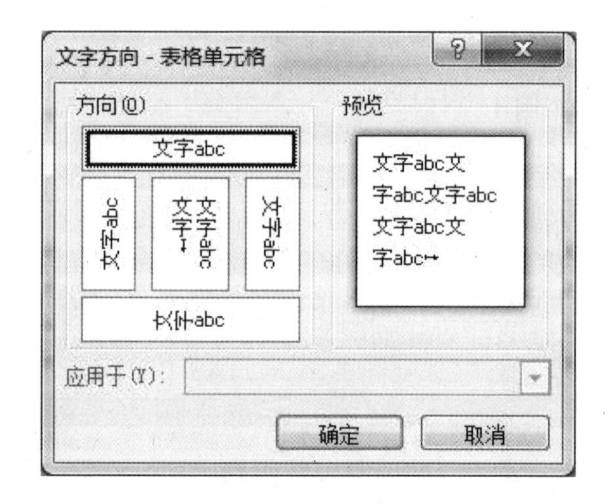

图 A6　文字方向

(2)按照图 A6 输入除第一列外的所有文字。

(3)设置第一行行高为 2 cm。

(4)在最右侧增加一列“星期六”。

(5)如图 A6 所示,对一列表格进行拆分,输入图中内容。

(6)设置单元格对齐方式为水平居中。

(7)设置第一行底纹颜色为黄色。

(8)设置表格外边框为双线,中线(上午和下午的分界线)也设置为双线。

(9)设置如图 A7 所示的斜线表头。

(10)将表格下移一行,输入标题“课程表”,设置字体为华文楷体,小二号,居中。

课程表

课程表

<table>
<tr><th colspan="2">星期
课程</th><th>星期一</th><th>星期二</th><th>星期三</th><th>星期四</th><th>星期五</th><th>星期六</th></tr>
<tr><td rowspan="4">上午</td><td>1</td><td rowspan="2">高数</td><td rowspan="2">英语</td><td rowspan="2">计算机</td><td rowspan="2">C语言</td><td rowspan="2">高数</td><td rowspan="2"></td></tr>
<tr><td>2</td></tr>
<tr><td>3</td><td rowspan="2"></td><td rowspan="2">思修</td><td rowspan="2">高数</td><td rowspan="2">物理</td><td rowspan="2">英语</td><td rowspan="2">选修课</td></tr>
<tr><td>4</td></tr>
<tr><td rowspan="4">下午</td><td>5</td><td rowspan="2">体育</td><td rowspan="2"></td><td rowspan="2"></td><td rowspan="2">思修</td><td rowspan="2">计算机</td><td rowspan="2"></td></tr>
<tr><td>6</td></tr>
<tr><td>7</td><td rowspan="2"></td><td rowspan="2">C语言</td><td rowspan="2"></td><td rowspan="2"></td><td rowspan="2"></td><td rowspan="2"></td></tr>
<tr><td>8</td></tr>
</table>

图 A7　实例 A4 样张

实例 A5：表格的使用 3

1. 应用知识点

(1)熟练掌握表格的创建。

(2)熟练掌握套用表格样式的设置方法。

(3)熟练掌握表格中公式的使用方式。

2. 案例内容

按要求完成成绩表的编辑排版。

(1)插入一个 6 列 9 行的表格。

(2)按照图 A8 输入除最后一列之外的所有文字。

成绩表

成绩单

分数 姓名	数学	语文	英语	物理	化学	总分
王阳	87	90	88	75	79	419
张超	73	54	79	72	92	370
李欣	90	79	80	94	88	431
付冰	82	89	83	83	77	414
郭少华	87	77	84	92	67	407
赵宇	87	91	80	77	82	417
季平平	79	86	81	69	89	404
吕景顺	88	79	80	80	84	411

图 A8　实例 A5 样张

(3)设置第一行行高为 1.5 cm,其余各行行高设置为 0.8 cm。

(4)字体设置中文为“宋体”,西文为“Time New Roman ”,小四号字。

(5)在表格最右列插入一列,第一行单元格输入“总分”,在其他单元格中,利用公式计算每个学生的总分。

(6)套用表格样式。

(7)单元格对齐方式设置为“水平居中”。

(8)绘制斜线表头。

3. 操作提示

将光标定位于“王阳”对应的“总分”单元格,在“表格工具|布局”选项卡中单击“数据”功能区中的“公式”按钮,出现如图 A9(a)所示公式的对话框,单击“确定”按钮,即可计算出王阳同学的总分,利用同样方法可以计算出其他同学的总分。

注:当光标定位在第二行张超同学总分单元格以及以下同学总分单元格时,单击“公式”按钮,出现如图 A9(b)所示公式的对话框,需要把函数 = SUM(ABOVE),修改成 = SUM(LEFT)即可求出左边数据的和。

(a) (b)

图 A9 在表格中插入公式

实例 A6:公式编辑

1. 应用知识点

(1)熟练掌握插入 Word 2010 内置公式的使用方法。

(2)熟练掌握各种复杂公式的编辑方法。

2. 案例内容

编辑如下公式:

$$x = \frac{-b \pm \sqrt{b^2 - 4ac}}{2a}$$

$$\log_a \sqrt[n]{N} = \frac{1}{n}\log_2 aN$$

$$1^2 + 2^2 + 3^2 + \cdots + n^2 = \frac{n(n+1)(2n+1)}{6}$$

实例 A7:制作卡片

1. 应用知识点

(1)熟练掌握制作包含形状、图片、艺术字、文本框、文字等多元素卡片的方法。

(2)熟练掌握美化图片的方法。

2. 案例内容

制作如图 A10 所示的清凉卡片。

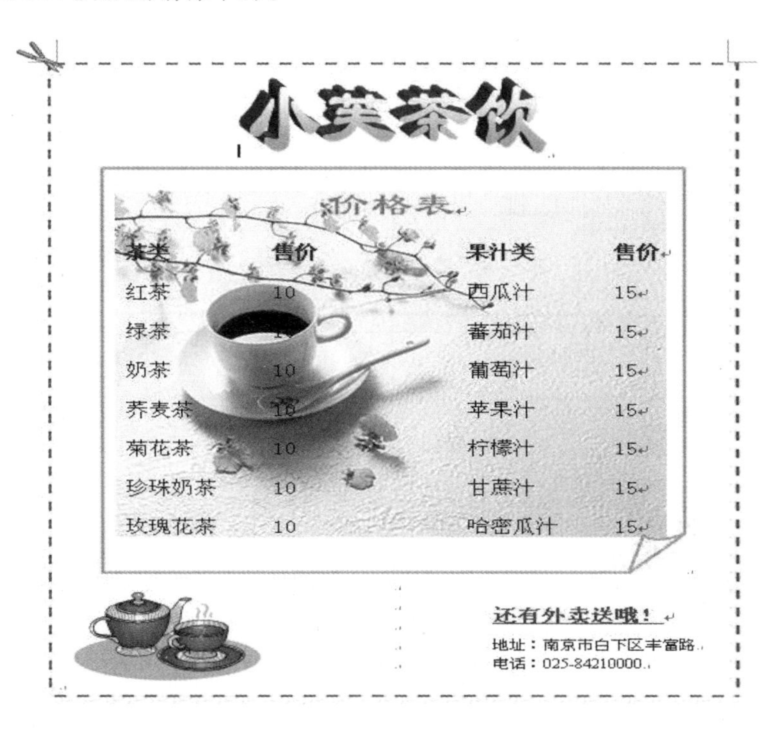

图 A10　实例 A7 样张

3. 操作提示

单击“插入”选项卡的“插图”功能区的“形状”按钮,在下拉菜单中选择“矩形”,在页面上画一个矩形,在“绘图工具”的“格式”下的“形状样式”里选择与样张接近的样式,在“形状轮廓”下选择“虚线”,右击该矩形,在快捷菜单中选择“添加文字”使光标定位在“矩形”框里,然后插入“图片”,在图片上再插入“折角形”(在“形状”中),右击“折角形”在快捷菜单中选择“设置形状格式 ”|“填充”|“无填充”,则图片就显露出来。然后在图片上添加“文本框”,填写文字,对“文本框”设置“无填充”和“无线条”(右击“文本框”选择“设置形状格式”,在“填充”下选择“无填充”,在“线条颜色”下选择“无线条”)即可。

实例 A8:制作组织结构图

1. 应用知识点

(1)熟练掌握 SmartArt 工具。

(2)熟练掌握插入 SmartArt 图形以及修改美化图形的方法。

2. 案例内容

制作如图 A11 所示的公司组织结构图。

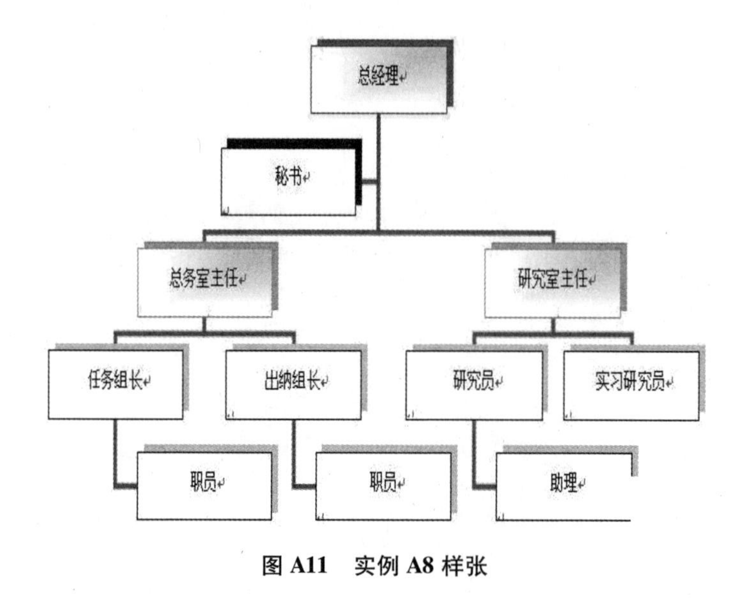

图 A11 实例 A8 样张

A2 Excel 实例

在学校里面我们经常需要对数据进行处理,就是对学生成绩的处理。教师常常需要对学生的一门课程成绩或者是多门课程的成绩进行处理。下面以对学生成绩处理为例,采用循序渐进的方式,引导学生掌握对数据处理分析的基本方法和操作。

实例 A9:制作工作表

1. 应用知识点

(1)熟练掌握工作簿工作表的基本操作。

(2)掌握数据的输入及数据填充。

2. 案例内容

(1)新建工作簿。在工作表标签 sheet1 中。输入如图 A12 所示的数据表格,其中学号为文本格式。

(2)对单元格区域 E3 : H88 设置数据有效性。数据有效性要求允许范围为 0 - 100。“输入信息”选项卡中“标题”输入“提示”“输入信息”中输入:“请输入数据:0 - 100”“出错警告”选项卡中标题输入“错误”,错误信息:“数据输入超出范围!”。然后按照表格内容,完成其他数据输入。

(3)为本工作簿命名为“case”,并设置打开密码为“hello”。

3. 操作提示

(1)将“学号”列设为文本格式要加前导符“'”。输入第一个学号以后,可以利用填充柄快速输入其他学号。

(2)数据有效性的设置:在“数据”选项卡“数据工具”组,单击“数据有效性”按钮,在弹出的对话框中进行相应设置即可,如图 A13 所示。

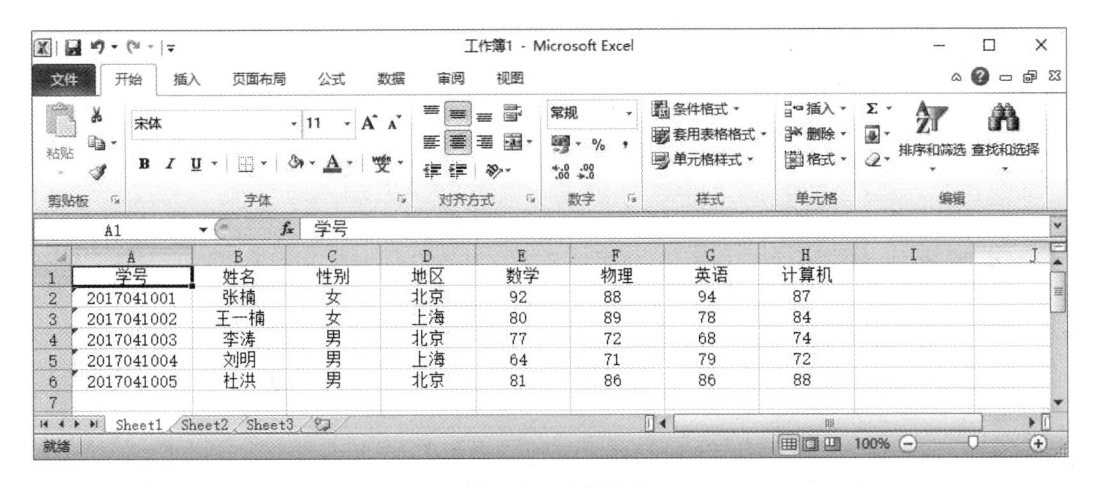

	A	B	C	D	E	F	G	H
1	学号	姓名	性别	地区	数学	物理	英语	计算机
2	2017041001	张楠	女	北京	92	88	94	87
3	2017041002	王一楠	女	上海	80	89	78	84
4	2017041003	李涛	男	北京	77	72	68	74
5	2017041004	刘明	男	上海	64	71	79	72
6	2017041005	杜洪	男	北京	81	86	86	88

图 A12　实例 A9

(3)保存工作簿并添加打开密码:选择“文件”“另存为”。在打开的对话框中,单击“工具”按钮,选择“常规选项”,在打开的“常规选项”对话框中进行设置即可。

数据有效性

设置　输入信息　出错警告　输入法模式

☑ 选定单元格时显示输入信息(S)

选定单元格时显示下列输入信息:

标题(T):

提示

输入信息(I):

请输入数据:0到100

全部清除(C)　确定　取消

图 A13　实例 A9 数据有效性

常规选项

☐ 生成备份文件(B)

文件共享

打开权限密码(O): *****

修改权限密码(M):

☐ 建议只读(R)

确定　取消

图 A14　实例 A9 设置打开密码

实例 10:格式化工作表

1. 应用知识点

(1)掌握工作表的编辑:工作表行、列的插入及删除,工作表标签的重命名。

(2)掌握工作表的格式化:设置单元格的边框、颜色以及字体,字号等。

2. 案例内容

将图 A12 所示的工作表,设置成如图 A15 所示的样子。具体要求如下:

(1)将工作表 sheet1,重命名为:“平时成绩”,并在最后增加一列“平均分”。

(2)给工作表添加表格线,将数据区全部设为黑色框。

(3)为表格设置标题名为:“平时成绩”,并设置字体大小:14,字体:楷书,对齐方式合并后居中。

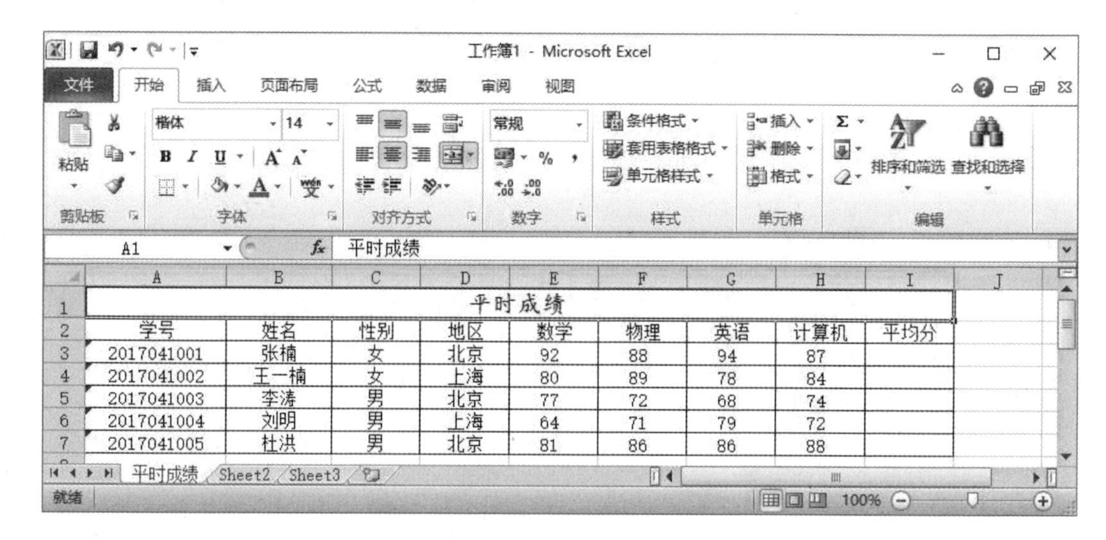

图 A15 实例 A10

3. 操作提示

(1)双击工作表标签可以修改工作表名称。

(2)在“开始”选项卡“单元格”组,单击“格式”按钮,在下拉菜单中选择“设置单元格格式”,在弹出的对话框中,选择“边框”选项卡进行相应设置即可。

(3)先选择标题区域,在“开始”选项卡“对齐”组,单击“合并后居中”按钮。在选择“字体”组进行相应设置即可。

实例 A11:公式的使用

1. 应用知识点

(1)掌握公式的使用、同一工作表内单元格的引用。

(2)引用其他工作表中单元格。

2. 案例内容

(1)将工作表“平时成绩”,复制到 sheet2 和 sheet3 中,并分别命名“期末成绩”和“最终成绩”。

(2)将工作表“期末成绩”各科成绩数据清除,并按如图 A16 所示的数据重新输入学生成绩。

(3)利用公式分别计算“平时成绩”与“ 期末成绩”表中的平均分。并根据公式:最终成绩 =0.3 * 平时成绩 +0.7 * 期末成绩。计算出每个人的最终成绩,并放在最终成绩表中。

期末成绩

学号	姓名	性别	地区	数学	物理	英语	计算机	平均分
2017041001	张楠	女	北京	85	87	96	92	
2017041002	王一楠	女	上海	84	84	88	97	
2017041003	李涛	男	北京	65	66	71	68	
2017041004	刘明	男	上海	78	76	93	74	
2017041005	杜洪	男	北京	68	83	80	86	

图 A16　实例 A11

3. 操作提示

(1)平均分计算:在 I3 单元格输入公式“ =(E3 + F3 + G3 + H3)/4”,然后复制至 I4 到 I7 单元格即可。

(2)最终成绩计算:在“最终成绩”表单元格 E3 输入“ =0.3 * ”,单击“平时成绩”标签按钮,单击其中的 E3 单元格,此时编辑栏显示“ =0.3 * 平时成绩! E3”,继续输入“ +0.7 * ”,再单击“期末成绩”表格的 E3 单元格,此时编辑栏显示“ =0.3 * 平时成绩! E3 +0.7 * 期末成绩! E3”,单击编辑栏左侧的“√”确认按钮即可。利用填充柄将此公式复制到其他成绩区域即可。如图 A17 所示。

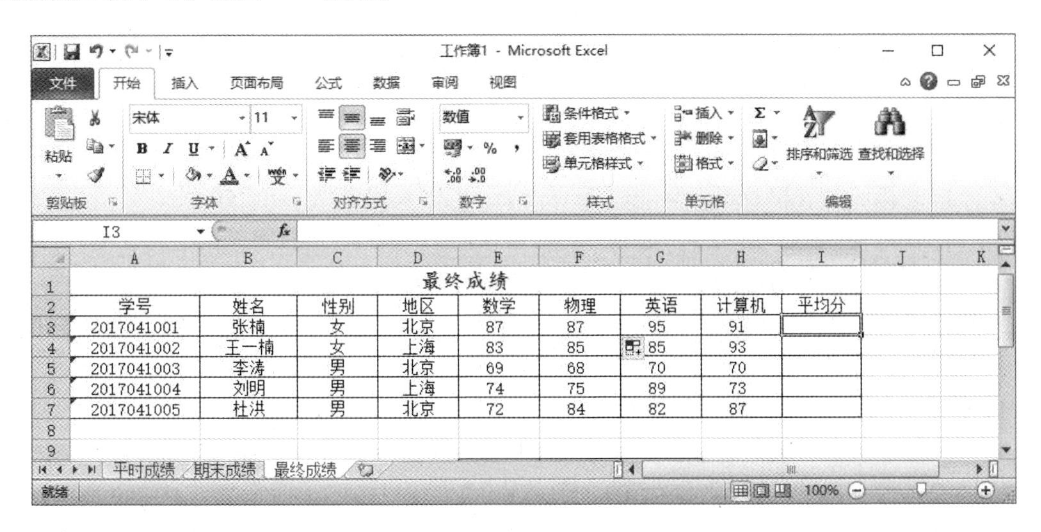

最终成绩

学号	姓名	性别	地区	数学	物理	英语	计算机	平均分
2017041001	张楠	女	北京	87	87	95	91	
2017041002	王一楠	女	上海	83	85	85	93	
2017041003	李涛	男	北京	69	68	70	70	
2017041004	刘明	男	上海	74	75	89	73	
2017041005	杜洪	男	北京	72	84	82	87	

图 A17　实例 A11

实例 A12：函数的使用

1. 应用知识点

(1)掌握常用函数的使用。

(2)利用函数进行简单的数据处理。

2. 案例内容

在“最终成绩”表格中完成以下内容：

(1)将工作表“最终成绩”增加两列分别命名为“总分”和“等级”，相应的修改表格标题区域。并增加 E10：G15，如图 18 所示的数据统计区域。

最终成绩

学号	姓名	性别	地区	数学	物理	英语	计算机	平均分	总分	等级
2017041001	张楠	女	北京	75	87	95	91	90		
2017041002	王一楠	女	上海	83	85	85	93	87		
2017041003	李涛	男	北京	69	68	70	70	69		
2017041004	刘明	男	上海	74	75	89	73	78		
2017041005	杜洪	男	北京	72	84	82	87	81		

	人数	百分比
优秀		
良好		
中等		
及格		
不及格		

图 A18　实例 A12

(2)在工作表“最终成绩”的“总分”列，利用函数 SUM( )计算总分。

(3)利用 IF( )函数计算、评定成绩等级。成绩等级为“优”“良”“中”“及格”“不及格”五个等级。分别对应分数段为：100 ~ 90，89 ~ 80，79 ~ 70，69 ~ 60，59 及以下。

(4)在统计区域 E10：G15 利用 SUMIF( )函数统计各成绩等级人数及百分比。

3. 操作提示

(1)修改相应的表格标题区域：选择 A1：K1 区域，再设置“合并后居中”。

(2)计算总分：单击“总分”列 J3 单元格，单击“编辑栏”左侧的插入函数按钮，选择函数 SUM( )，参数部分选择 E3：H3，计算总分。其余学生的总分复制此函数计算即可。

(3)成绩等级：单击“等级”列 K3 单元格，利用 IF( )函数评定成绩等级。此时要用到 IF( )函数的嵌套，“ = IF(I3 > = 90，"优"，IF(I3 > = 80，"良"，IF(I3 > = 70，"中"，IF(I3 > = 60，"及格"，"不及格"))))”。其余学生的等级复制此函数计算即可。

(4)统计等级人数及百分比：单击“人数”下面的 F11 单元格，选择 COUNTIF( )函数统计各等级人数。也就是输入“ = COUNTIF(K3：K7，"优")”。在 F12 单元格可以输入“ = COUNTIF(K3：K7，"良")”以便统计良好人数。其余统计人数以此类推。统计百分比时在 G12 单元格输入“ = F11/5 * 100” 以便统计优秀的百分比。其中“5”是总人数。然后将其复制到本列的其他单元格，以便统计其他成绩等级的百分比。最终结果如图 A19 所示。

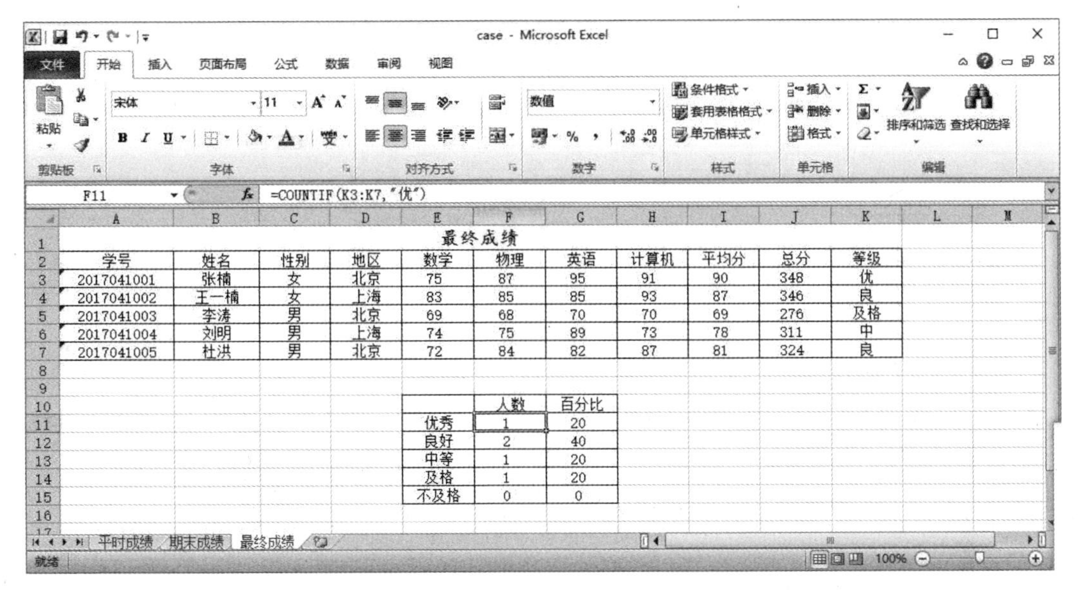

图 A19　实例 A12

实例 A13：数据处理与分析

1. 应用知识点

（1）数据排序。

（2）数据筛选。

（3）数据的分类汇总。

2. 案例内容

（1）插入一张新工作表并命名为“排序”，将工作表“最终成绩”复制到“排序”表中。删除工作表最后一列“等级”列。将“排序”工作表按照“总分”由高到低排序，总分相同时，按照“数学”成绩同样由高到低排序。完成情况如图 A20 所示。

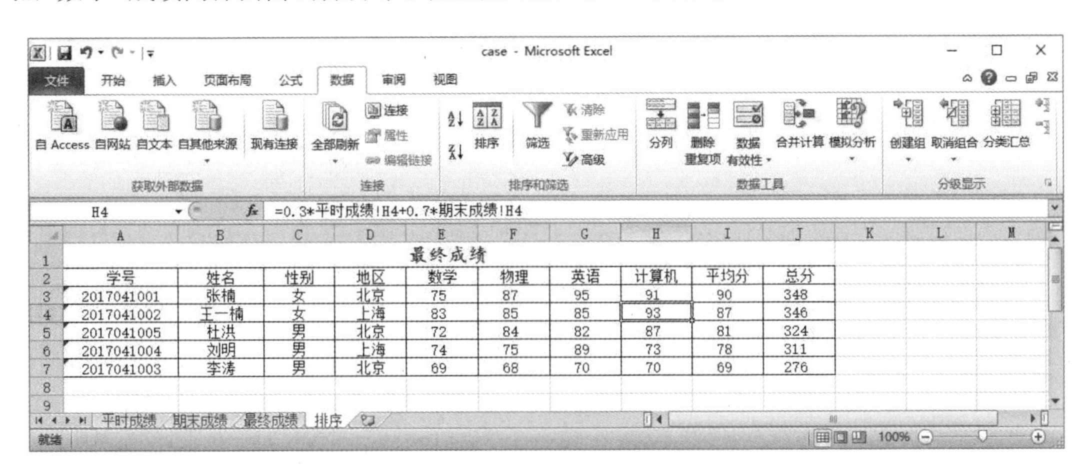

图 A20　实例 A13 排序

(2)插入一张新工作表并命名为“筛选”,将工作表“排序”复制到“筛选”表中。筛选出总分在310分到330分之间的学生。完成情况如图21所示。

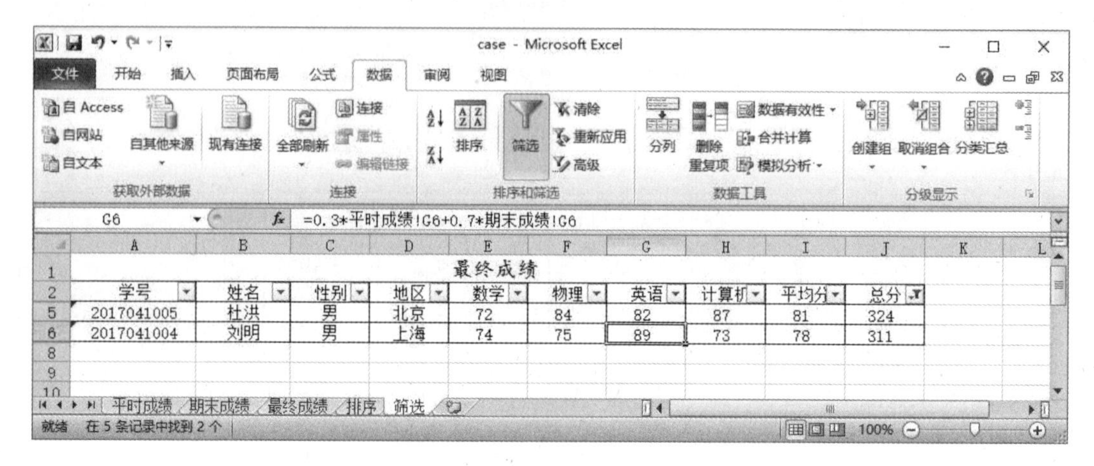

	最终成绩								
学号	姓名	性别	地区	数学	物理	英语	计算机	平均分	总分
2017041005	杜洪	男	北京	72	84	82	87	81	324
2017041004	刘明	男	上海	74	75	89	73	78	311

图 A21 实例 A13 筛选

(3)对学生以性别分类,汇总出其总分的平均分。完成情况如图 A22 所示。

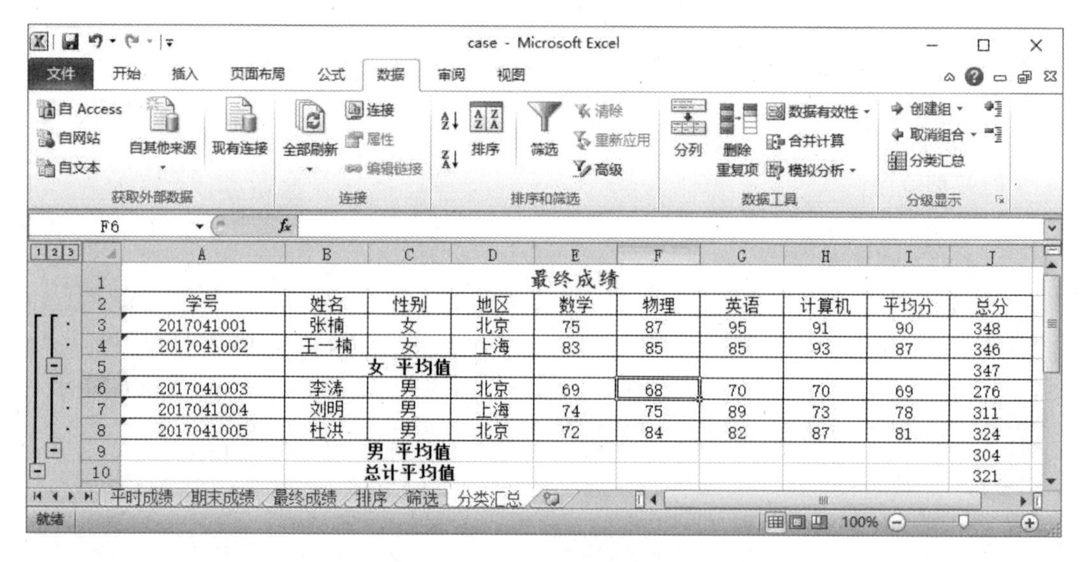

	最终成绩								
学号	姓名	性别	地区	数学	物理	英语	计算机	平均分	总分
2017041001	张楠	女	北京	75	87	95	91	90	348
2017041002	王一楠	女	上海	83	85	85	93	87	346
		女 平均值							347
2017041003	李涛	男	北京	69	68	70	70	69	276
2017041004	刘明	男	上海	74	75	89	73	78	311
2017041005	杜洪	男	北京	72	84	82	87	81	324
		男 平均值							304
		总计平均值							321

图 A22 实例 A13 分类汇总

3. 操作提示

(1)排序:先选择区域 A3:J7。然后选择数据选项卡中的“排序和筛选”组的“排序”按钮。在弹出的对话框中,主要关键字选择“总分”,“次序”选择“降序”。再单击“添加条件”按钮,设置次要关键字为“数学”,“次序”选择“降序”。如图 A23 所示。

(2)筛选:先单击数据表格中任意一个单元格。然后选择数据选项卡中的“排序和筛选”组的“筛选”按钮。此时所有标题右侧均有一个下拉按钮出现。单击“总分”标题右侧的下拉按钮,选择“数字筛选”下面的“自定义筛选”,弹出如图 A24 所示的“自定义自动筛选方式”对话框。按照如图 A24 所示设置即可。

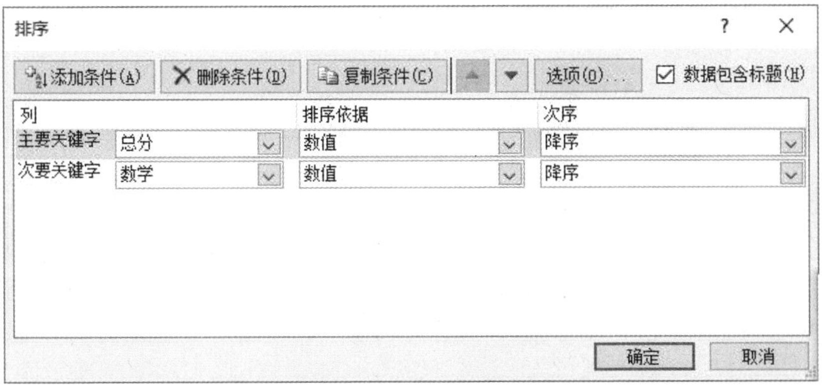

图 A23　实例 A13 排序对话框

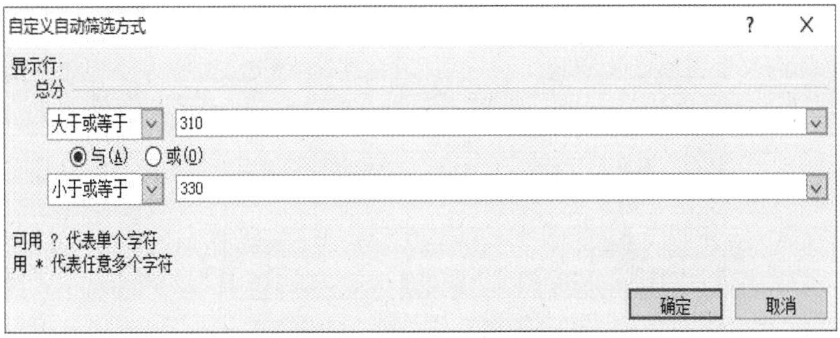

图 A24　实例 A13 设置筛选条件

(3)分类汇总:先要对汇总项“性别”进行排序。然后选择数据选项卡中的“分级显示”组的“分类汇总”按钮。在弹出的对话框中,选择“分类字段”为“性别”,选择“汇总方式”为“平均分”。选择“选定汇总项”为“总分”,按照如图 A25 所示设置。

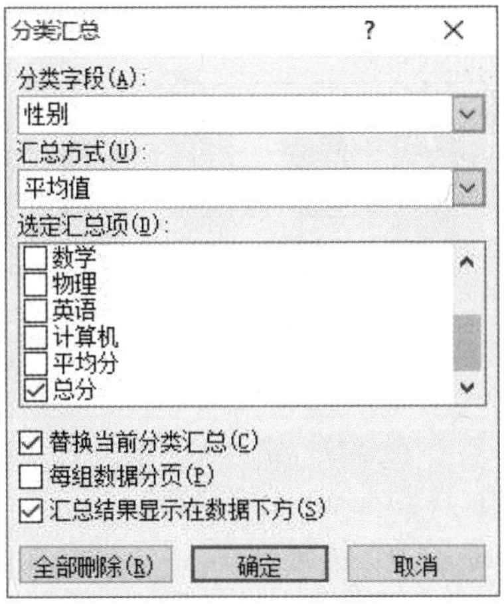

图 A25　实例 A13 分类汇总对话框

实例 A14:图表与数据透视表

1. 应用知识点

(1)建立图表。

(2)建立数据透视表。

2. 案例内容

(1)插入一张新工作表并命名为“图表”,并输入如图 A26 所示之数据。据此生成相应的图表。要求图表类型为“圆柱图”,图表标题为“成绩表”,分类轴标题为“学生”,竖直轴标题为“分数”。图例位置为“在顶部显示图例”,显示数据标签。完成结果如图 A27 所示。

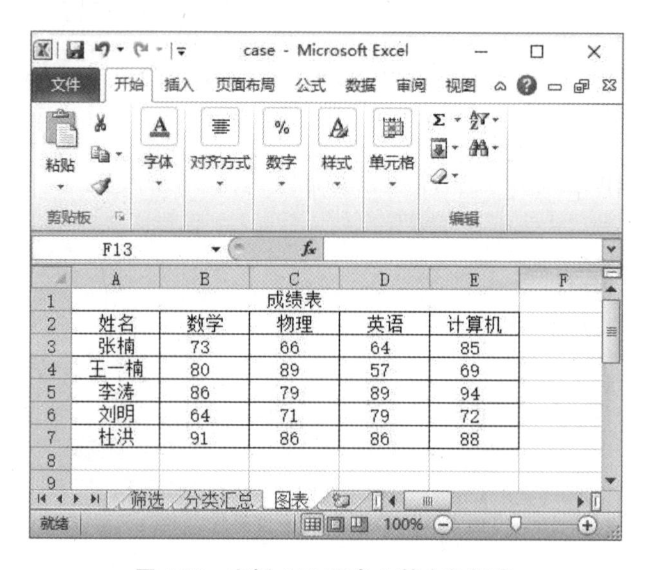

成绩表				
姓名	数学	物理	英语	计算机
张楠	73	66	64	85
王一楠	80	89	57	69
李涛	86	79	89	94
刘明	64	71	79	72
杜洪	91	86	86	88

图 A26　实例 A14 图表之基本数据表

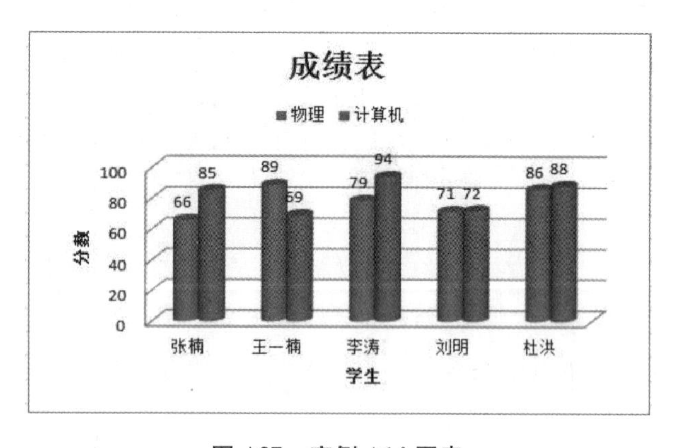

图 A27　实例 A14 图表

(2)插入一张新工作表并命名为“数据透视表”,并建立数据表,如图 A28 所示。对此表建立其对应的数据透视表,要求可以查看所有学生的或者按照性别分类的物理和计算机的平均分。最终结果如图 29 所示。

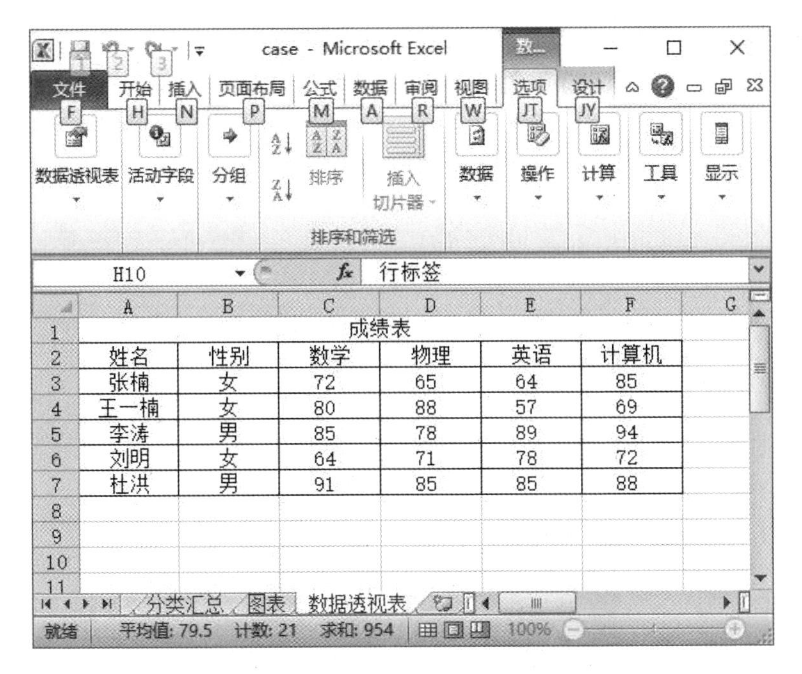

图 A28　实例 A14 数据透视表之基本数据表

case - Microsoft Excel　数据透视表工具

文件 开始 插入 页面布局 公式 数据 审阅 视图 选项 设计

数据透视表名称: 活动字段: 将所选内容分组 取消组合 将字段分组 排序 插入切片器 刷新 更改数据源 清除 选择 移动数据透视表 计算 数据透视图 OLAP 工具 模拟分析 字段列表 +/- 按钮 字段标题

选项 字段设置 数据透视表 活动字段 分组 排序和筛选 数据 操作 工具 显示

H10　行标签

成绩表

姓名	性别	数学	物理	英语	计算机
张楠	女	72	65	64	85
王一楠	女	80	88	57	69
李涛	男	85	78	89	94
刘明	女	64	71	78	72
杜洪	男	91	85	85	88

性别　(全部)

行标签	平均值项:物理	平均值项:计算机
杜洪	85	88
李涛	78	94
刘明	71	72
王一楠	88	69
张楠	65	85
总计	77.4	81.6

筛选 分类汇总 图表 Sheet2

就绪 平均值: 79.5 计数: 21 求和: 954 100%

图 A29　实例 A14 数据透视表

3. 操作提示

(1)图表:建立数据表之后,单击数据清单内任意单元格。然后选择“插入”选项卡中的“图表”组的“柱形图”按钮,出现如图 A30 所示之图表。此时出现一组图表工具选项卡。下面进行数据的选择,我们只需要显示物理和计算机这两门课的数据。选择“设计”选项卡中的“数据”组的“选择数据”按钮。弹出如图 A31 所示之对话框。在弹出的对话框中,利用折叠按钮选择图表数据区域为“A2:E7”“图例项”删除数学和英语,然后单击确定按钮。

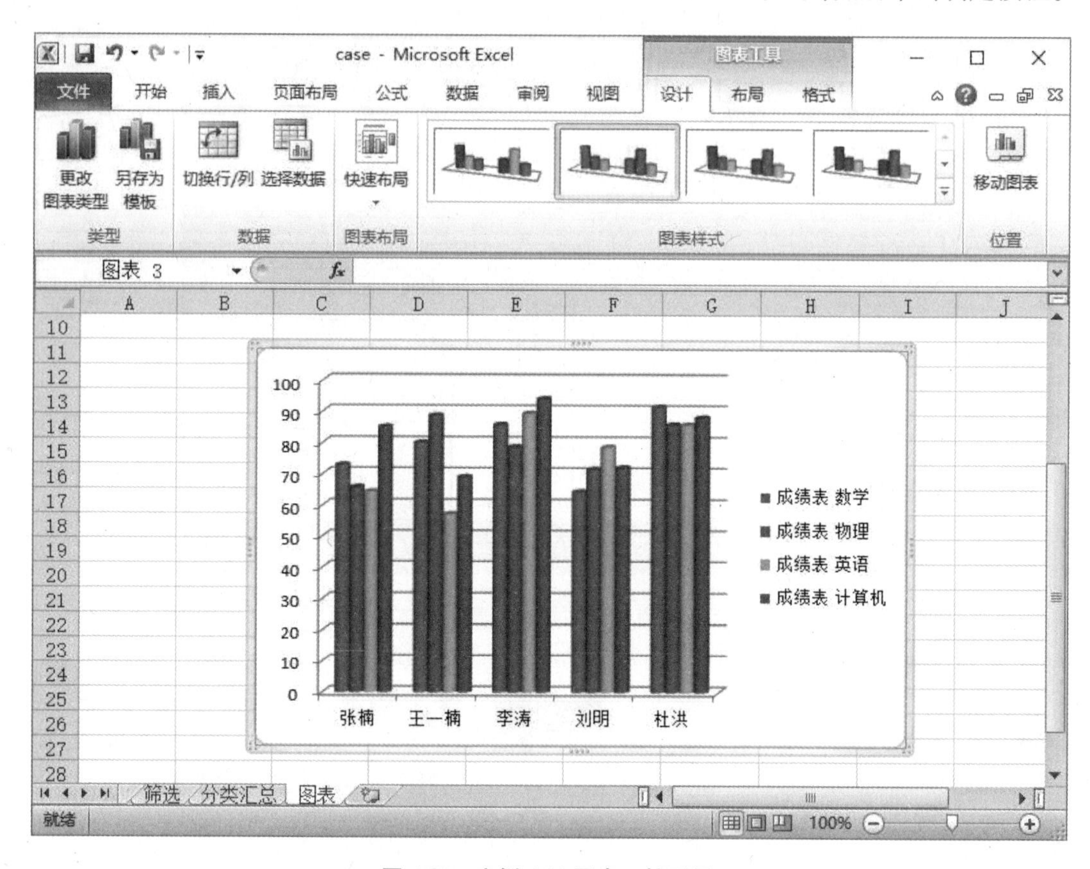

图 A30 实例 A14 图表－柱形图

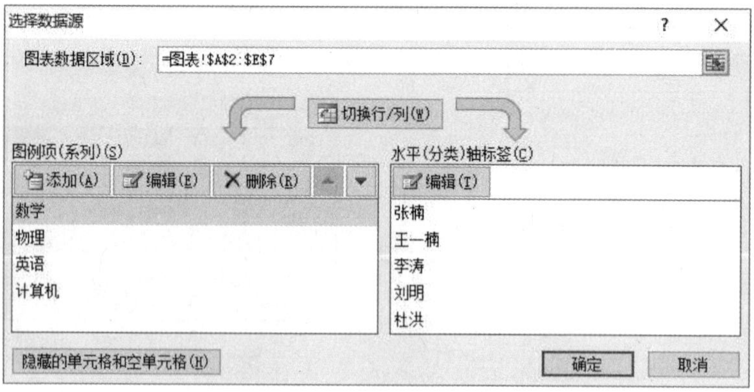

选择数据源
图表数据区域(D): =图表!$A$2:$E$7
切换行/列(W)
图例项(系列)(S)
添加(A) 编辑(E) 删除(R)
数学
物理
英语
计算机
水平(分类)轴标签(C)
编辑(T)
张楠
王一楠
李涛
刘明
杜洪
隐藏的单元格和空单元格(H) 确定 取消

图 A31 实例 A14 图表选择数据源

下面单击布局选项卡中“标签”组的“图表标题”按钮,选择“图表上方”,然后修改图表标题为“成绩表”。然后使用“坐标轴标题”按钮,分别设置“主要横坐标轴标题”和“主要纵坐标轴标题”,分别修改为“学生”和“分数”即可。使用“图例”按钮,设置“在顶部显示图例”。使用“数据标签”按钮,设置“显示”,即可以在图例顶部显示分数值。最终结果如图

A27 所示。

(2)数据透视表:建立数据表之后,单击数据表格中任意一个单元格。然后选择“插入”选项卡中的“表格”组的“数据透视表”按钮,弹出“创建数据透视表”对话框。如图 A32 所示。在“选择放置数据透视表的位置” 中选择“现有工作表”,并且使用“位置”处的折叠按钮选择一个区域,用以存放数据透视表。然后单击确定。

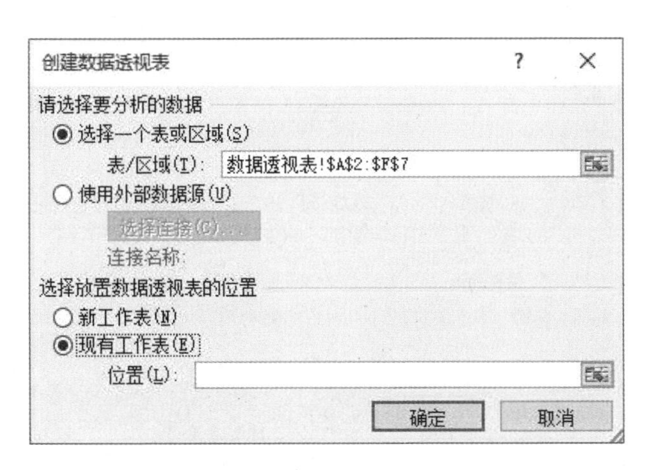

图 A32　实例 A14 创建数据透视表

此时,在窗口右侧出现“数据透视表字段列表”窗格,如图 A33 所示。在此窗格中的“选择要添加到报表的字段” 中分别勾选姓名、性别、物理、计算机等字段。将“行标签”中的“性别”拖到“报表筛选”框中。单击“数值”框中“物理”右侧的下拉按钮,选择“值字段设置”的“计算类型”为“平均值”,如图 A34 所示。用同样的方法设置“计算机”计算类型为“平均值”。

最终生成如图 A35 所示之数据透视表。

此表中单击性别右侧的下拉按钮,可以选择查看按照性别“男”或者“女”分类统计的“物理”和“计算机”平均分。

A3　PowerPoint 实例

演示文稿是人们日常办公中使用的重要工具之一。无论在课堂教学,学术报告,产品展示,教育讲座的各种信息传播活动中,PowerPoint 是不可缺少的工具。利用它能够制作出集文字,图形,图像,声音,动画以及视频等多媒体元素于一体的演示文稿。下面以具体的实例帮助大家掌握 PowerPoint 2010 的使用。

实例 A15:制作自我介绍演示文稿

1. 应用知识点

(1)掌握创建一个演示文稿的基本过程。

(2)掌握演示文稿的使用及对象的插入编辑等基本操作。

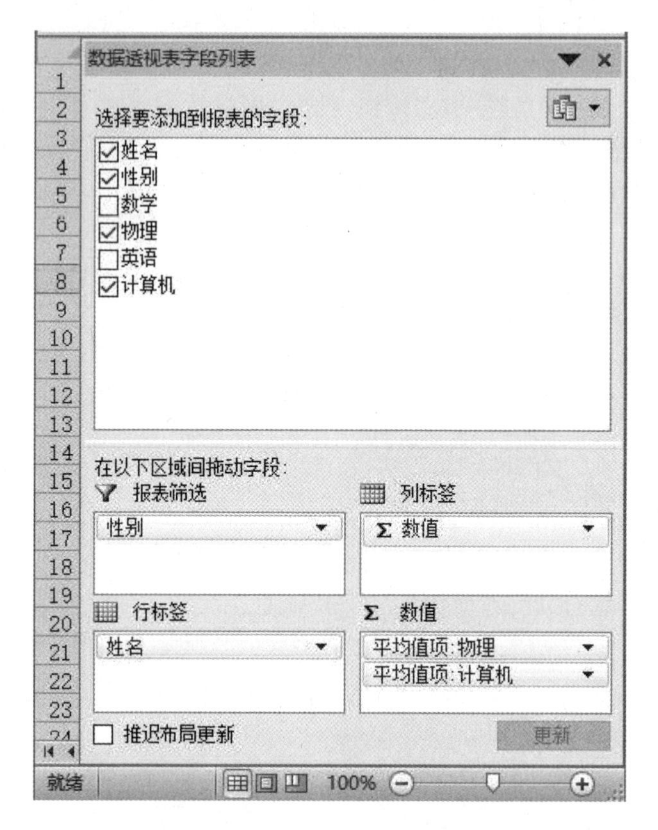

图 A33　实例 14 数据透视表字段列表

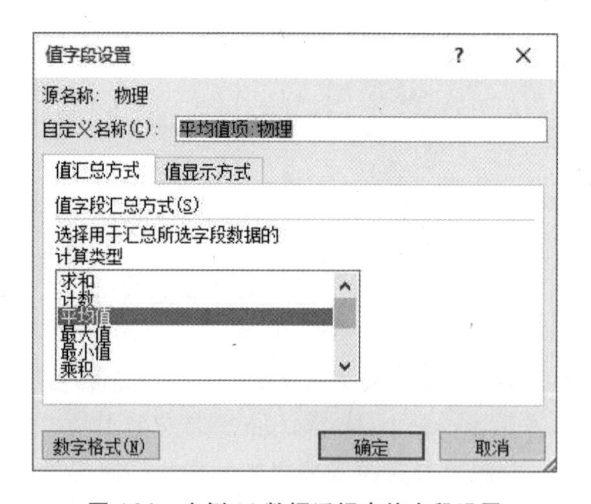

图 A34　实例 14 数据透视表值字段设置

2. 案例内容

制作一个名字为“自我介绍”十页左右的 PowerPoint。简单介绍你来自哪里(可以介绍自己的家乡,或者中小学校)、个人爱好、所学专业、理想等等。要求:

(1)在每页的页脚显示日期,姓名,学号、幻灯片编号。

(2)选一张图片作为第二页幻灯片背景。

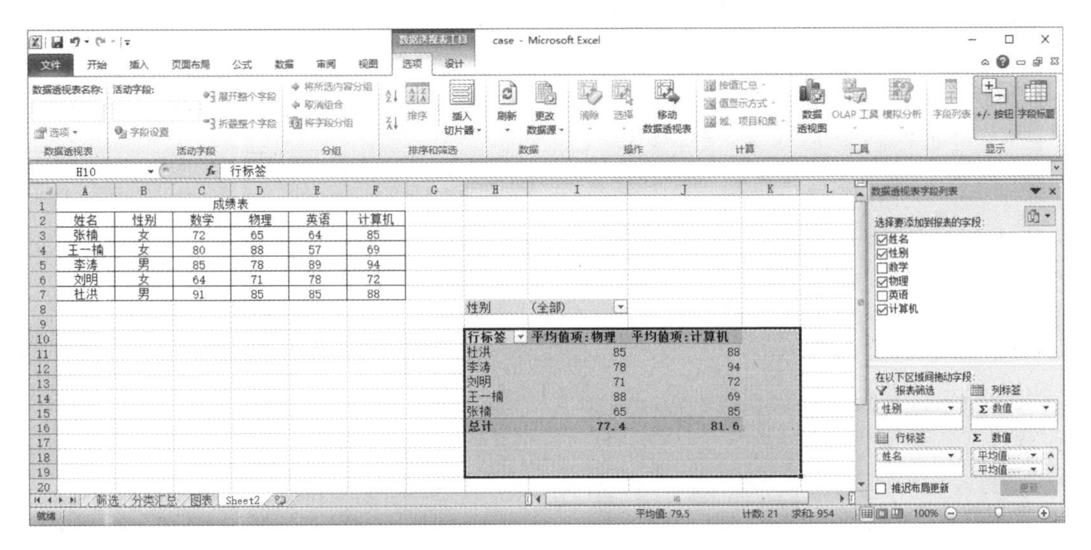

图 A35　实例 14 数据透视表

(3)在第三页上设置“前一页”“后一页”动作按钮。

(4)演示文稿中应该插入图形、剪贴画、艺术字、音频、视频等元素,设置背景音乐。

(5)要求设置动画、切换效果、自动换片。

示例如图 A36 至图 A43 所示。

图 A36　实例 A15 页 1

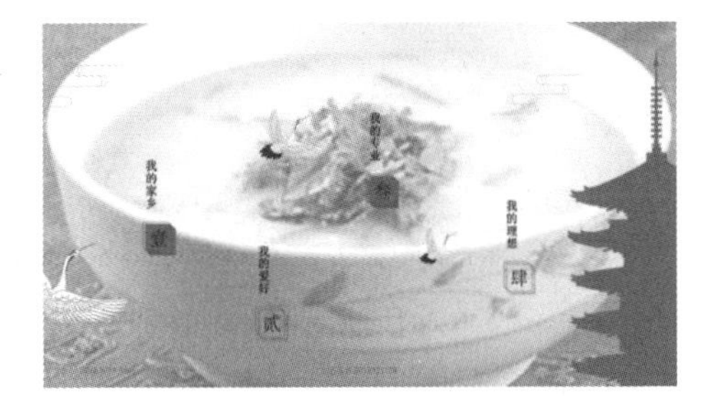

图 A37　实例 A15 页 2

图 A38　实例 A15 页 3

图 A39　实例 A15 页 4

图 A40 实例 A15 页 5

图 41 实例 A15 页 6

图 42 实例 A15 页 7

图 43 实例 A15 页 8

3. 操作提示

(1)首先设置幻灯片母版。选择“视图”选项卡中的“幻灯片母版”,以便对其设置。然后再选择“插入”选项卡中的“文本”组的“页眉和页脚”按钮,弹出如图 A44 所示之对话框,选中“日期和时间”以便设置日期时间格式;选中“幻灯片编号”;并且选中“页脚”,在页脚中设置姓名和学号。

(2)在普通视图下。选中第二页 PowerPoint,右击在弹出的快捷菜单中选择“设置背景格式”,出现如图 A45 所示之设置背景格式对话框。在“填充”中选择“图片或纹理填充”,图片来源选择插入自“文件”,然后在电脑上选择相应的图片文件,并设置相应的透明度等参数。最后单击“关闭”按钮即可。

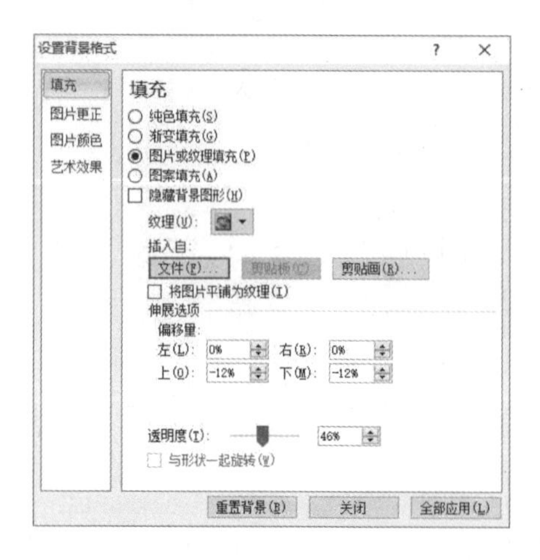

图 A44 实例 A15 母版设置

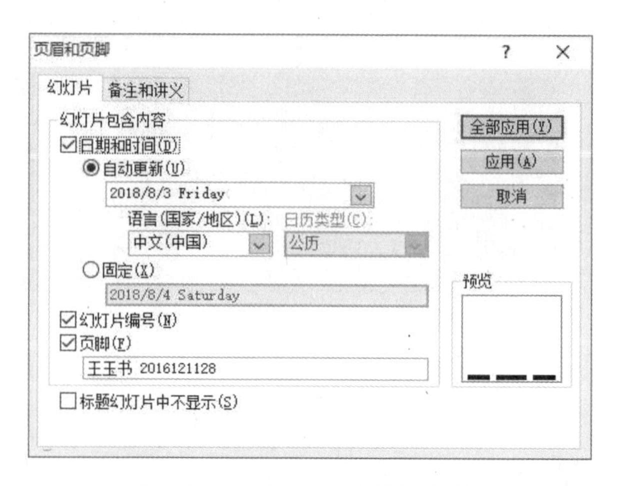

图 A45 实例 A15 图片做背景设置

(3)选择演示文稿第三页。选择“插入”选项卡中“插图”组中的“形状”按钮,在下拉列表中选择“动作按钮”中的相应的按钮,在页面上确定放置按钮的位置。然后在弹出的如图 A46 所示之动作设置对话框中设置超链接到“上一张幻灯片” 或者是“下一张幻灯片”。

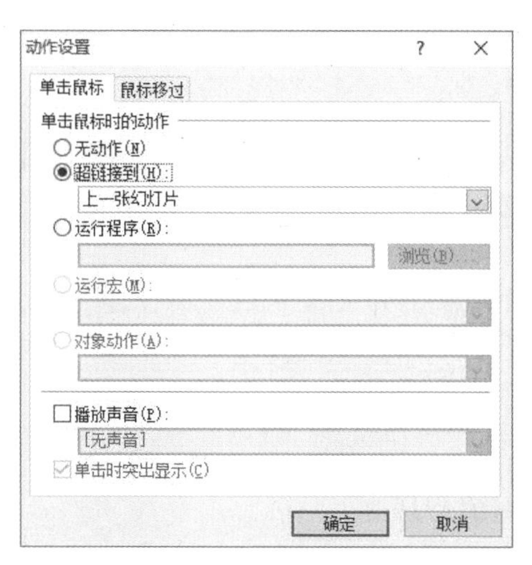

图 A46 实例 A15 动作设置

(4)对各种对象插入操作同样是在“插入”选项卡中设置。音频视频对象的插入操作请参见本书第 6 章第 2 节 6. 2. 4,在此不一一赘述。

(5)设置动画:选择与设置动画的对象,比如某张图片,单击“动画”选项卡,可以对动画的效果进行设置。如图 A47 所示。设置幻灯片的切换效果:选择某张幻灯片,单击“切换”选项卡,可以设置不同的切换效果。自动换片:可以在“切换”选项卡最右侧的“切换方式”里面进行设置,如图 A47 所示。

图 A47 实例 A15 切换方式设置

实例 A16:演示文稿基本制作应用

1. 应用知识点

(1)熟练掌握创建一个演示文稿的基本过程。

(2)熟练掌握演示文稿的使用及对象的插入编辑等基本操作。

2. 案例内容

参照上例,围绕一个主题,比如介绍某个风景区。搜集和组织文字、图片、音频等素材,进行综合排版设计,考核学生对 PowerPoint 各知识点的掌握情况以及灵活应用能力。要求:

(1)包含标题、正文两个部分,共计 10 张幻灯片左右。

(2)在每页的页脚显示日期,主题名称、幻灯片编号。

(3)要包含各种表现形式,如:图、文字、表格、图表、音频、动画等尽可能多的表现形式。

(4)要求设置动画、切换效果、自动换片。

3. 操作提示

(1)在幻灯片母版视图中"页眉和页脚"按钮可以设置日期时间、幻灯片编号等。

(2)各种对象的插入可以在"插入"选项卡中设置。

(3)动画可以在"动画"选项卡中设置。

(4)切换效果、自动换片:可以在"切换"选项卡里面进行设置,如图 A47 所示。

实例 A17:演示文稿综合应用

1. 应用知识点

(1)熟练掌握创建一个演示文稿的基本过程。

(2)熟练掌握演示文稿的使用及对象的插入编辑等基本操作。

2. 案例内容

参照上例,围绕一个主题,比如介绍某个风景区。搜集和组织文字、图片、音频等素材,进行综合排版设计,考核学生对 PowerPoint 各知识点的掌握情况以及灵活应用能力。要求:

(1)包含标题、正文两个部分,共计 10 张幻灯片左右。

(2)在每页的页脚显示日期,主题名称、幻灯片编号。

(3)要包含各种表现形式,如:图、文字、表格、图表、音频、动画等尽可能多的表现形式。

4 要求设置动画、切换效果、自动换片。

3. 操作提示

(1)在幻灯片母版视图中"页眉和页脚"按钮可以设置日期时间、幻灯片编号等。

(2)各种对象的插入可以在"插入"选项卡中设置。

(3)动画可以在"动画"选项卡中设置。

(4)切换效果、自动换片:可以在"切换"选项卡里面进行设置,如图 A47 所示。

实例 A18:演示文稿应用及打包发布

1. 应用知识点

(1)掌握制作一个演示文稿的完整过程。

(2)演示文稿的打包发布。

2. 案例内容

制作一个电子相册,为保证异地发布的演示效果,要求对最终演示文稿进行打包发布。具体要求如下:

(1)创建空白演示文稿,导入照片文件。设置每张幻灯片容纳的相片数量。

(2)设置相册首页,修改首页标题文字,设置首页背景。

(3)设置相册格式,删除不想要的照片,调整幻灯片中照片的位置,设置照片效果,设置相框形状。

(4)对最终文稿打包发布。

3. 操作提示

(1)首先创建一个空白演示文稿。单击“插入”选项卡中“图像”组的“相册”按钮,在弹出的下拉菜单中选择“新建相册”命令,弹出“相册”对话框,如图 A48 所示。

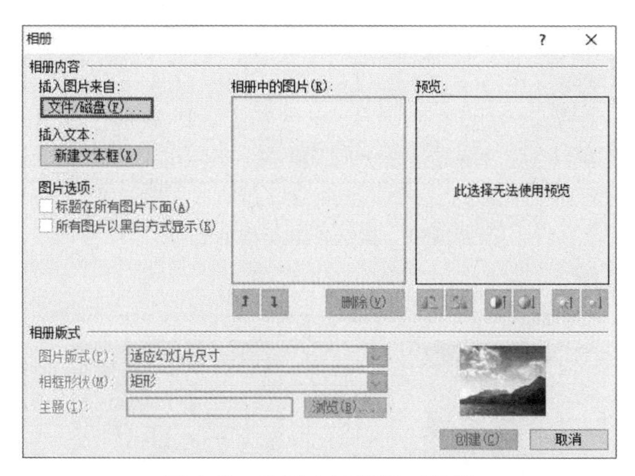

图 A48　实例 A18 相册对话框

(2)单击插入图片来自“文件/磁盘”按钮,打开“插入新图片”对话框,如图 A49 所示。在电脑上打开照片所在文件夹。单击选中要插入的照片文件,或者按“CTRL”+“A”选中所有照片文件。单击“插入”按钮,重新出现如图 A50 所示的照片对话框。在此对话框中,可以设置“图片版式”为“4 张图片”“相框形状”为“圆角矩形”“主题”可以选择自己喜欢的一种。最终电子相册效果如图 A51 所示。

图 A49　实例 A18 插入新图片对话框

图 A50　实例 A18 相册对话框

图 A51　实例 A18 电子相册效果

(3)将演示文稿打包:将创建的演示文稿命名保存后,单击“文件”菜单中的“保存并发送”下面的“将演示文稿打包成 CD”,如图 A52 所示。然后单击“打包成 CD” 按钮,弹出如图 A53 所示之“打包成 CD”对话框。具体操作详见本书第 7 章 7.3.2 节所述。

图 A52　实例 18 演示文稿打包

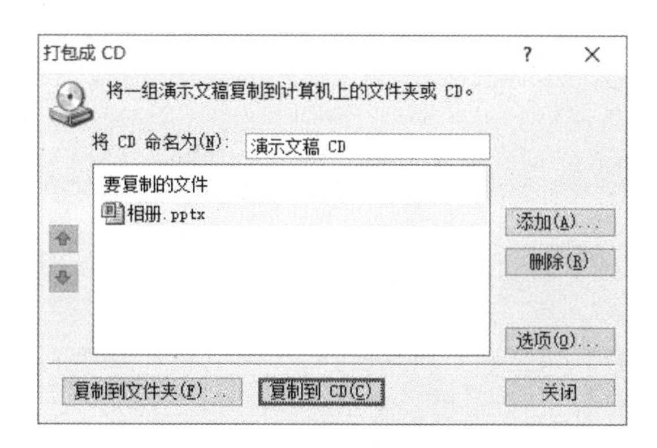

图 A53　实例 18“打包成 CD”对话框

参 考 文 献

[1] 蒋加伏,沈岳. 大学计算机基础实践教程[M]. 5 版. 北京:北京邮电大学出版社,2017.

[2] 宁慧,魏传宝. 大学计算机基础[M]. 哈尔滨:哈尔滨工程大学出版社,2017.

[3] 余益,劳眷. 大学计算机基础[M]. 3 版. 北京:中国铁道出版社,2015.

[4] 芦彩林,陈文锋,罗文莲. 大学计算机基础项目教程[M]. 北京:北京邮电大学出版社,2017.

[5] 姜书浩,王桂荣. 办公自动化软件及应用[M]. 3 版. 北京:清华大学出版社,2016.

[6] 刘冬杰. 大学计算机基础[M]. 北京:中国铁道出版社,2015.

[7] 李鹏,李楠. 大学计算机实验指导[M]. 北京:人民邮电出版社,2016.

办公软件自学考试大纲

Ⅰ.课程性质与设置目的

一、课程性质、地位与任务

随着计算机技术的迅速发展,计算机应用越来越多地融入了人们的日常生活,工作当中。本考试大纲是根据教育部高等学校计算机课程教学指导委员会关于进一步加强高校计算机基础教学的意见的指导思想,按照教育部高等学校计算机基础教学指导委员会编写的高等学校大学计算机教学要求编写的。本大纲结合了编者多年从事计算机基础教学的教学经验。经过精心策划,组织研讨,力求将最经典的教学内容展现给学生。本书定位准确,结构清晰,层次分明,图文并茂,实力丰富,突出了教材内容的真挚性,系统性和实用性,注重学生基本技能,创新能力和综合应用能力的培养,体现出对高校学生应该掌握的计算机应用技术的特点和要求。

二、课程基本要求

办公自动化是高校学生应该掌握的基本计算机应用技能。通过本课程的学习,要求应考者:

1. 掌握编辑排版软件 Microsoft Word 2010 基本操作和使用方法。掌握常用的文档排版、模板使用、邮件合并等功能。

2. 掌握电子表格软件 Microsoft Excel 2010 基本操作和使用方法。掌握工作表、工作簿、图表的创建、使用,掌握公式、常用函数的使用,掌握数据排序、分类汇总、数据透视表等功能。

3. 掌握办公自动化软件 PowerPoint 2010 基本操作和使用方法。掌握如何演示文档的创建、幻灯片框架设置、动画及放映方式设置以及演示文档的打包播放等功能。

三、本课程与有关课程的联系

办公自动化软件是人们日常办公的主要工具,是高校学生应该掌握的基本的计算机应用技能。本课程无其他先修课程。

Ⅱ.课程内容与考核目标

第1章　Word 2010 基础

一、课程内容

1. Word 2010 的新特性。

2. Word 2010 的启动与退出。
3. Word 2010 的界面。
4. 快速访问工具栏、选项卡、功能区。
5. Word 2010 文档的创建、打开和保存。
6. 视图。

二、学习目的与要求

通过本章学习应该掌握 Word 2010 的基础知识,了解 Word 2010 与以前 Word 版本的不同之处,认识 Word 2010 的新界面,能熟练使用快速访问工具栏、选项卡、功能区中的常用命令,熟练掌握 Word 2010 文档的创建、打开和保存,根据编辑文档的需要,能熟练使用各种视图。

重点是:快速访问工具栏、选项卡、功能区中的常用命令的使用。

三、考核知识点与考核要求

1. Word 2010 的新特性,要求达到"领会"层次。
2. Word 2010 的启动与退出,要求达到"简单应用"层次。
3. Word 2010 的界面,要求达到"识记"层次。
4. 快速访问工具栏、选项卡、功能区,要求达到"识记"层次。
5. Word 2010 文档的创建、打开和保存,要求达到"熟练应用"层次。
6. 视图,要求达到"简单应用"层次。

第 2 章　文档编辑排版

一、课程内容

1. 文本的编辑。
2. 设置文档格式、段落格式。
3. 图文混排。
4. 公式的编辑排版。
5. 插入屏幕截图、脚注和尾注。
6. 表格的排版。

二、学习目的与要求

通过本章学习,学生应该熟练掌握文本的编辑、文档格式的设置、段落格式的设置等,能够实现文本框、艺术字、剪贴画、图片、SmartArt 图形等元素的混排,能熟练插入屏幕截图、脚注和尾注,完成公式的编辑排版、表格的排版,快速实现表格和文本之间的转换。

重点:文档格式、段落格式的设置,公式、表格的编辑排版,图文混排等

三、考核知识点与考核要求

1. 文本的编辑,要求达到"熟练应用"层次。
2. 设置文档格式、段落格式,要求达到"熟练应用"层次。

3. 图文混排,要求达到“综合应用”层次。
4. 公式的编辑排版,要求达到“熟练应用”层次。
5. 插入屏幕截图、脚注和尾注,要求达到“简单应用”层次。
6. 表格的排版,要求达到“熟练应用”层次。

第3章　Word 2010 综合应用

一、课程内容

1. 拼写和语法错误的检查。
2. 模板的创建与使用。
3. 页面设计。
4. 设计多级列表。
5. 样式的使用。
6. 论文排版。
7. 文档的审阅和修订。
8. 创建 PDF 文件。
9. 邮件合并。

二、学习目的与要求

通过本章学习,学生应该掌握拼写和语法错误的检查,模板的创建与使用,页面设计,样式的使用,高效完成毕业论文的排版,掌握文档的审阅和修订,快速创建 PDF 文件,使用 Word 2010 的高级功能,通过邮件合并技术批量处理文档。

重点是:样式的使用,论文排版,文档的审阅和修订等。

三、考核知识点与考核要求

1. 拼写和语法错误的检查,要求达到“简单应用”层次。
2. 模板的创建与使用,要求达到“简单应用”层次。
3. 页面设计,要求达到“简单应用”层次。
4. 设计多级列表,要求达到“简单应用”层次。
5. 样式的使用,要求达到“熟练应用”层次。
6. 论文排版,要求达到“综合应用”层次。
7. 文档的审阅和修订,要求达到“简单应用”层次。
8. 创建 PDF 文件,要求达到“简单应用”层次。
9. 邮件合并,要求达到“简单应用”层次。

第4章　Excel 2010 基础

一、课程内容

1. Excel 2010 的基础知识。

2. Excel 2010 的启动与退出。
3. Excel 2010 的窗口界面。
4. 工作簿和工作表。
5. 快速输入数据。
6. 工作表操作。
7. 公式。
8. 函数。

二、学习目的与要求

通过本章学习应该掌握 Excel 2010 的基础知识,熟悉 Excel 2010 的新界面,掌握工作簿和工作表的基本概念和操作。掌握输入数据的基本方法和快速输入数据的方法。掌握公式和函数的使用。

重点:工作簿和工作表的基本操作。掌握快速输入数据的方法。掌握公式和函数的使用。

三、考核知识点与考核要求

1. Excel 2010 的启动与退出,要求达到“简单应用”层次。
2. Excel 2010 的界面,要求达到“识记”层次。
3. 工作簿和工作表的基本操作,要求达到“识记”层次。
4. 输入数据的基本方法要求达到“熟练应用”层次。
5. 快速输入数据,要求达到“熟练应用”层次。
6. 公式的使用,要求达到“熟练应用”层次。
7. 函数的使用,要求达到“简单应用”层次。

第 5 章　图表及数据处理

一、课程内容

1. 图表概述。
2. 图表创建。
3. 图表设计。
4. 数据清单。
5. 数据排序。
6. 数据筛选。
7. 分类汇总。
8. 数据透视表。

二、学习目的与要求

通过本章学习应该掌握 Excel 2010 的图表,掌握利用 Excel 2010 进行数据处理与分析的方法。掌握输入数据的基本方法和快速输入数据的方法,包括数据清单、数据排序、数据筛选、分类汇总和数据透视表。

重点:数据筛选、分类汇总和数据透视表。

三、考核知识点与考核要求

1. 图表创建,要求达到“简单应用”层次。
2. 图表设计,要求达到“识记”层次。
3. 数据排序,要求达到“熟练应用”层次。
4. 数据筛选,要求达到“熟练应用”层次。
5. 分类汇总,要求达到“简单应用”层次。
6. 数据透视表,要求达到“简单应用”层次。

第6章 PowerPoint 2010 基础

一、课程内容

1. PowerPoint 2010 的基础知识。
2. PowerPoint 2010 的启动与退出。
3. PowerPoint 2010 的窗口界面。
4. 视图。
5. 创建演示文稿。
6. 幻灯片基本操作。
7. 幻灯片文本输入、编辑及格式化。
8. 多媒体对象的编辑。
9. 幻灯片整体框架。

二、学习目的与要求

通过本章学习应该掌握 PowerPoint 2010 的基础知识,熟悉 PowerPoint 2010 的界面,掌握常用功能区按钮的使用。掌握 PowerPoint 2010 的基本操作和使用。

重点:创建演示文稿、幻灯片文本输入、编辑、格式化以及多媒体对象的编辑和幻灯片整体框架。

三、考核知识点与考核要求

1. PowerPoint 2010 的界面,要求达到“识记”层次。
2. 创建演示文稿,要求达到“熟练应用”层次。
3. 幻灯片基本操作,要求达到“熟练应用”层次。
4. 幻灯片文本输入、编辑及格式化,要求达到“熟练应用”层次。
5. 多媒体对象的编辑,要求达到“简单应用”层次。
6. 幻灯片整体框架,要求达到“简单应用”层次。

第 7 章　PowerPoint 2010 动画及放映

一、课程内容

1. PowerPoint 2010 的动画效果设置。
2. PowerPoint 2010 的幻灯片切换效果设置。
3. PowerPoint 2010 的超链接设置。
4. 演示文稿放映方式设置。
5. 自定义放映幻灯片。
6. 自动循环放映幻灯片。
7. 打印演示文稿。
8. 打包演示文稿及播放。

二、学习目的与要求

通过本章学习应该掌握 PowerPoint 2010 的高级应用,熟悉 PowerPoint 2010 的动画设置,掌握演示文稿播放及放映效果设置,包括切换效果及放映方式的设置,以及演示文稿的打印和打包使用。

重点:动画设置、切换效果设置、自定义放映幻灯片。

三、考核知识点与考核要求

1. PowerPoint 2010 的动画效果设置,要求达到“熟练应用”层次。
2. PowerPoint 2010 的幻灯片切换效果设置,要求达到“熟练应用”层次。
3. PowerPoint 2010 的超链接设置,要求达到“简单应用”层次。
4. 演示文稿放映方式设置,要求达到“简单应用”层次。
5. 自定义放映幻灯片,要求达到“简单应用”层次。
6. 自动循环放映幻灯片,要求达到“简单应用”层次。
7. 打印演示文稿,要求达到“简单应用”层次。
8. 打包演示文稿及播放,要求达到“简单应用”层次。

Ⅲ. 有关说明与实施要求

一、自学考试大纲的目的和作用

本课程的自学考试大纲是根据计算机及应用专业(独立本科段)自学考试计划的要求,结合自学考试的特点而确定。其目的是对个人自学、社会助学和课程考试命题进行指导和规定。

本课程的自学考试大纲明确了课程学习的内容以及深广度,规定了课程自学考试的范围和标准。因此,它是编写自学考试教材和辅导书的依据,是社会助学组织进行自学辅导的依据,是自学者学习教材、掌握课程内容知识范围和程度的依据,也是进行自学考试命题的依据。

二、课程自学考试大纲与教材的关系

本课程的自学考试大纲是考生进行学习和备考的依据。教材是学习掌握课程知识的基本内容和范围,教材的内容是大纲所规定的课程知识和内容的扩展与发挥。

三、自学教材

由魏传宝、宁慧主编,哈尔滨工程大学出版社出版的《办公软件》。

四、自学要求和学习方法指导

本大纲的课程基本要求是依据专业考试计划和专业培养目标而确定的。课程基本要求明确了课程的基本内容,以及对基本内容掌握的程度。基本要求中的知识点构成了课程内容的主体部分。因此,课程基本内容掌握程度和课程考核的知识点是高等教育自学考试考核的主要内容。

本课程是大学公共基础课程,学分为4,课程自学时间估计为238 h,学习时间分配建议如下:

章	课程内容	自学时间/h
1	Word 2010 基础	28
2	文档排版	32
3	Word 2010 综合应用	32
4	Excel 2010 基础	28
5	数据管理与分析	28
6	PowerPoint 2010 基础	26
7	动画与幻灯片放映	30
附录 A	Office 综合应用实例	34

Ⅳ. 题 型 举 例

一、单项选择题

1. 在 Word 2010 的编辑状态,要想为当前文档中的文字设定行间距,应当使用“开始”功能区中的(　　)。

A.“字体”组　　B.“段落”组

C.“样式”组　　D.“编辑”组

2. 对已建立的页眉页脚,要打开它可以双击(　　)。

A. 文本区　　B. 页眉页脚区

C. 功能区　　D. 快捷工具栏区

3. 活动单元格的名称显示在(　　)。

A. 编辑栏　　B. 名称框　　C. 单元格　　D. 以上都不对

4. 工作簿和工作表的关系是(　　)。

A. 工作表包含若干个工作簿　　B. 工作簿包含若干个工作表

C. 工作簿和工作表无关　　D. 以上都不对

5. 幻灯片中的对象可以是(　　)。

A. 文字、图形与图表　　B. 声音、动画

C. 视频、图片　　D. 以上都对

6. 要全屏播放幻灯片,应该将窗口切换到(　　)。

A. 普通视图　　B. 幻灯片/大纲浏览视图

C. 幻灯片浏览视图　　D. 幻灯片放映视图

二、填空题

1. Word 2010 文档扩展名的默认类型是________。

2. 在 Word 2010 的编辑状态, ≡ 按钮表示的含义是________。

3. 在 Excel 2010 中把含有单元格地址的公式复制到另外位置时,其单元格地址会发生相应的变化。这种单元格地址的引用是________引用。

4. 在 Excel 2010 中数值型数据的默认对齐方式是________对齐。

5. 在幻灯片放映过程中,可按________键终止放映。

6. 在 PowerPoint 2010 中通过对________的修改,可以改变所有幻灯片的布局。

三、应用题

做一个名字为“自我介绍”十页左右的 PowerPoint。简单介绍你来自哪里(可以介绍自己的家乡,或者中小学校)、个人爱好、所学专业、理想等等。要求:

1. 在每页的页脚显示日期,姓名,学号、幻灯片编号。

2. 选一张图片作为第二页幻灯片背景。

3. 在第三页上设置“前一页”“后一页”动作按钮。

4. 演示文稿中应该插入图形、剪贴画、艺术字、音频、视频等元素,设置背景音乐。

5. 要求设置动画、切换效果、自动换片。

6. 将最终的演示文稿打包到文件夹中。